2판

교양대학수학

MATHEMATICS

2판

교양대학수학

이문식 · 김홍태 · 이용균 · 배지홍 · 권현우 · 강순부 지음

교문사

PREFACE

머리말

'수학을 왜 공부하는가?'라는 질문에 명쾌한 답을 하나로 제시하기는 매우 어렵다. 그러나 우리는 생활 속에서 수학 문제를 해결하고자 할 때 경험이나 상식이 얼마나 중요한가를 알고 있다. 경험과 상식을 바탕으로 문제 상황을 분석하고 그 결과를 유추한 후, 그것을 수학 기호와 식으로 나타낼 수 있다면, 이것은 수학적 지식이 되어 다른 문제 상황에도 적용할 수 있다. 이는 수학적 사고로 분석할 수 있을 때 가능하다. 이것이 수학교육 목적 중의 하나이다. 또한, 수학을 통해 지적인 사고능력을 강화할 수 있다. 체력단련을 위해 운동을 하듯이, 사고능력 배양을 위하여 수학을 공부하는 것이다. 특히, 깊은 통찰력이 필요한 인문사회계열 학생들에게 수학적 사고와 분석력은 제반 문제를 합리적으로 해결하는 능력을 기르게 한다.

이 책은 고등학교에서 선택적으로 수학교육을 받은 학생들이 인문사회계열에서 필요한 선형대수와 미적분학의 기초수학 개념들을 1학기 동안에 마칠 수 있는 내용을 포함하고 있다. 이 책은 총 10장으로 구성되어 있으며 선형대수는 1장 행렬과 행렬식, 2장 벡터를 포함하고 있고, 미분적분학은 3장 미분법, 4장 미분법의 응용, 5장 적분법, 6장 정적분 및 응용을 다룬다. 그리고 7장에서는 벡터함수를 다루고, 8장과 9장에서는 각각 편미분과 중적분, 10장에서는 무한급수를 포함하고 있다.

본 교재는 고등학교 교육과정에서 부족하게 다루어지는 미분과 적분을 집중적으로 다루도록 교재를 구성하였다. 고등학교에서 미적분학을 배우지 않은 학생도 충실히 공부할 수 있도록 주요 미적분학의 내용을 쉽고 체계적으로 설명하고 있으며, 특히 독자의 수학적 흥미를 유발하기 위하여 장 또는 절 사이에 수학 상식과 수학사 부분을 인용하여 소개하고 있다. 또한, 부록에는 미적분학에 필요한 공식들과 고등학교에서 다룬 기초 공식들을 수록하여 혼자 공부하는 학생들에게 참고가 되도록 하였다.

2021년 1월

저자 일동

CONTENTS

차례

CHAPTER 01

행렬과 행렬식

1.1 행렬의 정의와 연산

행렬은 선형연립방정식을 풀거나 인터넷을 통해 디지털 소리와 이미지를 전송하는 도구로서, 테이블 형식을 이용하여 정보를 저장하고 다루는 데 이용된다. 따라서 행렬의 연산을 공부하는 것은 매우 중요하다.

행렬(matrix)이란 실수 또는 복소수와 같은 수나 문자들을 다음과 같이 직사각형의 모양으로 배열한 것이다.

$$A = \begin{bmatrix} a_{11} & a_{12} & \cdots & a_{1n} \\ a_{21} & a_{22} & \cdots & a_{2n} \\ \vdots & \vdots & & \vdots \\ a_{m1} & a_{m2} & \cdots & a_{mn} \end{bmatrix}$$

행렬 A의 가로줄을 **행**(row)이라 하고 세로줄을 **열**(column)이라 하며, m개의 행과 n개의 열을 가지는 행렬을 $m \times n$**행렬** 또는 (m, n)**행렬**이라고 한다. 그리고 행렬의 크기는 $m \times n$(m by n으로 읽는다)이다. 행렬 A를 간단히 나타낼 때는

$$A = \left[a_{ij}\right]$$

또는

$$A = \left[a_{ij}\right] \quad (i = 1,\ 2,\ \cdots,\ m,\ \ j = 1,\ 2,\ \cdots,\ n)$$

으로 표시하기도 한다.

행렬 A에서 가로줄 $i=1, 2, \cdots, m$에 대하여

$$[a_{i1}, a_{i2}, \cdots, a_{in}] \quad \text{또는} \quad (a_{i1}, a_{i2}, \cdots, a_{in})$$

을 행렬 A의 **제 i행**(i-th row)이라 하고, 세로줄 $j=1, 2, \cdots, n$에 대하여

$$\begin{bmatrix} a_{1j} \\ a_{2j} \\ \vdots \\ a_{mj} \end{bmatrix} \quad \text{또는} \quad \begin{pmatrix} a_{1j} \\ a_{2j} \\ \vdots \\ a_{mj} \end{pmatrix}$$

을 행렬 A의 **제 j열**(j-th column)이라고 한다.

mn개의 수 $a_{11}, a_{12}, \cdots, a_{mn}$을 행렬의 **원소 또는 성분**(element or entry)이라 한다. 또한, 행렬 A의 i행과 j열의 원소 a_{ij}를 (i, j)**원소** 또는 (i, j)**성분**이라 하고 (i, j)로 표시한다.

특히, 행의 수와 열의 수가 같은 행렬($n=m$)을 **n차 정방행렬**(square matrix of order n)이라고 한다. n차 정방행렬 $A=[a_{ij}]$의 원소 중에서 왼쪽 위로부터 오른쪽 아래 방향으로 대각선상에 있는 원소들, 즉 $i=j$인 $a_{11}, a_{22}, \cdots, a_{nn}$을 **주대각선원소**(main diagonal element) 또는 **대각원소**라고 한다.

예를 들면 다음 행렬 A는 2개의 행과 3개의 열이 있으므로 2×3행렬이고, 행렬 B는 3×1 행렬, C는 2차 정방행렬, D는 3차 정방행렬, E는 1×4 행렬이다.

$$A=\begin{bmatrix} -1 & 4 & 1 \\ 3 & 5 & -3 \end{bmatrix}, \quad B=\begin{bmatrix} -4 \\ 1 \\ 5 \end{bmatrix}, \quad C=\begin{bmatrix} 3 & -4 \\ -1 & 2 \end{bmatrix},$$

$$D=\begin{bmatrix} 1 & 2 & 3 \\ 4 & 5 & 6 \\ 7 & 8 & 9 \end{bmatrix}, \qquad E=\begin{bmatrix} 3 & -4 & -1 & 2 \end{bmatrix}$$

행렬 A에서 원소 a_{12}, a_{21}, a_{23}의 값은 $a_{12}=4$, $a_{21}=3$, $a_{23}=-3$이며, 행렬 B에서 원소 b_{21}, b_{31}의 값은 $b_{21}=1$, $b_{31}=5$이다. 행렬 C에서 원소 $c_{11}=3$, $c_{22}=2$는 C의 주대각선원소이다.

이제 행렬의 대수적 연산을 정의하고 이에 관한 기본적인 성질들을 살펴보자. 행렬의 연산에는 행렬의 합, 스칼라배, 곱이 있다.

정의 1.1 **행렬의 상등**

행렬 A, B가 $m \times n$행렬이고 대응되는 원소가 모두 같을 때, 두 행렬은 서로 같다(equal)고 정의한다. 즉 두 행렬의 크기가 같고, 모든 i, j에 대하여 $a_{ij} = b_{ij}$ $(1 \leq i \leq m, 1 \leq j \leq n)$일 때, 두 행렬은 같다고 하고, 이것을 $A = B$로 나타낸다.

예를 들면 두 행렬이 다음 등식

$$\begin{bmatrix} -1 & -2x+y \\ x-2y & 2 \end{bmatrix} = \begin{bmatrix} -1 & -2 \\ 7 & 2 \end{bmatrix}$$

을 만족하는 x, y는

$$\begin{cases} -2x + \ \ y = -2 \\ \ \ \ \ x - 2y = \ \ 7 \end{cases}$$

이므로 연립방정식을 풀면 $x = -1$, $y = -4$이다.

정의 1.2 **행렬의 합**

행렬 $A = [a_{ij}]_{m \times n}$, $B = [b_{ij}]_{m \times n}$에 대하여 대응되는 원소끼리의 합으로 얻은 새로운 행렬의 (i, j)원소가 $a_{ij} + b_{ij}$인 행렬을 두 행렬의 합(sum)이라 정의하고, $A + B$로 나타낸다. 즉,

$$A + B = [a_{ij} + b_{ij}]_{m \times n}$$

정의 1.3 **행렬의 스칼라배**

행렬 $A = [a_{ij}]_{m \times n}$에 대하여, A의 각 원소에 임의의 실수 r을 곱하여 얻은 새로운 행렬을 행렬 A의 스칼라배(scalar multiple)라 정의하고, rA로 나타낸다. 즉,

$$rA = [ra_{ij}]_{m \times n}$$

임의의 행렬 B에 대하여 일반적으로 $(-1)B$를 $-B$로 나타내며, $-B$를 행렬B의 음행렬(negative matrix)이라고 한다. 크기가 같은 두 행렬 A, B에 대하여

$A+(-B)=A+(-1)B$를 $A-B$로 쓰고 행렬 A와 B의 **차**(difference)라고 정의한다.

EXAMPLE 1

행렬 $A=\begin{bmatrix} 3 & 1 & 5 \\ 2 & 4 & -1 \end{bmatrix}$, $B=\begin{bmatrix} 2 & -1 & -3 \\ 1 & -2 & 1 \end{bmatrix}$에서 $A+B$, $A-B$, $2A$를 구하여라.

풀이 두 행렬의 합과 차는

$$A+B=\begin{bmatrix} 3+2 & 1-1 & 5-3 \\ 2+1 & 4-2 & -1+1 \end{bmatrix}=\begin{bmatrix} 5 & 0 & 2 \\ 3 & 2 & 0 \end{bmatrix}$$

$$A-B=\begin{bmatrix} 3-2 & 1-(-1) & 5-(-3) \\ 2-1 & 4-(-2) & -1-1 \end{bmatrix}=\begin{bmatrix} 1 & 2 & 8 \\ 1 & 6 & -2 \end{bmatrix}$$

이다. 그리고 행렬 A의 실수 2에 의한 스칼라배는

$$2A=\begin{bmatrix} 2\times 3 & 2\times 1 & 2\times 5 \\ 2\times 2 & 2\times 4 & 2\times(-1) \end{bmatrix}=\begin{bmatrix} 6 & 2 & 10 \\ 4 & 8 & -2 \end{bmatrix}$$

이다. ■

행렬의 모든 원소가 0인 행렬을 **영행렬**(zero matrix)이라 하고, O로 나타낸다. 특히 행렬의 크기를 나타낼 필요가 있을 경우에는 $m\times n$ 영행렬을 $O_{m\times n}$으로 표시하기도 한다.

다음 행렬들은 영행렬이다.

$$[0],\quad \begin{bmatrix} 0 & 0 \\ 0 & 0 \end{bmatrix},\quad [0\ 0\ 0],\quad \begin{bmatrix} 0 & 0 & 0 \\ 0 & 0 & 0 \\ 0 & 0 & 0 \end{bmatrix},\quad \begin{bmatrix} 0 & 0 & 0 \\ 0 & 0 & 0 \\ 0 & 0 & 0 \\ 0 & 0 & 0 \end{bmatrix}$$

정리 1.4 　　행렬의 합과 스칼라배에 관한 성질

행렬 A, B, C 는 연산이 가능하고, r과 s는 임의의 실수이다. 그러면 다음 연산법칙들이 성립한다.

(a) $A+B=B+A$ 　(교환법칙)

(b) $A+(B+C)=(A+B)+C$ 　(결합법칙)

(c) $A+O=O+A=A$ 　(O는 영행렬)

(d) $A+(-A)=(-A)+A=O$ 　($-A$는 A의 음행렬)

(e) $r(A+B)=rA+rB$ 　(분배법칙)

(f) $(r+s)A=rA+sA$ 　(분배법칙)

(g) $(rs)A=r(sA)$

(h) $1A=A,\ 0A=O$

증명

(a)와 (e)를 증명하고 나머지는 연습문제로 남겨 둔다.

행렬 $A=[a_{ij}]_{m\times n}$, $B=[b_{ij}]_{m\times n}$이라 두자.

(a) 행렬 $A+B$ 의 (i,j)원소는 $a_{ij}+b_{ij}$이고, $a_{ij}+b_{ij}=b_{ij}+a_{ij}$이다. 이는 행렬 B 의 (i,j)원소와 행렬 A의 (i,j)원소의 합과 같다. 따라서

$$A+B=B+A$$

이다.

(e) 행렬 $r(A+B)$의 (i,j)원소는 행렬 $A+B$의 모든 원소 $a_{ij}+b_{ij}$에 r을 곱한 것으로 $r(a_{ij}+b_{ij})$이고, $r(a_{ij}+b_{ij})=ra_{ij}+rb_{ij}$이다. 이는 행렬 rA의 (i,j)원소와 행렬 rB의 (i,j)원소의 합과 같다. 따라서

$$r(A+B)=rA+rB$$

이다. ■

EXAMPLE 2

행렬 $A=\begin{bmatrix} 2 & -1 \\ -1 & 3 \end{bmatrix}$, $B=\begin{bmatrix} 2 & 1 \\ 1 & 0 \end{bmatrix}$, $C=\begin{bmatrix} 2 & 3 \\ -1 & 1 \end{bmatrix}$에 대하여, 행렬의 합에 관한 성질을 확인하여라.

풀이 (a) $$A+B=\begin{bmatrix} 2 & -1 \\ -1 & 3 \end{bmatrix}+\begin{bmatrix} 2 & 1 \\ 1 & 0 \end{bmatrix}=\begin{bmatrix} 4 & 0 \\ 0 & 3 \end{bmatrix}=B+A$$

이므로 행렬의 합에 관한 교환법칙이 성립한다.

(b) $$(A+B)+C=\begin{bmatrix} 4 & 0 \\ 0 & 3 \end{bmatrix}+\begin{bmatrix} 2 & 3 \\ -1 & 1 \end{bmatrix}=\begin{bmatrix} 6 & 3 \\ -1 & 4 \end{bmatrix}$$

이고,

$$B+C=\begin{bmatrix} 2 & 1 \\ 1 & 0 \end{bmatrix}+\begin{bmatrix} 2 & 3 \\ -1 & 1 \end{bmatrix}=\begin{bmatrix} 4 & 4 \\ 0 & 1 \end{bmatrix}$$

이므로

$$A+(B+C)=\begin{bmatrix} 2 & -1 \\ -1 & 3 \end{bmatrix}+\begin{bmatrix} 4 & 4 \\ 0 & 1 \end{bmatrix}=\begin{bmatrix} 6 & 3 \\ -1 & 4 \end{bmatrix}$$

이다. 따라서 $A+(B+C)=(A+B)+C$이므로 행렬의 합에 관한 결합법칙이 성립한다.

(c) $$A+O=\begin{bmatrix} 2 & -1 \\ -1 & 3 \end{bmatrix}+\begin{bmatrix} 0 & 0 \\ 0 & 0 \end{bmatrix}=\begin{bmatrix} 2 & -1 \\ -1 & 3 \end{bmatrix}=A$$

이므로 영행렬 O가 존재한다.

(d) $$A+(-A)=\begin{bmatrix} 2 & -1 \\ -1 & 3 \end{bmatrix}+\begin{bmatrix} -2 & 1 \\ 1 & -3 \end{bmatrix}=\begin{bmatrix} 0 & 0 \\ 0 & 0 \end{bmatrix}=O$$

이므로 A의 음행렬 $-A$가 존재한다. ■

정의 1.5 행렬의 곱셈

행렬 $A=[a_{ij}]_{m\times k}$, $B=[b_{ij}]_{k\times n}$에 대하여 행렬 A의 열의 수와 행렬 B의 행의 수가 같을 때, 두 행렬의 곱(product) AB를 정의하고, 이것을 $AB=C=[c_{ij}]_{m\times n}$으로 나타내면, 행렬 C의 원소 c_{ij}는 행렬 A의 i행과 행렬 B의 j열의 서로 대응되는 원소끼리 곱하여 모두 더한 값으로 정의한다. 즉,

$$c_{ij}=a_{i1}b_{1j}+a_{i2}b_{2j}+\cdots+a_{ik}b_{kj} \quad (1\leq i\leq m,\ 1\leq j\leq n)$$

행렬 A의 열의 수와 행렬 B의 행의 수가 다를 때, 두 행렬의 곱 AB는 정의되지 않는다.

예를 들면 행렬 $A=\begin{bmatrix} a_{11} & a_{12} & a_{13} \\ a_{21} & a_{22} & a_{23} \\ a_{31} & a_{32} & a_{33} \end{bmatrix}$, $B=\begin{bmatrix} b_{11} & b_{12} \\ b_{21} & b_{22} \\ b_{31} & b_{32} \end{bmatrix}$일 때 행렬 A와 B의 곱 AB는

$$AB=\begin{bmatrix} a_{11} & a_{12} & a_{13} \\ a_{21} & a_{22} & a_{23} \\ a_{31} & a_{32} & a_{33} \end{bmatrix}\begin{bmatrix} b_{11} & b_{12} \\ b_{21} & b_{22} \\ b_{31} & b_{32} \end{bmatrix}$$

$$=\begin{bmatrix} a_{11}b_{11}+a_{12}b_{21}+a_{13}b_{31} & a_{11}b_{12}+a_{12}b_{22}+a_{13}b_{32} \\ a_{21}b_{11}+a_{22}b_{21}+a_{23}b_{31} & a_{21}b_{12}+a_{22}b_{22}+a_{23}b_{32} \\ a_{31}b_{11}+a_{32}b_{21}+a_{33}b_{31} & a_{31}b_{12}+a_{32}b_{22}+a_{33}b_{32} \end{bmatrix}$$

이다. 행렬 B와 A의 곱은 B의 열의 수 2와 A의 행의 수 3이 같지 않으므로 BA는 정의되지 않는다.

EXAMPLE 3

행렬 $A=\begin{bmatrix} 2 & 1 \\ -1 & 4 \end{bmatrix}$, $B=\begin{bmatrix} 2 & 1 \\ 0 & 3 \end{bmatrix}$일 때, 행렬 AB와 BA를 구하여라.

풀이

두 행렬의 곱 AB와 BA는 모두 2×2 행렬이다.
두 행렬의 곱은

$$AB=\begin{bmatrix} 2 & 1 \\ -1 & 4 \end{bmatrix}\begin{bmatrix} 2 & 1 \\ 0 & 3 \end{bmatrix}=\begin{bmatrix} 4 & 5 \\ -2 & 11 \end{bmatrix}$$

이고, 같은 방법으로

$$BA=\begin{bmatrix} 2 & 1 \\ 0 & 3 \end{bmatrix}\begin{bmatrix} 2 & 1 \\ -1 & 4 \end{bmatrix}=\begin{bmatrix} 3 & 6 \\ -3 & 12 \end{bmatrix}$$

이다. 여기서 행렬의 곱 AB와 BA가 정의되더라도 $AB\neq BA$이므로, 일반적으로 행렬의 곱은 교환법칙이 성립하지 않음을 알 수 있다. ■

행렬의 곱이 정의될 때, 다음 곱에 관한 성질이 성립한다.

정리 1.6 **행렬의 곱에 관한 성질**

행렬 A, B, C는 연산이 가능하고 r은 임의의 실수이다. 그러면 다음 연산법칙들이 성립한다.

(a) $(AB)C = A(BC)$ (결합법칙)

(b) $A(B+C) = AB+AC$ (분배법칙)

(c) $(A+B)C = AC+BC$ (분배법칙)

(d) $r(AB) = (rA)B = A(rB)$

(e) $OA = O$, $AO = O$

여기서 (a)와 (c)를 증명하고, (b), (d), (e)는 연습문제로 남겨 둔다.

(a) 행렬 A, B, C를 각각

$$A = [a_{ij}]_{m\times p}\,,\quad B = [b_{ij}]_{p\times q}\,,\quad C = [c_{ij}]_{q\times n}$$

이라 하자. 행렬 $(AB)C$의 (i, j)원소는

$$\sum_{l=1}^{q}\left(\sum_{k=1}^{p} a_{ik}\, b_{kl}\right)c_{lj} = \sum_{k=1}^{p}\sum_{l=1}^{q} a_{ik}\, b_{kl}\, c_{lj}$$

이고, 행렬 $A(BC)$의 (i, j)원소는

$$\sum_{k=1}^{p} a_{ik}\left(\sum_{l=1}^{q} b_{kl}\, c_{lj}\right) = \sum_{k=1}^{p}\sum_{l=1}^{q} a_{ik}\, b_{kl}\, c_{lj}$$

이다. 여기서 두 행렬 $(AB)C$와 $A(BC)$의 대응되는 모든 (i, j)원소를 비교하면 서로 같음을 알 수 있다. 따라서

$$(AB)C = A(BC)$$

이다.

(c) 행렬 $A = [a_{ij}]_{m\times p}$, $B = [b_{ij}]_{m\times p}$, $C = [c_{ij}]_{p\times n}$이라고 하자.
두 행렬의 합이 $A+B = [a_{ij}+b_{ij}]_{m\times p}$이므로 행렬 $(A+B)C$의 (i, j)원소는

$$\sum_{k=1}^{p}(a_{ik}+b_{ik})\,c_{kj} = \sum_{k=1}^{p} a_{ik}\,c_{kj} + \sum_{k=1}^{p} b_{ik}\,c_{kj}$$

이다. 위 식의 마지막 부분의 첫 번째 항은 행렬 AC의 (i, j)원소이고, 두 번째 항은 행렬 BC의 (i, j)원소이므로, 행렬 $(A+B)C$의 모든 원소는 행렬 $AC+BC$의 대응하는 모든 원소와 같으므로, 따라서

$$(A+B)C = AC+BC$$

이다.

EXAMPLE 4

행렬 $A=\begin{bmatrix} 2 & -1 & 4 \\ 3 & 5 & 1 \end{bmatrix}$, $B=\begin{bmatrix} -5 & 0 \\ 1 & -2 \\ 0 & 7 \end{bmatrix}$, $C=\begin{bmatrix} 2 & 1 \\ 0 & 3 \end{bmatrix}$일 때, 행렬의 곱셈에 관한 결합법칙이 성립함을 보여라.

풀이

$$AB = \begin{bmatrix} 2 & -1 & 4 \\ 3 & 5 & 1 \end{bmatrix}\begin{bmatrix} -5 & 0 \\ 1 & -2 \\ 0 & 7 \end{bmatrix} = \begin{bmatrix} -11 & 30 \\ -10 & -3 \end{bmatrix}$$

이고

$$(AB)C = \begin{bmatrix} -11 & 30 \\ -10 & -3 \end{bmatrix}\begin{bmatrix} 2 & 1 \\ 0 & 3 \end{bmatrix} = \begin{bmatrix} -22 & 79 \\ -20 & -19 \end{bmatrix}$$

이다. 또한

$$BC = \begin{bmatrix} -5 & 0 \\ 1 & -2 \\ 0 & 7 \end{bmatrix}\begin{bmatrix} 2 & 1 \\ 0 & 3 \end{bmatrix} = \begin{bmatrix} -10 & -5 \\ 2 & -5 \\ 0 & 21 \end{bmatrix}$$

이고

$$A(BC) = \begin{bmatrix} 2 & -1 & 4 \\ 3 & 5 & 1 \end{bmatrix}\begin{bmatrix} -10 & -5 \\ 2 & -5 \\ 0 & 21 \end{bmatrix} = \begin{bmatrix} -22 & 79 \\ -20 & -19 \end{bmatrix}$$

이다. 따라서 $(AB)C = A(BC)$이므로 행렬의 곱셈에 관한 결합법칙이 성립한다.

EXAMPLE 5

행렬 $A=\begin{bmatrix} -1 & 2 \\ 0 & 4 \\ -2 & 3 \end{bmatrix}$, $B=\begin{bmatrix} -3 & 2 & 3 \\ 2 & 6 & -4 \end{bmatrix}$, $C=\begin{bmatrix} 2 & -4 & 1 \\ 5 & 2 & -1 \end{bmatrix}$일 때, 행렬의 곱셈에 관한 분배법칙이 성립함을 보여라.

풀이

$$B+C = \begin{bmatrix} -3+2 & 2-4 & 3+1 \\ 2+5 & 6+2 & -4-1 \end{bmatrix} = \begin{bmatrix} -1 & -2 & 4 \\ 7 & 8 & -5 \end{bmatrix}$$

이고

$$A(B+C)=\begin{bmatrix}-1 & 2\\ 0 & 4\\ -2 & 3\end{bmatrix}\begin{bmatrix}-1 & -2 & 4\\ 7 & 8 & -5\end{bmatrix}=\begin{bmatrix}15 & 18 & -14\\ 28 & 32 & -20\\ 23 & 28 & -23\end{bmatrix}$$

이다. 또한

$$AB=\begin{bmatrix}-1 & 2\\ 0 & 4\\ -2 & 3\end{bmatrix}\begin{bmatrix}-3 & 2 & 3\\ 2 & 6 & -4\end{bmatrix}=\begin{bmatrix}7 & 10 & -11\\ 8 & 24 & -16\\ 12 & 14 & -18\end{bmatrix}$$

$$AC=\begin{bmatrix}-1 & 2\\ 0 & 4\\ -2 & 3\end{bmatrix}\begin{bmatrix}2 & -4 & 1\\ 5 & 2 & -1\end{bmatrix}=\begin{bmatrix}8 & 8 & -3\\ 20 & 8 & -4\\ 11 & 14 & -5\end{bmatrix}$$

이고

$$AB+AC=\begin{bmatrix}7+8 & 10+8 & -11-3\\ 8+20 & 24+8 & -16-4\\ 12+11 & 14+14 & -18-5\end{bmatrix}=\begin{bmatrix}15 & 18 & -14\\ 28 & 32 & -20\\ 23 & 28 & -23\end{bmatrix}$$

이다. 따라서 $A(B+C)=AB+AC$이므로 행렬의 곱셈에 관한 분배법칙이 성립한다.

이와 같이 행렬의 연산에는 결합법칙 및 분배법칙이 성립한다. 그러나 행렬의 곱셈에 관한 교환법칙은 성립하지 않는다. 또한 실수의 연산에서 성립하는 다음 두 가지 성질은 행렬의 연산에서 일반적으로 성립하지 않는다.

(1) $ab=ac$이고 $a \neq 0$이면 $b=c$이다.

(2) $ab=0$이면 $a=0$이거나 $b=0$이다.

이를테면 행렬 $A=\begin{bmatrix}3 & 0\\ 5 & 0\end{bmatrix}$, $B=\begin{bmatrix}0 & 0\\ 2 & 4\end{bmatrix}$일 때 $AB=\begin{bmatrix}0 & 0\\ 0 & 0\end{bmatrix}$인 경우가 발생하므로 (2)의 성질을 만족하지 않는다. 이제 성질 (1)이 행렬에서 성립하지 않는 이유도 알 수 있다.

정의 1.7 **단위행렬**

정방행렬에서 대각원소가 모두 1이고 나머지 원소는 모두 0인 행렬을 단위행렬 (identity matrix)이라 하고 I로 나타낸다. 특히 n차 단위행렬의 크기를 나타낼 경우에는 I_n으로 표시하기도 한다.

행렬 A가 $m \times n$ 행렬이고, I_m을 m차 단위행렬, I_n을 n차 단위행렬이라 하면 $AI_n = I_m A = A$가 성립한다. 예를 들면, 2×3 행렬

$$A = \begin{bmatrix} a_{11} & a_{12} & a_{13} \\ a_{21} & a_{22} & a_{23} \end{bmatrix}$$

에 대하여

$$I_2 A = \begin{bmatrix} 1 & 0 \\ 0 & 1 \end{bmatrix} \begin{bmatrix} a_{11} & a_{12} & a_{13} \\ a_{21} & a_{22} & a_{23} \end{bmatrix} = \begin{bmatrix} a_{11} & a_{12} & a_{13} \\ a_{21} & a_{22} & a_{23} \end{bmatrix} = A$$

$$AI_3 = \begin{bmatrix} a_{11} & a_{12} & a_{13} \\ a_{21} & a_{22} & a_{23} \end{bmatrix} \begin{bmatrix} 1 & 0 & 0 \\ 0 & 1 & 0 \\ 0 & 0 & 1 \end{bmatrix} = \begin{bmatrix} a_{11} & a_{12} & a_{13} \\ a_{21} & a_{22} & a_{23} \end{bmatrix} = A$$

이다.

정의 1.8 **행렬의 거듭제곱**

n차 정방행렬 A에 대하여 거듭제곱은 다음과 같이 정의한다.

$$A^0 = I, \ A^1 = A, \quad A^k = AAA \cdots A \ \ (A\text{가 } k\text{개})$$

행렬의 거듭제곱 정의로부터 다음 정리를 얻는다.

정리 1.9

행렬 A가 n차 정방행렬이고 r, s가 음이 아닌 정수일 때, 다음이 성립한다.

$$A^r A^s = A^{r+s}, \ (A^r)^s = A^{rs}$$

정의 1.10 전치행렬

$m \times n$행렬 $A=[a_{ij}]$에서 행을 열로 바꾸어 놓은 $n \times m$행렬을 A의 전치행렬(transposed matrix)이라 하고, 이 행렬을 A^T로 나타낸다. 즉,

$$A=\begin{bmatrix} a_{11} & a_{12} & \cdots & a_{1n} \\ a_{21} & a_{22} & \cdots & a_{2n} \\ \vdots & \vdots & & \vdots \\ a_{m1} & a_{m2} & \cdots & a_{mn} \end{bmatrix}, \quad A^T=\begin{bmatrix} a_{11} & a_{21} & \cdots & a_{m1} \\ a_{12} & a_{22} & \cdots & a_{m2} \\ \vdots & \vdots & & \vdots \\ a_{1n} & a_{2n} & \cdots & a_{mn} \end{bmatrix}$$

예를 들면, 행렬

$$A=\begin{bmatrix} 1 & 2 \\ -4 & -9 \\ 7 & 1 \end{bmatrix}, \quad B=[-3 \ -2 \ \ 4\,], \quad C=\begin{bmatrix} 3 & -1 & 1 \\ 0 & 7 & -5 \end{bmatrix}$$

의 전치행렬은 각각

$$A^T=\begin{bmatrix} 1 & -4 & 7 \\ 2 & -9 & 1 \end{bmatrix}, \quad B^T=\begin{bmatrix} -3 \\ -2 \\ 4 \end{bmatrix}, \quad C^T=\begin{bmatrix} 3 & 0 \\ -1 & 7 \\ 1 & -5 \end{bmatrix}$$

이다.

정리 1.11

행렬 A와 B는 연산이 가능하고 r이 임의의 실수이면 다음 성질이 성립한다.

(a) $(A^T)^T=A$

(b) $(A+B)^T=A^T+B^T$

(c) $(rA)^T=rA^T$

(d) $(AB)^T=B^TA^T$

증명 (a)와 (b)는 연습문제로 남기고, 여기서는 (c)와 (d)를 증명한다.

행렬 A, B를 $A=[a_{ij}]_{m\times p}$, $B=[b_{ij}]_{p\times n}$이라 하자.

(c) 행렬 $(rA)^T$의 (i, j)원소는 행렬 rA의 (j, i)원소이므로 ra_{ji}이고, 또한 행렬 rA^T의 (i, j)원소는 행렬 A의 (j, i)원소 a_{ji}에 스칼라 r배하여 얻어진 원소 ra_{ji}이다. 따라서 두 행렬 $(rA)^T$와 rA^T의 모든 (i, j)원소가 같으므로

$$(rA)^T=rA^T$$

이다.

(d) 행렬 $(AB)^T$의 (i, j)원소는 행렬 AB의 (j, i)원소이므로

$$\sum_{k=1}^{p} a_{jk}\, b_{ki} = \sum_{k=1}^{p} b_{ki}\, a_{jk}$$

이다. 그리고 행렬 $B^T A^T$의 (i, j)원소는 B^T의 (i, k)원소와 A^T의 (k, j) 원소의 곱의 합임을 알 수 있다. 또한 B^T의 (i, k)원소는 B의 (k, i)원소 b_{ki}이고 A^T의 (k, j)원소는 A의 (j, k)원소 a_{jk}이므로, $B^T A^T$의 (i, j)원소는 $\sum_{k=1}^{p} b_{ki}\, a_{jk}$이다. 따라서 두 행렬 $(AB)^T$와 $B^T A^T$의 모든 (i, j) 원소가 같으므로

$$(AB)^T = B^T A^T$$

이다.

EXAMPLE 6

행렬 $A = \begin{bmatrix} 1 & -1 \\ 4 & 1 \end{bmatrix}$, $B = \begin{bmatrix} 0 & 3 \\ -1 & 1 \end{bmatrix}$에 대하여 $(AB)^T = B^T A^T$가 성립함을 보여라.

풀이 두 행렬의 곱은

$$AB = \begin{bmatrix} 1 & -1 \\ 4 & 1 \end{bmatrix} \begin{bmatrix} 0 & 3 \\ -1 & 1 \end{bmatrix} = \begin{bmatrix} 1 & 2 \\ -1 & 13 \end{bmatrix}$$

이므로, 행렬 AB의 전치행렬은

$$(AB)^T = \begin{bmatrix} 1 & -1 \\ 2 & 13 \end{bmatrix}$$

이다. 그리고

$$B^T A^T = \begin{bmatrix} 0 & -1 \\ 3 & 1 \end{bmatrix} \begin{bmatrix} 1 & 4 \\ -1 & 1 \end{bmatrix} = \begin{bmatrix} 1 & -1 \\ 2 & 13 \end{bmatrix}$$

이다. 따라서 서로 대응되는 모든 원소가 모두 같으므로

$$(AB)^T = B^T A^T$$

이다. 그러나

$$A^T B^T = \begin{bmatrix} 1 & 4 \\ -1 & 1 \end{bmatrix} \begin{bmatrix} 0 & -1 \\ 3 & 1 \end{bmatrix} = \begin{bmatrix} 12 & 3 \\ 3 & 2 \end{bmatrix}$$

이므로

$$(AB)^T \neq A^T B^T$$

이다.

정의 1.12 대칭행렬과 교대행렬

정방행렬 A가 $A = A^T$일 때 행렬 A를 **대칭행렬**(symmetric matrix)이라 하고 $A = -A^T$일 때 행렬 A를 **교대행렬**(skew-symmetric matrix)이라 한다.

다음 행렬 A는 대칭행렬이고, 행렬 B는 교대행렬이다. 그러나 행렬 C는 대칭행렬도 교대행렬도 아니다.

$$A = \begin{bmatrix} 2 & -1 & 4 \\ -1 & 0 & 5 \\ 4 & 5 & -7 \end{bmatrix}, \quad B = \begin{bmatrix} 0 & -1 & -2 \\ 1 & 0 & 3 \\ 2 & -3 & 0 \end{bmatrix}, \quad C = \begin{bmatrix} 7 & 3 & -1 \\ -3 & 5 & 8 \\ 1 & -8 & 2 \end{bmatrix}$$

EXAMPLE 7

임의의 정방행렬을 대칭행렬과 교대행렬의 합으로 나타내어라.

풀이 임의의 정방행렬 A를 다음과 같이 쓸 수 있다.

$$A = \frac{A + A^T}{2} + \frac{A - A^T}{2}$$

여기서

$$\left(\frac{A + A^T}{2}\right)^T = \frac{A^T + (A^T)^T}{2} = \frac{A^T + A}{2} = \frac{A + A^T}{2},$$

$$\left(\frac{A - A^T}{2}\right)^T = \frac{A^T - (A^T)^T}{2} = \frac{A^T - A}{2} = -\frac{A - A^T}{2}$$

이므로 $\frac{A + A^T}{2}$는 대칭행렬이고 $\frac{A - A^T}{2}$는 교대행렬이다. 따라서 임의의 행렬은 대칭행렬과 교대행렬의 합으로 나타내어진다. ■

TEST

연습문제 1.1

1. 행렬 A, B, C에 대하여 다음을 구하여라.

$$A=\begin{bmatrix} 3 & -1 & 0 \\ 2 & 0 & 1 \end{bmatrix},\quad B=\begin{bmatrix} -4 & 1 & -6 \\ 1 & -2 & 0 \end{bmatrix},\quad C=\begin{bmatrix} 2 & 0 \\ -1 & 3 \\ 2 & 5 \end{bmatrix}$$

(1) $A+B$

(2) $2A-B$

(3) $A+3B$

(4) $AC+2BC$

(5) $\frac{1}{2}C$

2. 행렬 $\begin{bmatrix} a+2b & b-2c \\ c-2d & d-2a \end{bmatrix}=\begin{bmatrix} 1 & 2 \\ 3 & -4 \end{bmatrix}$을 만족하는 a, b, c, d를 구하여라.

3. 행렬 A, B에 대하여 AB와 BA를 구하고, 서로 비교하여라.

$$A=\begin{bmatrix} -1 & 1 & 0 \\ 0 & 2 & -2 \\ 0 & -1 & 3 \end{bmatrix},\quad B=\begin{bmatrix} -2 & -1 & 2 \\ 1 & 2 & -3 \\ 1 & 0 & 1 \end{bmatrix}$$

4. 행렬 A, B, C에 대하여 $(AB)C$, $A(BC)$를 구하고, 서로 비교하여라.

$$A=\begin{bmatrix} 1 & 0 & -1 \\ 3 & 1 & 2 \end{bmatrix},\quad B=\begin{bmatrix} 1 & -1 \\ 3 & 1 \\ 2 & 2 \end{bmatrix},\quad C=\begin{bmatrix} 1 & 2 \\ 3 & 4 \end{bmatrix}$$

5. (1) [정리 1.4]의 (b)와 (f)를 증명하여라.

(2) [정리 1.6]의 (b), (d), (e)를 증명하여라.

6. 두 행렬 A, B가 곱의 연산이 가능하면 다음을 보여라.

(1) 행렬 A의 한 행의 모든 원소가 0이면 AB의 한 행의 모든 원소도 0이다.

(2) 행렬 B의 한 열의 모든 원소가 0이면 AB의 한 열의 모든 원소도 0이다.

7. A, B를 $n\times n$행렬이라 할 때, 다음 등식의 성립 여부를 보여라.

(1) $(AB)^2=A^2B^2$

(2) $(A+B)^2=A^2+2AB+B^2$

8. 행렬 $A=\begin{bmatrix} 4 & 2 & -3 \\ 1 & 0 & -2 \\ 0 & 1 & 0 \end{bmatrix}$, $B=\begin{bmatrix} 2 & 1 & 1 \\ -5 & 3 & 0 \\ 3 & -1 & 2 \end{bmatrix}$라 하면,

$(AB)^T$와 B^TA^T를 구하고 비교하여라.

9. 3차 정방행렬 A, B에 대하여 [정리 1.11]의 성질을 만족함을 보여라.

(1) $(A^T)^T=A$

(2) $(A+B)^T=A^T+B^T$

10. 행렬 A, B를 대칭행렬과 교대행렬의 합으로 나타내어라.

$$A=\begin{bmatrix} 2 & 7 \\ 3 & -1 \end{bmatrix},\quad B=\begin{bmatrix} 2 & -1 & 1 \\ 6 & -4 & 2 \\ -1 & 3 & 5 \end{bmatrix}$$

11. 행렬 $A=\begin{bmatrix} 0 & 1 & -2 \\ 3 & -1 & 4 \end{bmatrix}$에 대하여 AA^T와 A^TA를 구하고, 또한 구한 행렬이 대칭행렬임을 보여라.

12. 같은 크기의 정방행렬 A, B에 대하여 다음 물음에 답하여라.

(1) $A+A^T$는 대칭행렬임을 보여라.

(2) A, B가 대칭행렬이면 $A+B$, rA(r는 실수), A^2도 대칭행렬임을 보여라.

13. 다음 행렬 $A=\begin{bmatrix} 0 & 1 \\ -1 & 1 \end{bmatrix}$에 대하여 다음 물음에 답하여라.

(1) A^n이 단위행렬이 될 최소의 자연수 n의 값을 구하여라.

(2) A^{2021}을 구하여라.

1.2 행렬의 행렬식과 성질

이 절에서는 임의의 정방행렬에 실수를 대응시키는 함수인 행렬식에 대하여 살펴보기로 한다. "행렬식"이라는 용어는 독일의 수학자 가우스에 의해 처음 소개되었다. 여기서는 행렬식에 대한 엄밀한 정의보다 행렬식을 계산할 수 있는 일반적인 방법인 여인수 전개식을 얻는 데 초점을 두었다. 이제 행렬의 크기에 따라 행렬식을 살펴보자.

행렬 A의 행렬식은 $\det(A)$ 또는 $|A|$로 나타낸다. 행렬 $A_1 = [a_{11}]$의 행렬식은 $\det(A_1) = a_{11}$로, 2×2 행렬 $A_2 = \begin{bmatrix} a_{11} & a_{12} \\ a_{21} & a_{22} \end{bmatrix}$의 행렬식은

$$\det(A_2) = |A_2| = \begin{vmatrix} a_{11} & a_{12} \\ a_{21} & a_{22} \end{vmatrix} = a_{11}a_{22} - a_{12}a_{21}$$

로 정의한다.

또 3×3 행렬 $A_3 = \begin{bmatrix} a_{11} & a_{12} & a_{13} \\ a_{21} & a_{22} & a_{23} \\ a_{31} & a_{32} & a_{33} \end{bmatrix}$의 행렬식은 다음과 같이 정의한다.

$$\begin{aligned} \det(A_3) = {} & a_{11}a_{22}a_{33} + a_{12}a_{23}a_{31} + a_{13}a_{21}a_{32} \\ & - a_{11}a_{23}a_{32} - a_{12}a_{21}a_{33} - a_{13}a_{22}a_{31} \end{aligned}$$

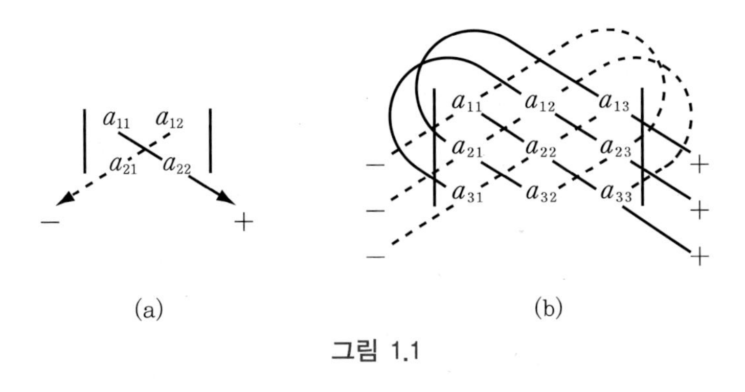

(a) (b)

그림 1.1

2×2 행렬과 3×3 행렬의 행렬식을 구할 때 그림 1.1에서처럼 왼쪽 위에서 오른쪽 아래에 있는 대각선(↘) 원소들을 곱할 때 생기는 곱의 부호는 +, 오른쪽 위에서 왼쪽 아래에 있는 대각선(↙) 원소들을 곱할 때 생기는 곱의 부호는 −를 취해서 합하

면 된다. 이 방법을 **Sarrus 방법**이라 하며 행렬식을 구할 때 이 방법을 기억하여 사용하면 편리하다.

EXAMPLE 1

다음 행렬의 행렬식을 구하여라.

$$\begin{bmatrix} 1 & 2 \\ 3 & 4 \end{bmatrix}, \quad \begin{bmatrix} 1 & 2 & 3 \\ 4 & 5 & 6 \\ 7 & 8 & 9 \end{bmatrix}, \quad \begin{bmatrix} 1 & 2 & 3 \\ 0 & 4 & 5 \\ 0 & 0 & 6 \end{bmatrix}, \quad \begin{bmatrix} 1 & 0 & 0 \\ 2 & 3 & 0 \\ 4 & 5 & 6 \end{bmatrix}$$

풀이

$$\begin{vmatrix} 1 & 2 \\ 3 & 4 \end{vmatrix} = 1\cdot 4 - 2\cdot 3 = -2$$

$$\begin{vmatrix} 1 & 2 & 3 \\ 4 & 5 & 6 \\ 7 & 8 & 9 \end{vmatrix} = 1\cdot 5\cdot 9 + 4\cdot 8\cdot 3 + 7\cdot 2\cdot 6 - 3\cdot 5\cdot 7 - 6\cdot 8\cdot 1 - 9\cdot 2\cdot 4 = 0$$

$$\begin{vmatrix} 1 & 2 & 3 \\ 0 & 4 & 5 \\ 0 & 0 & 6 \end{vmatrix} = 1\cdot 4\cdot 6 + 3\cdot 0\cdot 0 + 2\cdot 5\cdot 0 - 3\cdot 4\cdot 0 - 1\cdot 5\cdot 0 - 2\cdot 0\cdot 6 = 24$$

$$\begin{vmatrix} 1 & 0 & 0 \\ 2 & 3 & 0 \\ 4 & 5 & 6 \end{vmatrix} = 1\cdot 3\cdot 6 + 0\cdot 0\cdot 4 + 0\cdot 2\cdot 5 - 0\cdot 3\cdot 4 - 1\cdot 0\cdot 5 - 0\cdot 2\cdot 6 = 18$$

■

앞에서 2×2 행렬, 3×3 행렬의 행렬식을 Sarrus의 방법으로 구하는 것을 알아보았다. 그러나 4차 이상의 행렬식의 값을 구하는 데는 Sarrus의 방법으로 구할 수 없다. 따라서 4차 이상의 고차 행렬식의 값을 구하기 위해서는 다른 방법을 이용해야 하며, 이를 위하여 일반적으로 $n\times n$행렬의 행렬식의 값을 구하는 방법을 알아보자. 이것은 $n-1$차 행렬의 행렬식의 값을 구하는 것으로 시작하여 2×2행렬 또는 3×3 행렬을 얻을 때까지 $(n-1)\times(n-1)$행렬에 대하여 반복하게 된다. 이와 같은 방법을 **여인수 전개**라 부른다.

정의 1.13

행렬 $A = [a_{ij}]_{n\times n}$에서 i행과 j열을 뺀 나머지 $(n-1)\times(n-1)$ 행렬의 행렬식을 원소 a_{ij}의 **소행렬식**(minor) M_{ij}라 하고,

$$C_{ij} = (-1)^{i+j} M_{ij}$$

를 원소 a_{ij}의 **여인수**(cofactor)라 부른다.

정방행렬 $A=[a_{ij}]$에서 원소 a_{ij}의 소행렬식 M_{ij}와 여인수 C_{ij}의 관계는 $C_{ij} = (-1)^{i+j}M_{ij}$이므로, 부호를 결정하는 보다 편리한 방법은 아래 배열된 i행과 j열의 부호와 같음을 알 수 있다.

$$\begin{bmatrix} + & - & + & - & + & \cdot & \cdot & \cdot \\ - & + & - & + & - & \cdot & \cdot & \cdot \\ + & - & + & - & + & \cdot & \cdot & \cdot \\ - & + & - & + & - & \cdot & \cdot & \cdot \\ \cdot & \cdot & \cdot & \cdot & \cdot & \cdot & \cdot & \cdot \\ \cdot & \cdot & \cdot & \cdot & \cdot & \cdot & \cdot & \cdot \\ \cdot & \cdot & \cdot & \cdot & \cdot & \cdot & \cdot & \cdot \end{bmatrix}$$

행렬 A를 다음과 같이 3×3 행렬이라 하자.

$$A = \begin{bmatrix} a_{11} & a_{12} & a_{13} \\ a_{21} & a_{22} & a_{23} \\ a_{31} & a_{32} & a_{33} \end{bmatrix}$$

행렬 A의 행렬식은

$$\begin{aligned} \det(A) = {} & a_{11}a_{22}a_{33} + a_{12}a_{23}a_{31} + a_{13}a_{21}a_{32} \\ & - a_{11}a_{23}a_{32} - a_{12}a_{21}a_{33} - a_{13}a_{22}a_{31} \end{aligned}$$

이다. 이것을 2×2 행렬식으로 다음과 같이 다시 나타내면

$$\begin{aligned} \det(A) &= a_{11}(a_{22}a_{33} - a_{23}a_{32}) + a_{12}(a_{23}a_{31} - a_{21}a_{33}) \\ &\quad + a_{13}(a_{21}a_{32} - a_{22}a_{31}) \\ &= a_{11}\begin{vmatrix} a_{22} & a_{23} \\ a_{32} & a_{33} \end{vmatrix} - a_{12}\begin{vmatrix} a_{21} & a_{23} \\ a_{31} & a_{33} \end{vmatrix} + a_{13}\begin{vmatrix} a_{21} & a_{22} \\ a_{31} & a_{32} \end{vmatrix} \end{aligned}$$

$$= a_{11}C_{11} + a_{12}C_{12} + a_{13}C_{13}$$

이다. 이러한 행렬 A의 행렬식은 행렬 A의 1행의 모든 원소에 대응되는 여인수를 곱하여 더한 합이며, 이와 같은 방법으로 행렬식을 구하는 것을 행렬 A의 1행에 관한 **여인수 전개**(cofactor expansion)라고 부른다.

결과적으로 3차 정방행렬 A의 행렬식은 다음 6가지의 여인수 전개를 통해 얻을 수 있다.

$$\begin{aligned}
\det(A) &= a_{11}C_{11} + a_{12}C_{12} + a_{13}C_{13} \quad (\text{1행에 관한 여인수 전개}) \\
&= a_{21}C_{21} + a_{22}C_{22} + a_{23}C_{23} \quad (\text{2행에 관한 여인수 전개}) \\
&= a_{31}C_{31} + a_{32}C_{32} + a_{33}C_{33} \quad (\text{3행에 관한 여인수 전개}) \\
&= a_{11}C_{11} + a_{21}C_{21} + a_{31}C_{31} \quad (\text{1열에 관한 여인수 전개}) \\
&= a_{12}C_{12} + a_{22}C_{22} + a_{32}C_{32} \quad (\text{2열에 관한 여인수 전개}) \\
&= a_{13}C_{13} + a_{23}C_{23} + a_{33}C_{33} \quad (\text{3열에 관한 여인수 전개})
\end{aligned}$$

EXAMPLE 2

행렬 A의 원소 a_{12}, a_{23} 및 a_{31}의 소행렬식과 여인수를 각각 구하여라.

$$A = \begin{bmatrix} 1 & 2 & 3 \\ 4 & 5 & 6 \\ 7 & 8 & 9 \end{bmatrix}$$

풀이

원소 a_{12}의 소행렬식은 1행과 2열을 뺀 나머지 2×2 행렬의 행렬식이므로

$$M_{12} = \begin{vmatrix} 4 & 6 \\ 7 & 9 \end{vmatrix} = -6$$

이고, 따라서 a_{12}의 여인수는

$$C_{12} = (-1)^{1+2} M_{12} = -M_{12} = 6$$

이다. 같은 방법으로

$$a_{23}\text{의 소행렬식은 } M_{23} = \begin{vmatrix} 1 & 2 \\ 7 & 8 \end{vmatrix} = -6$$

$$a_{23}\text{의 여인수는 } C_{23} = (-1)^{2+3} M_{23} = -M_{23} = 6$$

$$a_{31}\text{의 소행렬식은 } M_{31} = \begin{vmatrix} 2 & 3 \\ 5 & 6 \end{vmatrix} = -3$$

$$a_{31}\text{의 여인수는 } C_{31} = (-1)^{3+1} M_{31} = M_{31} = -3$$

■

3×3행렬에 대한 여인수 전개는 $n\times n$행렬($n\geq2$인 자연수)의 특별한 경우이며 다음 정리는 모든 행렬의 여인수 전개이다.

정리 1.14

행렬 $A=[a_{ij}]_{n\times n}$의 행렬식을 행 또는 열에 관한 여인수 전개로 구할 수 있다. 임의의 $1\leq i\leq n$, $1\leq j\leq n$에 대하여

(i행에 관한 여인수 전개)

$$\det(A) = a_{i1}C_{i1} + a_{i2}C_{i2} + \cdots + a_{in}C_{in}$$

(j열에 관한 여인수 전개)

$$\det(A) = a_{1j}C_{1j} + a_{2j}C_{2j} + \cdots + a_{nj}C_{nj}$$

이다.

EXAMPLE 3

행렬 A에 대하여 1행과 2열에 관한 여인수 전개를 하여 행렬식을 구하고 그 결과를 비교하여라.

$$A = \begin{bmatrix} 2 & -1 & 3 \\ 3 & 2 & 2 \\ -1 & 0 & 1 \end{bmatrix}$$

풀이 먼저, 행렬 A의 1행에 관한 여인수 전개를 하여 행렬식을 구하자.

$$\text{원소 } a_{11}\text{의 소행렬식: } M_{11} = \begin{vmatrix} 2 & 2 \\ 0 & 1 \end{vmatrix} = 2$$

$$\text{원소 } a_{12}\text{의 소행렬식: } M_{12} = \begin{vmatrix} 3 & 2 \\ -1 & 1 \end{vmatrix} = 5$$

$$\text{원소 } a_{13}\text{의 소행렬식: } M_{13} = \begin{vmatrix} 3 & 2 \\ -1 & 0 \end{vmatrix} = 2$$

따라서 여인수는

$$\begin{aligned} C_{11} &= (-1)^{1+1} M_{11} = 2 \\ C_{12} &= (-1)^{1+2} M_{12} = -5 \\ C_{13} &= (-1)^{1+3} M_{13} = 2 \end{aligned}$$

이고, 1행에 관한 여인수 전개를 이용한 행렬식은

$$\begin{aligned} \det(A) &= a_{11} C_{11} + a_{12} C_{12} + a_{13} C_{13} \\ &= 2 \cdot 2 + (-1) \cdot (-5) + 3 \cdot 2 = 15 \end{aligned}$$

이다.

같은 방법으로, 행렬 A의 2열에 관한 여인수 전개를 하여 행렬식을 구하자.

$$\text{원소 } a_{12}\text{의 소행렬식: } M_{12} = \begin{vmatrix} 3 & 2 \\ -1 & 1 \end{vmatrix} = 5$$

$$\text{원소 } a_{22}\text{의 소행렬식: } M_{22} = \begin{vmatrix} 2 & 3 \\ -1 & 1 \end{vmatrix} = 5$$

$$\text{원소 } a_{32}\text{의 소행렬식: } M_{32} = \begin{vmatrix} 2 & 3 \\ 3 & 2 \end{vmatrix} = -5$$

따라서 여인수는

$$\begin{aligned} C_{12} &= (-1)^{1+2} M_{12} = -5 \\ C_{22} &= (-1)^{2+2} M_{22} = 5 \\ C_{32} &= (-1)^{3+2} M_{32} = 5 \end{aligned}$$

이고, 2열에 관한 여인수 전개를 이용한 행렬식은

$$\begin{aligned} \det(A) &= a_{12} C_{12} + a_{22} C_{22} + a_{32} C_{32} \\ &= (-1) \cdot (-5) + 2 \cdot 5 + 0 \cdot (-5) = 15 \end{aligned}$$

이다. 그러므로 1행과 2열의 여인수 전개에 의한 행렬식의 값은 같다.

■

EXAMPLE 4

다음 4×4 행렬 A의 행렬식을 계산하여라.

$$A = \begin{bmatrix} 1 & 2 & 3 & -8 \\ -1 & 5 & 4 & 6 \\ 3 & -2 & 0 & 1 \\ 2 & 1 & 0 & -2 \end{bmatrix}$$

풀이 3열에서 원소 가운데 0인 원소를 두 개 포함하고 있으므로 3열에 관한 $\det(A)$의 전개식을 이용하자. 즉

$$\det(A) = a_{13}C_{13} + a_{23}C_{23} + a_{33}C_{33} + a_{43}C_{43}$$

에서 3열의 원소 가운데 $a_{33}=0$, $a_{34}=0$이므로, 여기서는 C_{13}, C_{23}만 구하면 된다.

$$C_{13} = (-1)^{1+3}M_{13} = \begin{vmatrix} -1 & 5 & 6 \\ 3 & -2 & 1 \\ 2 & 1 & -2 \end{vmatrix} = 79$$

$$C_{23} = (-1)^{2+3}M_{23} = -\begin{vmatrix} 1 & 2 & -8 \\ 3 & -2 & 1 \\ 2 & 1 & -2 \end{vmatrix} = 37$$

이므로

$$\det(A) = a_{13}C_{13} + a_{23}C_{23} = 385$$

이다. ■

앞에서 주어진 행렬의 행렬식을 계산하기 위하여 한 행(또는 열)의 각 원소에 대응되는 여인수를 곱하여 모두 더한 값으로 행렬식을 구하였다. 그러나 행렬의 행렬식을 구할 때 한 행(또는 열)의 원소에 다른 행(또는 열)으로부터 대응되는 원소의 여인수를 곱하여 더하면 그 결과는 항상 0이다. 다음은 이러한 사실에 대한 정리이다.

정리 1.15

행렬 $A = [a_{ij}]_{n \times n}$에 대하여 다음이 성립한다.
$i \neq k$에 대하여

$$a_{i1} C_{k1} + a_{i2} C_{k2} + \cdots + a_{in} C_{kn} = 0$$

이고, $j \neq k$에 대하여

$$a_{1j} C_{1k} + a_{2j} C_{2k} + \cdots + a_{nj} C_{nk} = 0$$

예제 3의 행렬

$$A = \begin{bmatrix} 2 & -1 & 3 \\ 3 & 2 & 2 \\ -1 & 0 & 1 \end{bmatrix}$$

에서 1행에 관한 여인수는 $C_{11} = 2$, $C_{12} = -5$, $C_{13} = 2$이다. 또한 $a_{21} = 3$, $a_{22} = 2$, $a_{23} = 2$이므로

$$a_{21} C_{11} + a_{22} C_{12} + a_{23} C_{13} = (3) \cdot (2) + (2) \cdot (-5) + (2) \cdot (2) = 0$$

이다.

지금까지 행렬식을 구하기 위해서 다룬 행렬은 3×3행렬이다. 그러나 크기가 큰 행렬의 행렬식을 구하려면 매우 복잡한 계산을 하여야 한다. 이러한 행렬식의 값을 보다 쉽게 구할 수 있게 하는 중요한 성질들을 알아보기로 한다.

정리 1.16

정방행렬 A의 행렬식과 전치행렬 A^T의 행렬식은 같다. 즉,

$$\det(A) = \det(A^T)$$

EXAMPLE 5

행렬 A를 3×3 행렬이라 하자.

$$A=\begin{bmatrix} 1 & -1 & 2 \\ 1 & -2 & 7 \\ 4 & 2 & 3 \end{bmatrix}$$

행렬식 $\det(A)=-25$이고, 전치행렬 A^T는 다음과 같다.

$$A^T=\begin{bmatrix} 1 & 1 & 4 \\ -1 & -2 & 2 \\ 2 & 7 & 3 \end{bmatrix}$$

그리고 $\det(A^T)=-25$이므로 $\det(A)=\det(A^T)$이다.

정리 1.17

정방행렬 A의 원소가 0만으로 이루어진 행(또는 열)을 가지면 $\det(A)=0$이다.

EXAMPLE 6

행렬 A의 행렬식을 구하여라.

$$A=\begin{bmatrix} 4 & -7 & 8 \\ 0 & 0 & 0 \\ -2 & 9 & 5 \end{bmatrix}$$

풀이

행렬 A의 2행의 원소가 모두 0이므로 행렬식의 값은 0이다.

Sarrus 방법을 적용하면 행렬식은

$$\det(A)=4\cdot 0\cdot 5+(-7)\cdot 0\cdot(-2)+8\cdot 0\cdot 9 \\ -8\cdot 0\cdot(-2)-(-7)\cdot 0\cdot 5-4\cdot 0\cdot 9=0$$

이다.

■

정리 1.18

정방행렬 A의 두 행(또는 열)의 원소가 같으면 $\det(A)=0$이다.

EXAMPLE 7

행렬 A의 행렬식을 구하여라.

$$A = \begin{bmatrix} 2 & 4 & 2 \\ -1 & 0 & -1 \\ 3 & 7 & 3 \end{bmatrix}$$

풀이

행렬 A의 1열과 3열이 같으므로 행렬식의 값은 0이다.

Sarrus 방법을 적용하면 행렬식은

$$\det(A) = 2 \cdot 0 \cdot 3 + 4 \cdot (-1) \cdot 3 + 2 \cdot (-1) \cdot 7 \\ - 2 \cdot 0 \cdot 3 - 4 \cdot (-1) \cdot 3 - 2 \cdot (-1) \cdot 7 = 0$$

이다.

■

정리 1.19

정방행렬 A의 한 행(또는 열)을 실수 k배 하여 얻은 행렬이 행렬 B이면 행렬식은 $\det(B) = k \cdot \det(A)$이다.

EXAMPLE 8

예제 5에서 행렬 A의 2행에 3을 곱하여 얻은 행렬을 행렬 B라 하면

$$A = \begin{bmatrix} 1 & -1 & 2 \\ 1 & -2 & 7 \\ 4 & 2 & 3 \end{bmatrix}, \qquad B = \begin{bmatrix} 1 & -1 & 2 \\ 3 & -6 & 21 \\ 4 & 2 & 3 \end{bmatrix}$$

이다. 예제 5의 $\det(A) = -25$이고, 행렬 B의 행렬식은

$$\det(B) = \begin{vmatrix} 1 & -1 & 2 \\ 3 & -6 & 21 \\ 4 & 2 & 3 \end{vmatrix} = -75$$

이므로 $\det(B) = 3 \cdot \det(A)$이다.

정리 1.20

정방행렬 A의 임의의 두 행(또는 두 열)을 서로 교환하여 얻은 행렬이 B이면 $\det(B) = -\det(A)$이다.

EXAMPLE 9

예제 5에서 행렬 A의 1행과 3행을 바꾼 행렬을 행렬 B라 하면,

$$A=\begin{bmatrix} 1 & -1 & 2 \\ 1 & -2 & 7 \\ 4 & 2 & 3 \end{bmatrix},\quad B=\begin{bmatrix} 4 & 2 & 3 \\ 1 & -2 & 7 \\ 1 & -1 & 2 \end{bmatrix}$$

이다. 예제 5의 $\det(A)= -25$이고, $\det(B)=25$이므로
$\det(B)= -\det(A)$이다.

정리 1.21

정방행렬 A에서 한 행에 0이 아닌 실수배를 하여 다른 행에 더하여도 행렬식은 변하지 않는다.

EXAMPLE 10

다음 행렬 A의 행렬식은 $\det(A)= -7$이다.

$$A=\begin{bmatrix} 3 & 1 & 3 \\ -1 & 2 & 6 \\ 3 & -1 & -4 \end{bmatrix}$$

행렬 A의 2행에 3을 곱하여 3행에 더하여 얻은 행렬을 행렬 B라 하면,

$$B=\begin{bmatrix} 3 & 1 & 3 \\ -1 & 2 & 6 \\ 0 & 5 & 14 \end{bmatrix}$$

이다.

$$\det(B)=\begin{vmatrix} 3 & 1 & 3 \\ -1 & 2 & 6 \\ 0 & 5 & 14 \end{vmatrix} = -7$$

이므로 $\det(B)=\det(A)$이다.

정리 1.22

행렬 A, B가 크기가 같은 정방행렬이면

$$\det(AB) = \det(A)\det(B)$$

이다.

EXAMPLE 11

다음 행렬 A, B에 대하여 각각의 행렬식과 행렬의 곱 AB의 행렬식을 구하고 그 관계를 비교하여라.

$$A = \begin{bmatrix} 0 & 3 & 1 \\ -2 & 1 & 2 \\ 1 & 0 & -3 \end{bmatrix}, \quad B = \begin{bmatrix} 3 & -1 & 0 \\ 0 & 1 & 2 \\ 2 & 0 & -1 \end{bmatrix}$$

풀이

행렬 A와 B의 곱

$$AB = \begin{bmatrix} 0 & 3 & 1 \\ -2 & 1 & 2 \\ 1 & 0 & -3 \end{bmatrix} \begin{bmatrix} 3 & -1 & 0 \\ 0 & 1 & 2 \\ 2 & 0 & -1 \end{bmatrix} = \begin{bmatrix} 2 & 3 & 5 \\ -2 & 3 & 0 \\ -3 & -1 & 3 \end{bmatrix}$$

이다. 각 행렬의 행렬식은

$$\det(A) = -13, \ \det(B) = -7, \ \det(AB) = 91$$

이므로

$$\det(A)\det(B) = (-13) \cdot (-7) = 91 = \det(AB)$$

이다. ■

n차 정방행렬 A, B에 대하여 $\det(AB) = \det(A)\det(B)$와 $\det(kA) = k^n\det(A)$(k는 실수)가 성립한다. 그러나 $\det(A+B) \neq \det(A) + \det(B)$임을 유의하자.

예를 들면, 행렬 $A=\begin{bmatrix} 1 & 2 \\ 3 & 4 \end{bmatrix}$, $B=\begin{bmatrix} -2 & 3 \\ 1 & -5 \end{bmatrix}$라 하자.

두 행렬의 합은

$$A+B=\begin{bmatrix} -1 & 5 \\ 4 & -1 \end{bmatrix}$$

이고, 행렬식은 각각

$$\det(A)=-2,\ \det(B)=7,\ \det(A+B)=-19$$

이므로

$$\det(A+B)\neq\det(A)+\det(B)$$

이다.

정리 1.23

행렬 $A=[a_{ij}]_{n\times n}$에서 r행의 원소가 $a_{rj_r}=b_{rj_r}+c_{rj_r}$이고 나머지 행의 원소는 원래의 a_{ij}일 때, 즉

$$A=\begin{bmatrix} a_{11} & a_{12} & \cdots & a_{1n} \\ a_{21} & a_{22} & \cdots & a_{2n} \\ \vdots & \vdots & \cdots & \vdots \\ b_{r1}+c_{r1} & b_{r2}+c_{r2} & \cdots & b_{rn}+c_{rn} \\ \vdots & \vdots & \cdots & \vdots \\ a_{n1} & a_{n2} & \cdots & a_{nn} \end{bmatrix}$$

이면

$$\det(A)=\begin{vmatrix} a_{11} & a_{12} & \cdots & a_{1n} \\ a_{21} & a_{22} & \cdots & a_{2n} \\ \vdots & \vdots & \cdots & \vdots \\ b_{r1} & b_{r2} & \cdots & b_{rn} \\ \vdots & \vdots & \cdots & \vdots \\ a_{n1} & a_{n2} & \cdots & a_{nn} \end{vmatrix}+\begin{vmatrix} a_{11} & a_{12} & \cdots & a_{1n} \\ a_{21} & a_{22} & \cdots & a_{2n} \\ \vdots & \vdots & \cdots & \vdots \\ c_{r1} & c_{r2} & \cdots & c_{rn} \\ \vdots & \vdots & \cdots & \vdots \\ a_{n1} & a_{n2} & \cdots & a_{nn} \end{vmatrix}$$

이 성립한다.

EXAMPLE 12

3×3 행렬 A, B, C에 대하여

$$A = \begin{bmatrix} -1 & 0 & 2 \\ 1+1 & -3+0 & 1+3 \\ 1 & 5 & -2 \end{bmatrix}$$

이고

$$B = \begin{bmatrix} -1 & 0 & 2 \\ 1 & -3 & 1 \\ 1 & 5 & -2 \end{bmatrix}, \qquad C = \begin{bmatrix} -1 & 0 & 2 \\ 1 & 0 & 3 \\ 1 & 5 & -2 \end{bmatrix}$$

이라 하자. 행렬 A, B, C의 행렬식은 각각

$$\det(A) = 40, \ \det(B) = 15, \ \det(C) = 25$$

이므로,

$$\det(A) = \det(B) + \det(C)$$

이다.

쉬어가기

여인수 전개를 발견한 사람은 영국의 옥스퍼드대학 수학과 교수였으며, 동화 ≪이상한 나라의 앨리스≫의 작가인 루이스 캐럴(필명, 본명은 Charles Dodgson)이다. 또한 여인수 전개는 컴퓨터를 이용한 행렬식 계산에 핵심적인 이론이며, 최근에는 컴퓨터의 병렬처리에 효과적인 도구로 사용되고 있다.

_이상구, ≪현대 선형대수학≫ 중에서

TEST

연습문제 1.2

1. 다음 행렬의 행렬식의 값이 0이 되는 a를 구하여라.

(1) $\begin{bmatrix} 11 & 7-a \\ 4+a & 2 \end{bmatrix}$　　(2) $\begin{bmatrix} a-1 & 4 & 0 \\ 1 & 2a & 0 \\ a+1 & 0 & a-1 \end{bmatrix}$

2. 다음 행렬식을 구하여라.

$$\begin{vmatrix} 3 & 4 \\ -1 & 2 \end{vmatrix}, \quad \begin{vmatrix} -1 & -2 & 2 \\ -3 & 2 & -5 \\ 0 & 1 & 1 \end{vmatrix}, \quad \begin{vmatrix} 0 & 0 & -3 \\ 4 & 0 & 2 \\ -1 & 2 & 0 \end{vmatrix}$$

3. 다음 행렬에 대하여 계산하여라.

$$A = \begin{bmatrix} 5 & -2 & 3 \\ 0 & 3 & 1 \\ 6 & 0 & 4 \end{bmatrix} \qquad B = \begin{bmatrix} 4 & 0 & 6 \\ 3 & -2 & 5 \\ 91 & -57 & 155 \end{bmatrix}$$

(1) $\det(3A)$　　(2) $\det(A^2)$

(3) $\det(-2B)$　　(4) $\det(AB)$

4. 행렬 $A = \begin{bmatrix} a_1 & b_1 & c_1 \\ a_2 & b_2 & c_2 \\ a_3 & b_3 & c_3 \end{bmatrix}$의 행렬식 $\det(A) = -10$을 이용하여 다음 행렬의 행렬식을 구하여라.

(1) $\begin{bmatrix} a_1-b_1 & a_1+b_1 & c_1 \\ a_2-b_2 & a_2+b_2 & c_2 \\ a_3-b_3 & a_3+b_3 & c_3 \end{bmatrix}$　　(2) $\begin{bmatrix} a_3 & b_3 & c_3 \\ a_1 & b_1 & c_1 \\ a_2 & b_2 & c_2 \end{bmatrix}$

(3) $\begin{bmatrix} a_1 & b_1 & c_1 \\ a_2 & b_2 & c_2 \\ a_3-a_2+2a_1 & b_3-b_2+2b_1 & c_3-c_2+2c_1 \end{bmatrix}$

5. 행렬 $\begin{bmatrix} 1 & 1 & 1 \\ a & b & c \\ b+c & c+a & a+b \end{bmatrix}$ 의 행렬식을 직접 계산을 하지 않고 구하여라.

6. $\begin{vmatrix} 1 & a & a^2 \\ 1 & b & b^2 \\ 1 & c & c^2 \end{vmatrix} = (b-a)(c-a)(c-b)$ 임을 보여라. 이 행렬식을 반데르몽드(Vander-monde)의 행렬식이라 한다.

7. 다음 명제가 참이면 간략하게 증명하고, 거짓이면 이유를 설명하여라.

(1) 연산 가능한 행렬 A, B에 대해 $\det(AB) = \det(BA)$이다.

(2) $\det(AB) = 0$이면 $\det(A) = 0$ 또는 $\det(B) = 0$이다.

(3) $A^2 = A$인 연산 가능한 정방행렬이면 $\det(A) = 0$ 또는 $\det(A) = 1$이다.

(4) $A = A^{-1}$이면 $\det(A) = \pm 1$이나 $A^T = A^{-1}$이면 $\det(A) \neq \pm 1$이다.

(5) 연산 가능한 행렬 A, B에 대하여

$$\det(A^T B^T) = \det(A)\det(B^T) = \det(A^T)\det(B)$$

이다.

(6) 행렬 A가 정방행렬이고 서로 비례되는 두 행이 있으면 행렬식의 값은 0이다.

1.3 역행렬과 연립일차방정식

실수의 집합에서 0이 아닌 실수 a에 대하여 연산 $ab = ba = 1$을 만족하는 곱셈에 관한 역원 $b = \frac{1}{a}$을 갖는다.

마찬가지로 행렬에서 영행렬이 아닌 임의의 정방행렬 A에 대하여 $AB = BA = I$를 만족하는 행렬 B를 어떻게 구할 수 있는지 알아보자.

정의 1.24

n차 정방행렬 A와 n차 단위행렬 I에 대하여

$$AB = BA = I$$

가 되는 n차 정방행렬 B가 존재하면 행렬 A를 가역(invertible) 또는 정칙(non-singular)이라 한다. 이때의 행렬 B를 행렬 A의 역행렬(inverse matrix)이라 하며, A^{-1}로 나타낸다. 이러한 행렬 B가 존재하지 않으면 행렬 A를 비가역(noninvertible) 또는 비정칙(singular)이라 한다.

EXAMPLE 1

두 행렬 $A = \begin{bmatrix} 2 & 1 \\ 4 & 3 \end{bmatrix}$, $B = \begin{bmatrix} \frac{3}{2} & -\frac{1}{2} \\ -2 & 1 \end{bmatrix}$일 때, $B = A^{-1}$임을 보여라.

풀이

$$AB = BA = I_2$$

이므로, 행렬 A의 역행렬은 행렬 B이고, 행렬 A는 가역이다. ■

EXAMPLE 2

행렬 $A = \begin{bmatrix} a & b \\ c & d \end{bmatrix}$일 때, A^{-1}을 구하여라(단, $ad - bc \neq 0$).

풀이 역행렬 A^{-1}를 구하기 위해

$$A^{-1} = \begin{bmatrix} x & y \\ z & u \end{bmatrix}$$

라고 놓으면

$$AA^{-1} = \begin{bmatrix} a & b \\ c & d \end{bmatrix}\begin{bmatrix} x & y \\ z & u \end{bmatrix} = \begin{bmatrix} 1 & 0 \\ 0 & 1 \end{bmatrix}$$

이므로, 연립방정식

$$\begin{cases} ax + bz = 1 \\ cx + dz = 0 \end{cases}, \quad \begin{cases} ay + bu = 0 \\ cy + du = 1 \end{cases}$$

을 풀면

$$\begin{cases} x = \dfrac{d}{ad-bc} \\ z = \dfrac{-c}{ad-bc} \end{cases}, \quad \begin{cases} y = \dfrac{-b}{ad-bc} \\ u = \dfrac{a}{ad-bc} \end{cases}$$

이다. 따라서 다음과 같은 역행렬을 얻는다.

$$A^{-1} = \frac{1}{ad-bc}\begin{bmatrix} d & -b \\ -c & a \end{bmatrix}$$

■

EXAMPLE 3

행렬 $A = \begin{bmatrix} -4 & 2 \\ -2 & 1 \end{bmatrix}$일 때, 역행렬 A^{-1}을 구하여라.

풀이

$$A^{-1} = \begin{bmatrix} x & y \\ z & u \end{bmatrix}$$

라고 놓으면

$$AA^{-1} = A^{-1}A = \begin{bmatrix} x & y \\ z & u \end{bmatrix}\begin{bmatrix} -4 & 2 \\ -2 & 1 \end{bmatrix} = \begin{bmatrix} 1 & 0 \\ 0 & 1 \end{bmatrix}$$

이므로, 연립방정식은

$$\begin{cases} -4x - 2y = 1 \\ 2x + y = 0 \end{cases}, \quad \begin{cases} -4z - 2u = 0 \\ 2z + u = 1 \end{cases}$$

이다. 그러나 이 연립방정식은 해를 가지지 않음을 쉽게 알 수 있다. 따라서 역행렬 A^{-1}은 존재하지 않는다.

■

따라서 예제 2, 예제 3에서 보듯이 역행렬이 존재하기 위해서는 $ad-bc \neq 0$인 조건이 필요하다.

임의의 정방행렬에 대하여 역행렬이 언제나 존재하는 것은 아니지만 만일 존재한다면 단 한 가지로 정해진다.

정리 1.25

정방행렬 A의 역행렬이 B와 C이면 항상 $B=C$이다.

증명 행렬 B와 C가 행렬 A의 역행렬이므로

$$AB=BA=I \text{ 이고 } \quad AC=CA=I$$

이다. 따라서

$$B=IB=(CA)B=C(AB)=CI=C$$

이다. ■

정리 1.26

행렬 A, B가 n차 정방행렬이면 다음 성질들이 성립한다.

(a) 단위행렬 I는 가역이고, $I^{-1}=I$이다.

(b) 행렬 A가 가역이면, 행렬 A의 역행렬 A^{-1}도 가역이고 $(A^{-1})^{-1}=A$이다.

(c) 행렬 A, B가 가역이면, 행렬 AB도 가역이고 $(AB)^{-1}=B^{-1}A^{-1}$이다.

(d) 행렬 A가 가역이면, 0이 아닌 실수 r의 스칼라배 rA도 가역이고 $(rA)^{-1}=\dfrac{1}{r}A^{-1}$이다.

(e) 행렬 A가 가역이면, A^T도 가역이고 $(A^T)^{-1}=(A^{-1})^T$이다.

증명 (a) 행렬 I는 단위행렬이므로 $II=I$이다. 따라서 I는 가역이고 $I^{-1}=I$이다.

(b) 행렬 A가 가역이므로

$$AA^{-1}=A^{-1}A=I$$

이다. 따라서 역행렬 A^{-1}도 가역이고 $(A^{-1})^{-1}=A$이다.

(c) 행렬 A와 B가 가역이므로,

$$AA^{-1} = A^{-1}A = I = BB^{-1} = B^{-1}B = I$$

이다. 따라서

$$(AB)(B^{-1}A^{-1}) = A(BB^{-1})A^{-1} = AIA^{-1} = AA^{-1} = I,$$
$$(B^{-1}A^{-1})(AB) = B^{-1}(AA^{-1})B = B^{-1}IB = B^{-1}B = I$$

이므로 AB도 가역이고 $(AB)^{-1} = B^{-1}A^{-1}$이다.

(d) 행렬 A가 가역이므로

$$\left(r\frac{1}{r}\right)AA^{-1} = \left(r\frac{1}{r}\right)A^{-1}A = I$$

가 성립한다. 또한, 행렬의 곱셈의 성질에 의해

$$(rA)\left(\frac{1}{r}A^{-1}\right) = \left(\frac{1}{r}A^{-1}\right)(rA) = I$$

이다. 따라서 rA도 가역이고 $(rA)^{-1} = \frac{1}{r}A^{-1}$이다.

(e) 연습문제로 남겨 둔다.

■

정의 1.27

행렬 A가 가역일 때 행렬 A^{-1}에 대한 거듭제곱을 다음과 같이 정의한다.

$$A^{-2} = (A^{-1})^2 = A^{-1}A^{-1}, \quad A^{-3} = (A^{-1})^3 = A^{-1}A^{-1}A^{-1}, \ \cdots$$
$$A^{-k} = (A^{-1})^k = A^{-1}A^{-1}A^{-1} \cdots A^{-1} \ (A^{-1}\text{가 } k\text{개})$$

1.2절의 [정의 1.13]에서 행렬의 원소 a_{ij}의 소행렬식과 여인수를 정의하고 이를 이용하여 행렬식을 구하는 방법을 알아보았다. 여기서는 여인수로 이루어진 행렬을 이용하여 역행렬을 구하여 보자.

정의 1.28

행렬 $A=\left[a_{ij}\right]_{n\times n}$에서 원소 a_{ij}의 여인수 C_{ij} 들로 이루어진 행렬을

$$C=\begin{bmatrix} C_{11} & C_{12} & \cdots & C_{1n} \\ C_{21} & C_{22} & \cdots & C_{2n} \\ \vdots & \vdots & \cdots & \vdots \\ C_{n1} & C_{n2} & \cdots & C_{nn} \end{bmatrix}$$

여인수행렬(matrix of cofactors)이라 한다. 또한 이 행렬의 전치행렬 C^T를 수반행렬 (adjoint matrix)이라 하고

$$\operatorname{adj}(A)=\begin{bmatrix} C_{11} & C_{21} & \cdots & C_{n1} \\ C_{12} & C_{22} & \cdots & C_{n2} \\ \vdots & \vdots & \cdots & \vdots \\ C_{1n} & C_{2n} & \cdots & C_{nn} \end{bmatrix}$$

으로 나타낸다.

EXAMPLE 4

행렬 A에 대하여 여인수행렬과 수반행렬을 구하어라.

$$A=\begin{bmatrix} 2 & 5 & 4 \\ 0 & 2 & -1 \\ 4 & -3 & 1 \end{bmatrix}$$

풀이 여인수행렬을 구하기 위하여 행렬 A의 모든 원소의 여인수를 구하자.

a_{11}의 여인수: $C_{11}=(-1)^{1+1}\begin{vmatrix} 2 & -1 \\ -3 & 1 \end{vmatrix}=-1$

a_{12}의 여인수: $C_{12}=(-1)^{1+2}\begin{vmatrix} 0 & -1 \\ 4 & 1 \end{vmatrix}=-4$

a_{13}의 여인수: $C_{13}=(-1)^{1+3}\begin{vmatrix} 0 & 2 \\ 4 & -3 \end{vmatrix}=-8$

a_{21}의 여인수: $C_{21}=(-1)^{2+1}\begin{vmatrix} 5 & 4 \\ -3 & 1 \end{vmatrix}=-17$

a_{22}의 여인수: $C_{22}=(-1)^{2+2}\begin{vmatrix} 2 & 4 \\ 4 & 1 \end{vmatrix}=-14$

a_{23}의 여인수: $C_{23}=(-1)^{2+3}\begin{vmatrix} 2 & 5 \\ 4 & -3 \end{vmatrix}=26$

a_{31}의 여인수: $C_{31}=(-1)^{3+1}\begin{vmatrix} 5 & 4 \\ 2 & -1 \end{vmatrix}=-13$

$$a_{32}\text{의 여인수: } C_{32} = (-1)^{3+2}\begin{vmatrix} 2 & 4 \\ 0 & -1 \end{vmatrix} = 2$$

$$a_{33}\text{의 여인수: } C_{33} = (-1)^{3+3}\begin{vmatrix} 2 & 5 \\ 0 & 2 \end{vmatrix} = 4$$

이다. 따라서 여인수행렬은

$$C = \begin{bmatrix} -1 & -4 & -8 \\ -17 & -14 & 26 \\ -13 & 2 & 4 \end{bmatrix}$$

이고, 수반행렬은

$$\operatorname{adj}(A) = \begin{bmatrix} -1 & -17 & -13 \\ -4 & -14 & 2 \\ -8 & 26 & 4 \end{bmatrix}$$

이다.

정리 1.29

행렬 $A = [a_{ij}]_{n \times n}$가 $\det(A) \neq 0$이면 A의 역행렬은 다음과 같다.

$$A^{-1} = \frac{1}{\det(A)}\operatorname{adj}(A)$$

증명 행렬 A와 A의 수반행렬 $\operatorname{adj}(A)$의 곱은 다음과 같다.

$$A\operatorname{adj}(A) = \begin{bmatrix} a_{11} & a_{12} & \cdots & a_{1n} \\ a_{21} & a_{22} & \cdots & a_{2n} \\ \vdots & \vdots & & \vdots \\ a_{i1} & a_{i2} & \cdots & a_{in} \\ \vdots & \vdots & & \vdots \\ a_{n1} & a_{n2} & \cdots & a_{nn} \end{bmatrix} \begin{bmatrix} C_{11} & C_{21} & \cdots & C_{j1} & \cdots & C_{n1} \\ C_{12} & C_{22} & \cdots & C_{j2} & \cdots & C_{n2} \\ \vdots & \vdots & & \vdots & & \vdots \\ C_{1n} & C_{2n} & \cdots & C_{jn} & \cdots & C_{nn} \end{bmatrix}$$

$$= \begin{bmatrix} a_{11}C_{11} + a_{12}C_{12} + \cdots + a_{1n}C_{1n} & \cdots & a_{11}C_{n1} + a_{12}C_{n2} + \cdots + a_{1n}C_{nn} \\ a_{21}C_{11} + a_{22}C_{12} + \cdots + a_{2n}C_{1n} & \cdots & a_{21}C_{n1} + a_{22}C_{n2} + \cdots + a_{2n}C_{nn} \\ \vdots & & \vdots \\ a_{i1}C_{11} + a_{i2}C_{12} + \cdots + a_{in}C_{1n} & \cdots & a_{i1}C_{n1} + a_{i2}C_{n2} + \cdots + a_{in}C_{nn} \\ \vdots & & \vdots \\ a_{n1}C_{11} + a_{n2}C_{12} + \cdots + a_{nn}C_{1n} & \cdots & a_{n1}C_{n1} + a_{n2}C_{n2} + \cdots + a_{nn}C_{nn} \end{bmatrix}$$

$A\operatorname{adj}(A)$의 (i, j) 원소는

$$a_{i1}C_{j1} + a_{i2}C_{j2} + \cdots + a_{in}C_{jn}$$

이므로, [정리 1.14]와 [정리 1.15]에 의하여 그 값은

$$a_{i1}C_{j1}+a_{i2}C_{j2}+\cdots+a_{in}C_{jn}=\begin{cases}\det(A), & i=j\\ 0\ \ , & i\neq j\end{cases}$$

이다. 그러므로

$$A\,\mathrm{adj}(A)=\begin{bmatrix}\det(A) & 0 & \cdots & 0\\ 0 & \det(A) & \cdots & 0\\ \vdots & \vdots & & \vdots\\ 0 & 0 & \cdots & \det(A)\end{bmatrix}=\det(A)I$$

이고, 같은 방법으로 $\mathrm{adj}(A)A=\det(A)I$를 얻는다. 그러므로

$$A\,\mathrm{adj}(A)=\mathrm{adj}(A)A=\det(A)I$$

이고, $\det(A)\neq 0$이므로

$$A^{-1}=\frac{1}{\det(A)}\mathrm{adj}(A)$$

이다.

■

EXAMPLE 5

행렬 A의 역행렬을 구하여라.

$$A=\begin{bmatrix}2 & 5 & 4\\ 0 & 2 & -1\\ 4 & -3 & 1\end{bmatrix}$$

풀이

$\det(A)=-54$이고 예제 3에서

$$\mathrm{adj}(A)=\begin{bmatrix}-1 & -17 & -13\\ -4 & -14 & 2\\ -8 & 26 & 4\end{bmatrix}$$

이므로 [정리 1.29]로부터 역행렬은 다음과 같다.

$$A^{-1}=\frac{1}{\det(A)}\mathrm{adj}(A)=\begin{bmatrix}\frac{1}{54} & \frac{17}{54} & \frac{13}{54}\\ \frac{4}{54} & \frac{14}{54} & -\frac{2}{54}\\ \frac{8}{54} & -\frac{26}{54} & -\frac{4}{54}\end{bmatrix}$$

■

정리 1.30

행렬 A가 가역일 필요충분조건은 $\det(A) \neq 0$이다.

위의 정리는 주어진 행렬의 역행렬을 구할 때, 그 행렬의 역행렬이 존재하는지 판단할 수 있는 중요한 기준이 된다.

2개 이상의 미지수를 포함하는 2개 이상의 방정식으로 이루어진 쌍이 주어지고, 미지수가 주어진 모든 방정식을 동시에 만족할 것이 요구될 때, 이 방정식의 쌍을 연립방정식이라 한다. 그리고 연립방정식을 동시에 만족시키는 미지수의 값을 주어진 방정식의 해 또는 근이라 하고, 이것을 구하는 것을 연립방정식을 푼다고 한다. 이 절에서는 행렬식만을 이용하여 n개의 미지수를 가지는 n개의 연립일차방정식의 해를 구하는 공식을 소개한다. 이 공식을 Cramer **법칙**이라고 한다.

일반적으로 상수 $a_1, a_2, \cdots, a_n, b$와 미지수 $x_1, x_2, \cdots, x_n$에 대하여

$$a_1x_1 + a_2x_2 + \cdots + a_nx_n = b$$

로 표현한 방정식을 $x_1, x_2, \cdots, x_n$에 관한 **일차방정식**(linear equation)이라 하고, **연립일차방정식**(system of linear equations)은 m개의 일차방정식과 n개의 **미지수**(unknowns) $x_1, x_2, \cdots, x_n$으로 다음과 같이 나타낸 것이다.

$$\begin{aligned} a_{11}x_1 + a_{12}x_2 + \cdots + a_{1n}x_n &= b_1 \\ a_{21}x_1 + a_{22}x_2 + \cdots + a_{2n}x_n &= b_2 \\ \vdots \qquad \vdots \qquad\qquad \vdots \quad &\quad \vdots \\ a_{m1}x_1 + a_{m2}x_2 + \cdots + a_{mn}x_n &= b_m \end{aligned}$$

위에서 첨자가 붙은 $a_{ij}, b_i (i = 1, 2, \cdots, m, \ j = 1, 2, \cdots, n)$는 상수이고, mn개의 수 a_{ij}를 연립일차방정식의 **계수**(coefficients)라고 한다.

실수 $s_1, s_2, \cdots, s_n$에 대하여 $x_1 = s_1, x_2 = s_2, \cdots, x_n = s_n$이 주어진 연립일차방정식을 만족하면, 순서쌍 $(s_1, s_2, \cdots, s_n)$을 연립일차방정식의 하나의 **해**(solution)라 부른다. 연립일차방정식의 해 전체의 집합을 **해집합**(solution set)이라 한다.

이제, 연립일차방정식을 행렬로 표현해 보자.

$$A=\begin{bmatrix} a_{11} & a_{12} & \cdots & a_{1n} \\ a_{21} & a_{22} & \cdots & a_{2n} \\ \vdots & \vdots & & \vdots \\ a_{m1} & a_{m2} & \cdots & a_{mn} \end{bmatrix}, \quad X=\begin{bmatrix} x_1 \\ x_2 \\ \vdots \\ x_n \end{bmatrix}, \quad B=\begin{bmatrix} b_1 \\ b_2 \\ \vdots \\ b_m \end{bmatrix}$$

이라 하자. $m\times n$ 행렬 A를 연립일차방정식의 **계수행렬**(coefficient matrix)이라 부르고, $m\times 1$ 행렬 B를 연립일차방정식의 **상수행렬**(constant matrix)이라 한다. 연립일차방정식은 계수와 상수항으로 된 행렬로 변형하여

$$AX=B$$

와 같이 나타낼 수 있다.

이와 같은 연립일차방정식의 해는 행렬 A의 역행렬을 이용하여 해를 쉽게 구할 수가 있다.

정리 1.31

A가 $n\times n$인 가역행렬이면 임의의 $n\times 1$행렬 B에 대해서 연립방정식 $AX=B$는 유일한 해 $X=A^{-1}B$를 갖는다.

증명 $AX=B$이므로 양변에 A^{-1}를 곱하면 $A^{-1}AX=A^{-1}B$ 이다. 따라서 $X=A^{-1}B$ 이다. 이 해가 유일한 해임을 보이기 위해서 X_0를 임의의 한 해라 가정하자. 그러면 $AX_0=B$가 성립하고 다시 양변에 A^{-1}를 곱하면 $A^{-1}AX_0=A^{-1}B$ 이다. 그러므로 $X_0=A^{-1}B$ 이다. ■

EXAMPLE 6

역행렬을 이용하여 다음 연립방정식을 구하여라.

$$\begin{aligned} 2x_1+5x_2+4x_3 &= 1 \\ 2x_2-x_3 &= -2 \\ 4x_1-3x_2+x_3 &= 2 \end{aligned}$$

풀이

연립방정식의 계수행렬 A, 미지수행렬 X, 상수행렬 B는

$$A=\begin{bmatrix} 2 & 5 & 4 \\ 0 & 2 & -1 \\ 4 & -3 & 1 \end{bmatrix}, \quad X=\begin{bmatrix} x_1 \\ x_2 \\ x_3 \end{bmatrix}, \quad B=\begin{bmatrix} 1 \\ -2 \\ 2 \end{bmatrix}$$

이다. 예제 4에 의해서 A의 역행렬은

$$A^{-1}=\frac{1}{54}\begin{bmatrix} 1 & 17 & 13 \\ 4 & 14 & -2 \\ 8 & -26 & -4 \end{bmatrix}$$

이므로

$$X=\begin{bmatrix} x_1 \\ x_2 \\ x_3 \end{bmatrix}=\frac{1}{54}\begin{bmatrix} 1 & 17 & 13 \\ 4 & 14 & -2 \\ 8 & -26 & -4 \end{bmatrix}\begin{bmatrix} 1 \\ -2 \\ 2 \end{bmatrix}=\frac{1}{54}\begin{bmatrix} -7 \\ -28 \\ 52 \end{bmatrix}$$

이다.

■

정리 1.32 Cramer 법칙

행렬

$$A=\begin{bmatrix} a_{11} & a_{12} & \cdots & a_{1n} \\ a_{21} & a_{22} & \cdots & a_{2n} \\ \vdots & \vdots & & \vdots \\ a_{n1} & a_{n2} & \cdots & a_{nn} \end{bmatrix}$$

이 $\det(A) \neq 0$이면 임의의 $n \times 1$행렬 B에 대해서 연립1차방정식 $AX=B$는 다음과 같이 유일한 해를 갖는다. 즉

$$x_1=\frac{\det(A_1)}{\det(A)}, \cdots, \quad x_j=\frac{\det(A_j)}{\det(A)}, \quad \cdots, \quad x_n=\frac{\det(A_n)}{\det(A)}$$

여기서 행렬 A_j는

$$A_j=\begin{bmatrix} a_{11} & a_{12} & \cdots & a_{1(j-1)} & b_1 & a_{1(j+1)} & \cdots & a_{1n} \\ a_{21} & a_{22} & \cdots & a_{2(j-1)} & b_2 & a_{2(j+1)} & \cdots & a_{2n} \\ \vdots & \vdots & \cdots & \vdots & \vdots & \vdots & \cdots & \vdots \\ a_{n1} & a_{n2} & \cdots & a_{n(j-1)} & b_n & a_{n(j+1)} & \cdots & a_{nn} \end{bmatrix}$$

로서 행렬 A의 j열을 B로 대치한 행렬이다.

$\det(A) \neq 0$ 이므로, [정리 1.29]에 의해

$$X = A^{-1}B = \frac{1}{\det(A)}\operatorname{adj}(A)B$$

$$= \frac{1}{\det(A)}\begin{bmatrix} C_{11} & C_{21} & \cdots & C_{n1} \\ C_{12} & C_{22} & \cdots & C_{n2} \\ \vdots & \vdots & & \vdots \\ C_{1j} & C_{2j} & \cdots & C_{nj} \\ \vdots & \vdots & & \vdots \\ C_{1n} & C_{2n} & \cdots & C_{nn} \end{bmatrix}\begin{bmatrix} b_1 \\ b_2 \\ \\ \vdots \\ \\ b_n \end{bmatrix}$$

$$= \frac{1}{\det(A)}\begin{bmatrix} b_1C_{11} + b_2C_{21} + \cdots + b_nC_{n1} \\ b_1C_{12} + b_2C_{22} + \cdots + b_nC_{n2} \\ \vdots \qquad \vdots \qquad \vdots \\ b_1C_{1j} + b_2C_{2j} + \cdots + b_nC_{nj} \\ \vdots \qquad \vdots \qquad \vdots \\ b_1C_{1n} + b_2C_{2n} + \cdots + b_nC_{nn} \end{bmatrix}$$

이다. 따라서

$$x_j = \frac{1}{\det(A)}(b_1C_{1j} + b_2C_{2j} + \cdots + b_nC_{nj})$$

로 구할 수 있다. 행렬 A_j의 j열에 관한 여인수 전개에 의해

$$\det(A_j) = b_1C_{1j} + b_2C_{2j} + \cdots + b_nC_{nj}$$

이므로 다음 결과를 얻는다.

$$x_j = \frac{\det(A_j)}{\det(A)}$$

■

EXAMPLE 7

Cramer 법칙을 이용하여 다음 연립방정식을 풀어라.

$$\begin{aligned} 2x_1 - x_2 + 3x_3 &= 1 \\ 3x_1 + 2x_2 + 2x_3 &= -2 \\ -x_1 \qquad + x_3 &= 2 \end{aligned}$$

풀이 연립방정식의 계수행렬 A와 상수행렬 B는

$$A = \begin{bmatrix} 2 & -1 & 3 \\ 3 & 2 & 2 \\ -1 & 0 & 1 \end{bmatrix}, \qquad B = \begin{bmatrix} 1 \\ -2 \\ 2 \end{bmatrix}$$

이고 1.2절의 예제 3에서 $\det(A) = 15$이다. 따라서 Cramer 법칙을 이용하여 해를 구하면 다음과 같다.

$$x_1 = \frac{\det(A_1)}{\det(A)} = \frac{\begin{vmatrix} 1 & -1 & 3 \\ -2 & 2 & 2 \\ 2 & 0 & 1 \end{vmatrix}}{15} = -\frac{16}{15}$$

$$x_2 = \frac{\det(A_2)}{\det(A)} = \frac{\begin{vmatrix} 2 & 1 & 3 \\ 3 & -2 & 2 \\ -1 & 2 & 1 \end{vmatrix}}{15} = -\frac{1}{3}$$

$$x_3 = \frac{\det(A_3)}{\det(A)} = \frac{\begin{vmatrix} 2 & -1 & 1 \\ 3 & 2 & -2 \\ -1 & 0 & 2 \end{vmatrix}}{15} = \frac{14}{15}$$

■

연립일차방정식에서 상수행렬의 원소가 모두 0이면 **동차연립일차방정식**(homogeneous system of linear equations 또는 **제차연립일차방정식**)이라 부른다.

$$\begin{matrix} a_{11}x_1 + a_{12}x_2 + \cdots + a_{1n}x_n = 0 \\ a_{21}x_1 + a_{22}x_2 + \cdots + a_{2n}x_n = 0 \\ \vdots \qquad \vdots \qquad \cdots \qquad \vdots \qquad \vdots \\ a_{m1}x_1 + a_{m2}x_2 + \cdots + a_{mn}x_n = 0 \end{matrix}$$

동차연립일차방정식에서 $x_1 = 0,\ x_2 = 0,\ \cdots,\ x_n = 0$은 항상 방정식을 만족하는 해이므로 이러한 해를 **자명해**(trivial solution)라 한다. 이외의 다른 해가 존재하면 그것을 **비자명해**(nontrivial solution)라 한다.

일반적으로 m개의 방정식과 n개의 미지수를 갖는 연립일차방정식에서 방정식의 수보다 미지수의 수가 더 많은 경우($m < n$)의 해를 생각해 보자. 편의상 미지수를 $x_1,\ x_2,\ \cdots,\ x_n$이라 하자. 미지수 x_1을 소거하여 $(n-1)$개의 미지수를 포함하는 $(m-1)$개의 방정식을 얻고, 다시 미지수 x_2를 소거하여 $(n-2)$개의 미지수를 포함

하는 $(m-2)$개의 방정식을 얻는다. 이와 같은 방법으로 $(n-m+1)$개의 미지수를 갖는 방정식을 얻는다. 마지막 얻은 식으로부터 하나의 변수를 제외한 나머지 모두의 변수에 임의의 값을 줄 수 있으므로 무한개의 비자명해를 가진다. 따라서 다음 정리를 얻는다.

정리 1.33

연립일차방정식에서 방정식의 수보다 미지수의 수가 더 많으면 항상 무한개의 해가 존재한다.

쉬어가기 

흔히 "CT(Computational Tomography)"라 불리는 컴퓨터 단층촬영을 할 때는 체내에 X선을 통과시킨 후 X선이 신체의 각 부분에서 얼마만큼 흡수되었는지 측정한다. 이런 과정을 한 방향뿐 아니라 여러 방향에서 되풀이한다.

한 방향에서 X선을 투과시킬 때마다 신체의 각 부분을 미지수로 하는 방정식을 얻을 수 있기 때문에 여러 방향에서 X선을 투과시키면 결국 연립방정식을 얻게 된다. 이 계산은 미지수와 방정식의 개수가 많아서 사람의 손으로 계산하는 것은 어렵고, 우리가 앞에서 배운 **Cramer 법칙**을 활용하여 컴퓨터가 연립방정식을 풀어 신체의 각 부분에 흡수된 X선의 양을 알아낸다. 이를 토대로 신체의 단면 영상을 얻게 되는 것이다.

_중앙일보 〈생활 속의 수학〉 중에서

TEST

연습문제 1.3

1. θ가 실수일 때, 행렬 $A=\begin{bmatrix}\cos\theta & -\sin\theta \\ \sin\theta & \cos\theta\end{bmatrix}$의 역행렬 A^{-1}를 구하여라.

2. 다음 행렬에 대하여 모든 여인수를 구하여라.

   (1) $A=\begin{bmatrix}3 & 1 & 2 \\ 0 & 1 & 4 \\ -1 & -1 & 1\end{bmatrix}$　　(2) $B=\begin{bmatrix}2 & -1 & 1 & -1 \\ 1 & -1 & 0 & 2 \\ 4 & 3 & -1 & 0 \\ 2 & 0 & 1 & -2\end{bmatrix}$

3. 다음 행렬에서 역행렬이 존재한다면 수반행렬을 이용하여 역행렬을 구하여라.

   (1) $\begin{bmatrix}2 & 6 \\ 1 & 3\end{bmatrix}$　　(2) $\begin{bmatrix}4 & -2 \\ 3 & 1\end{bmatrix}$

   (3) $\begin{bmatrix}4 & 0 & 4 \\ 2 & 3 & 0 \\ -1 & 0 & 1\end{bmatrix}$　　(4) $\begin{bmatrix}1 & 2 & 3 \\ 2 & 1 & 3 \\ 3 & 2 & 1\end{bmatrix}$

4. 행렬 $A=\begin{bmatrix}1 & 2 & 3 \\ 1 & 3 & 4 \\ 1 & 4 & 3\end{bmatrix}$에 대하여

   (1) $\operatorname{adj}(A)$를 구하여라.

   (2) (a)의 결과를 이용하여 행렬 A^{-1}를 구하여라.

5. 다음 명제가 참이면 간단히 증명하고, 거짓이면 반례를 제시하여라.

   (1) 연산 가능한 행렬 B가 가역이고 $AB=BA$이면, $AB^{-1}=B^{-1}A$는 항상 성립한다.

   (2) 연산 가능한 두 가역행렬의 합도 가역행렬이다.

   (3) 정방행렬 A가 가역이면 $(A^{-1})^T=(A^T)^{-1}$ 이다.

6. 다음 연립방정식의 해를 역행렬을 이용하여 구하여라.

$$\begin{cases} 7x - y + z = 0 \\ 10x - 2y - z = 8 \\ 6x + 3y + 2z = 7 \end{cases}$$

7. 다음 연립방정식의 해를 Cramer 법칙을 이용하여 구하여라.

(1) $\begin{cases} x + y + 2z = 1 \\ 2x + y = 0 \\ 3x + 2z = 1 \end{cases}$

(2) $\begin{cases} 2x - y + 3z = 3 \\ 3x + 2y + z = -2 \\ x - z = 2 \end{cases}$

8. 다음 연립방정식

$$\begin{cases} x_1 - 2x_2 = ax_1 \\ x_1 - x_2 = ax_2 \end{cases}$$

가 자명해만 가지도록 하는 실수 a의 값을 결정하여라.

CHAPTER 02

벡터

2.1 벡터의 정의와 연산

온도, 시간, 길이, 높이 등과 같은 물리적인 양은 크기만으로 나타낼 수 있다. 그러나 힘, 속도, 가속도와 같은 물리적인 양은 크기뿐만 아니라 방향의 개념까지도 필요하다. 이와 같이 크기만을 가지는 물리적인 양을 **스칼라**(scalar)라 하고 이를 실수로 표현하며, 크기와 방향을 동시에 가지는 물리적인 양을 **벡터**(vector)라 한다.

벡터는 기하학적으로 2차원 평면 및 3차원 공간에서 유향선분 또는 화살표로서 표현할 수 있다. 화살표는 벡터의 **방향**(direction)을 나타내고, 그 길이는 **크기**(magnitude)를 표시한다. 이때 화살표의 출발점을 **시점**(initial point)이라 하고, 화살표가 끝나는 점을 **종점**(terminal point)이라 부른다. 벡터의 표시는 $\mathbf{v}$, $\mathbf{w}$ 와 같이 인쇄체 소문자의 굵은 글씨로 나타내고, 스칼라의 표시는 벡터와 구별하기 위하여 k, l 등과 같이 이탤릭체 소문자로 표시한다.

그림 2.1(a)에서 벡터 $\mathbf{v}$ 의 시점이 A이고 종점이 B인 경우

$$\mathbf{v} = \overrightarrow{AB}$$

로 표기한다. 그림 2.1(b)에 놓여 있는 모든 벡터들은 각각 다른 위치에 놓여 있지만 같은 길이와 방향을 가지고 있다. 이와 같이 두 벡터가 같은 크기와 방향을 가질 때 이 벡터들은 **동치**(equivalent)라 한다. 벡터는 크기와 방향만으로 결정되고 그 시점이 어디인가는 문제가 되지 않고, 동치인 벡터는 모두 동일한 것으로 간주한다. 두 벡터 $\mathbf{v}$와 $\mathbf{w}$가 동치일 때

$$\mathbf{v} = \mathbf{w}$$

라고 쓴다.

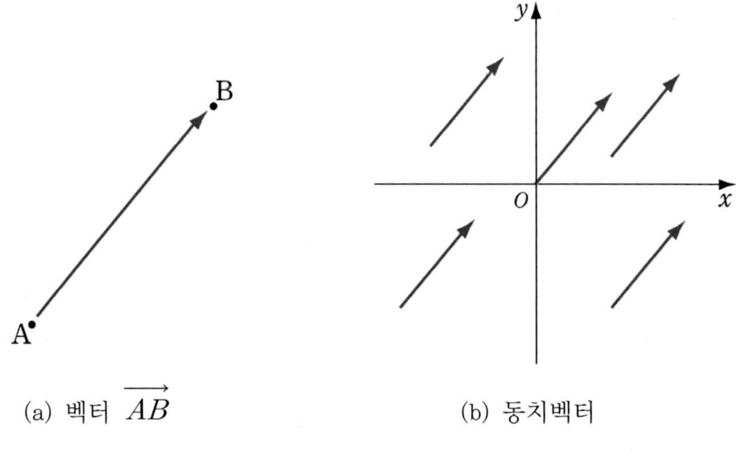

(a) 벡터 $\overrightarrow{AB}$ (b) 동치벡터

그림 2.1

정의 2.1

두 벡터 $\mathbf{v}$, $\mathbf{w}$와 스칼라 k에 대하여 두 벡터의 합(sum) $\mathbf{v}+\mathbf{w}$와 스칼라배(scalar multiple) $k\mathbf{v}$를 다음과 같이 정의한다.

(a) $\mathbf{v}$의 종점에 $\mathbf{w}$의 시점을 일치시키면, $\mathbf{v}+\mathbf{w}$는 $\mathbf{v}$의 시점에 $\mathbf{w}$의 종점을 잇는 화살표로 표시되는 벡터이다[그림 2.2(a)]. 또는 $\mathbf{v}$와 $\mathbf{w}$를 같은 시점에 놓았을 때 만들어지는 평행사변형의 대각선으로 표시되는 벡터이다[그림 2.2(b)].

(b) $k\mathbf{v}$는 $k>0$이면 $\mathbf{v}$와 같은 방향으로 $\mathbf{v}$의 크기에 k배하여 얻어지는 벡터이고, $k<0$이면 $\mathbf{v}$와 반대 방향으로 $\mathbf{v}$의 크기에 $|k|$ 배 만큼의 크기를 갖는 벡터이다[그림 2.3]. 만약 $k=0$이거나 $\mathbf{v}=\mathbf{0}$ (정의 2.2)이면 $k\mathbf{v}$는 크기가 0인 벡터이다.

정의 2.2

크기가 0인 벡터를 영벡터(zero vector)라 정의하고, $\mathbf{0}$으로 나타낸다. 영벡터는 임의의 벡터 $\mathbf{v}$에 대하여

$$\mathbf{v}+\mathbf{0}=\mathbf{v}, \quad \mathbf{v}+(-1)\mathbf{v}=\mathbf{0}$$

이 성립한다. 여기서 $(-1)\mathbf{v}=-\mathbf{v}$로 정의하며 $-\mathbf{v}$를 $\mathbf{v}$의 음벡터(negative vector)라 한다.

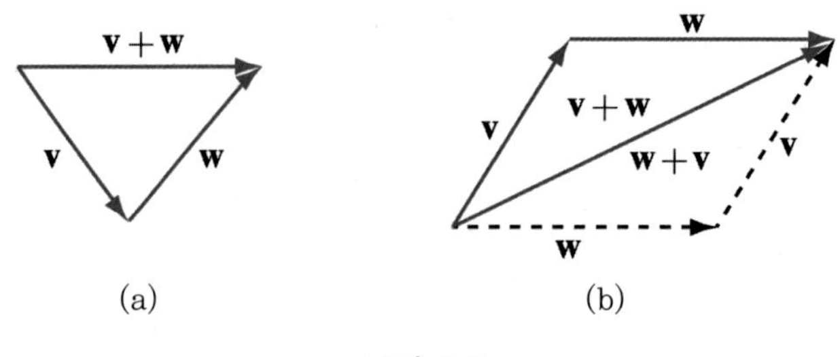

그림 2.2

그림 2.3(a)는 벡터 $\mathbf{v}$와 $\frac{1}{2}\mathbf{v}$, $-\mathbf{v}$, 그림 2.3(b)는 벡터 $\mathbf{v}$와 $2\mathbf{v}$, 그리고 $-2\mathbf{v}$와의 관계를 보여준다.

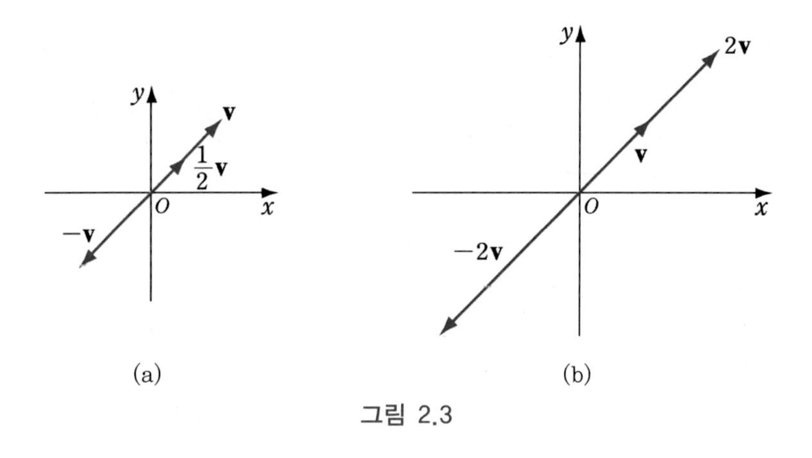

그림 2.3

그림 2.3에서와 같이 서로 다른 두 벡터가 방향이 같거나 반대인 경우 두 벡터를 **평행**하다고 한다. 즉, 한 벡터가 다른 벡터의 스칼라배가 되는 것을 말한다. 여기서 스칼라배는 0이 아닌 스칼라이며, 이를 간단한 벡터식으로 표현하면, "영벡터가 아닌 서로 다른 두 벡터 $\mathbf{u}$, $\mathbf{v}$가 평행하다는 것은 $\mathbf{u} = k\mathbf{v}(k \neq 0)$을 만족한다."

EXAMPLE 1

서로 다른 세 점 A, B, C가 한 직선 위에 존재할 필요충분조건은 $\overrightarrow{AB} = k\overrightarrow{BC}$이다.

또한 [정의 2.2]의 음벡터를 이용하여 다음과 같이 두 벡터의 차를 정의할 수 있다.

정의 2.3

두 벡터 $\mathbf{v}=(v_1,\ v_2)$, $\mathbf{w}=(w_1,\ w_2)$의 차(difference)는 다음과 같이 정의한다.

$$\mathbf{v}-\mathbf{w}=\mathbf{v}+(-\mathbf{w})=(v_1-w_1,\ v_2-w_2)$$

이는 $\mathbf{v}$와 $-\mathbf{w}$를 같은 시점에 놓았을 때 만들어지는 평행사변형의 대각선으로 표시되는 벡터이다[그림 2.4(a)]. 또는 $\mathbf{v}$의 종점에 $-\mathbf{w}$의 시점을 일치시킨 벡터와 동일한 벡터가 된다[그림 2.4(b)].

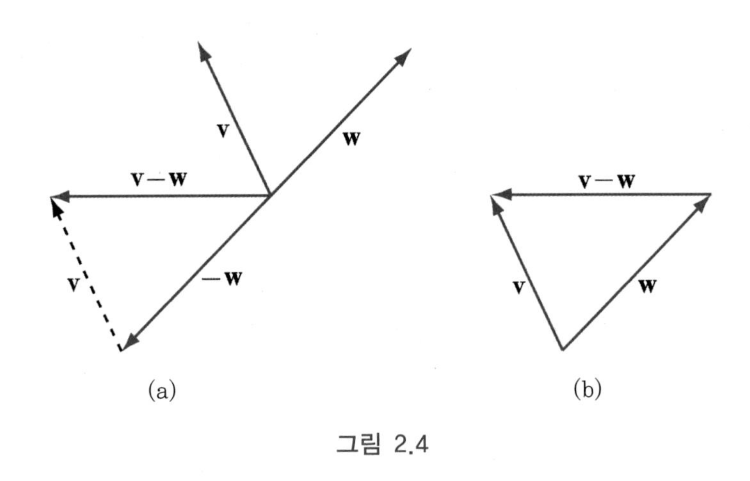

그림 2.4

벡터에 관한 여러 가지 문제들은 직교좌표계를 도입함으로써 매우 간단하게 해결할 수 있다. 특히 평면이나 공간상의 수많은 벡터들을 원점에 고정시켜 생각하면 서로 다른 벡터 사이의 관계를 보다 쉽게 파악할 수 있다. 시점이 모두 같으므로 종점만 생각하면 되기 때문이다. 이처럼 평면이나 공간상의 벡터들에 대하여 원점을 시점으로 하는 벡터로 표현하는 것을 **위치벡터**라 한다. 이러한 위치벡터의 개념을 활용하면 평면이나 공간상에 있는 벡터들을 순서쌍으로 표현할 수 있다. 여기서는 먼저 2차원 평면에서의 벡터를 다루고 난 후에 3차원 공간의 벡터를 다룰 것이다.

2차원 평면에 있는 임의의 벡터 $\mathbf{v}$가 시점이 원점 $O=(0,0)$이고 종점이 $(v_1,\ v_2)$이면 이러한 벡터를 $\mathbf{v}=(v_1, v_2)$라고 쓰고, v_1과 v_2를 벡터 $\mathbf{v}$의 성분이라고 한다. 이 벡터의 성분은 종점의 x성분이 v_1이고 y성분이 v_2인 것이다. 따라서 다음과 같이 평면벡터를 정의할 수 있다.

정의 2.4

v_1과 v_2가 실수일 때 순서쌍 $(v_1,\ v_2)$를 평면벡터(vector in the plane)라 하고

$$\mathbf{v}=(v_1, v_2)$$

로 나타낸다. 이때 실수 v_1, v_2를 평면벡터 $\mathbf{v}$의 성분(components)이라 한다.

벡터의 합과 스칼라배 연산은 그 성분을 사용함으로써 쉽게 표현된다.
두 벡터 $\mathbf{v}=(v_1, v_2)$, $\mathbf{w}=(w_1, w_2)$와 스칼라 k에 대하여 벡터 $\mathbf{v}$와 $\mathbf{w}$의 합은

$$\mathbf{v}+\mathbf{w}=(v_1+w_1,\ v_2+w_2)$$

이다[그림 2.5(a), (b)].

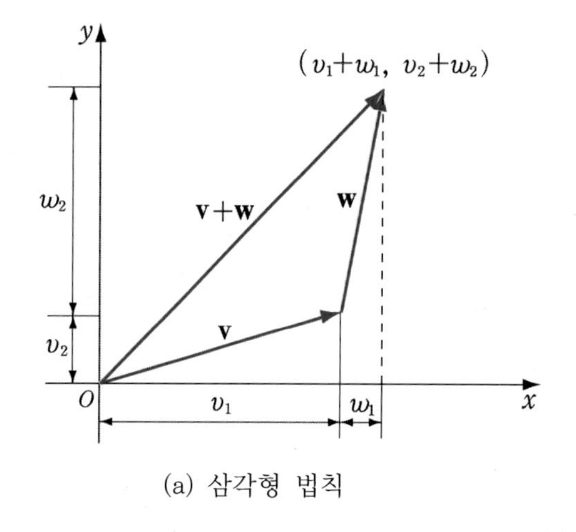

(a) 삼각형 법칙

(b) 평행사변형 법칙

그림 2.5

벡터 $\mathbf{v}$의 k 스칼라배는

$$k\mathbf{v}=(kv_1,\ kv_2)$$

이다[그림 2.6].

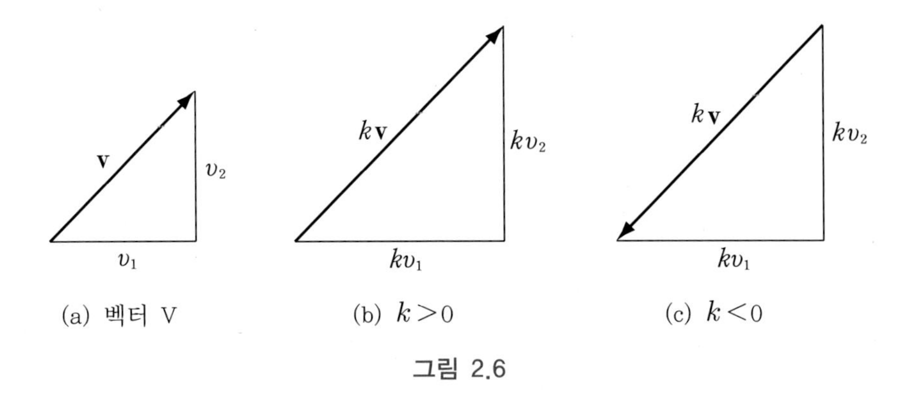

(a) 벡터 V (b) $k>0$ (c) $k<0$

그림 2.6

벡터들이 2차원 평면에서 두 개의 실수의 쌍으로 표현될 수 있는 것처럼 3차원 공간에서도 직교좌표계에 의한 세 실수의 쌍으로 표현될 수 있다.

정의 2.5

v_1, v_2, v_3가 실수일 때 순서쌍 $(v_1,\ v_2,\ v_3)$를 공간벡터(vector in the space)라 하고,

$$\mathbf{v}=(v_1,\ v_2,\ v_3)$$

로 나타낸다. 이때 실수 v_1, v_2, v_3를 공간벡터 **v**의 성분(components)이라 한다.

3차원 공간에서 $(a_1,\ a_2,\ a_3)$는 두 가지의 다른 기하학적인 의미를 갖는다. 그 하나는 점으로 보는 경우로서 이때 a_1, a_2, a_3는 좌표를 의미[그림 2.7(a)]하며, 다른 하나는 벡터로 보는 경우인데, 이때 a_1, a_2, a_3는 성분(components)을 의미[그림 2.7(b)]한다.

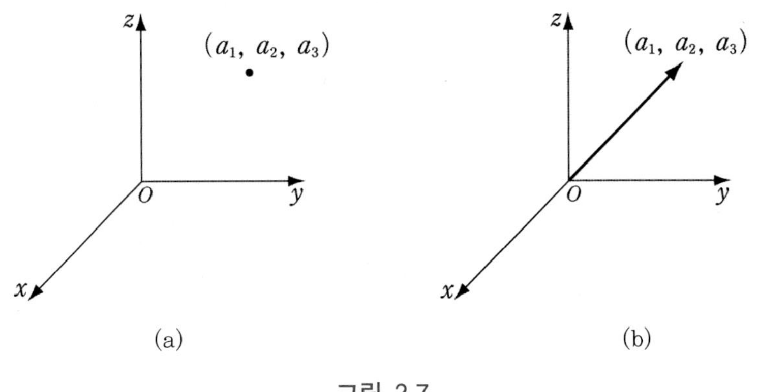

(a) (b)

그림 2.7

만약 3차원 공간 내에 두 벡터 $\mathbf{v}=(v_1,\ v_2,\ v_3)$와 $\mathbf{w}=(w_1,\ w_2,\ w_3)$가 주어지면, 평면에서와 마찬가지로 $\mathbf{v}$와 $\mathbf{w}$가 동치일 필요충분조건은

$$v_1=w_1,\ v_2=w_2,\ \text{그리고}\ v_3=w_3$$

이다. 두 벡터의 합과 스칼라배는

(a) $\mathbf{v}+\mathbf{w}=(v_1+w_1,\ v_2+w_2,\ v_3+w_3)$

(b) $k\mathbf{v}=(kv_1,\ kv_2,\ kv_3)$ (여기서 k는 스칼라)

이다.

EXAMPLE 2

$\mathbf{v}=(4,\ -2,\ 1)$, $\mathbf{w}=(-3,\ 2,\ 4)$일 때 $\mathbf{v}+\mathbf{w}$, $2\mathbf{v}$, $2\mathbf{v}-3\mathbf{w}$를 구하여라.

풀이

$$\mathbf{v}+\mathbf{w}=(4+(-3),\ (-2)+2,\ 1+4)=(1,\ 0,\ 5)$$
$$2\mathbf{v}=(2\times 4,\ 2\times(-2),\ 2\times 1)=(8,\ -4,\ 2)$$
$$2\mathbf{v}-3\mathbf{w}=(2\times 4-3\times(-3),\ 2\times(-2)-3\times 2,\ 2\times 1-3\times 4)$$
$$=(17,\ -10,\ -10)$$

■

어떤 벡터는 그 시점이 원점에 있지 않다. 시점이 $P(x_1,\ y_1,\ z_1)$, 종점이 $Q(x_2,\ y_2,\ z_2)$인 벡터 $\mathbf{v}$의 성분을 구하기 위해서는 그 시점이 원점에 있는 동치를 구하면 된다. 그림 2.8에서 $\overrightarrow{OR}$이 바로 $\mathbf{v}$의 동치벡터이다. 그러므로 $\mathbf{v}=\overrightarrow{PQ}$의 성분은 점 R의 좌표 (a, b, c)가 된다.

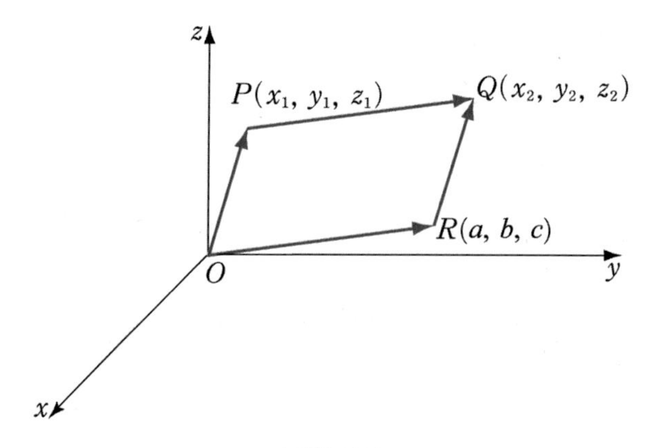

그림 2.8

그림 2.8로부터 $\overrightarrow{OR}+\overrightarrow{OP}=\overrightarrow{OQ}$ 이므로

$$(a,\ b,\ c)+(x_1,\ y_1,\ z_1)=(x_2,\ y_2,\ z_2)$$

이다. 여기서 대응하는 성분을 같게 놓고 a, b, c에 관하여 풀면,

$$a=x_2-x_1,\ b=y_2-y_1,\ c=z_2-z_1$$

이다.

EXAMPLE 3

시점이 $P_1(2,\ 5,\ 7)$이고 종점이 $P_2(3,\ 1,\ 2)$인 벡터 $\mathbf{v}=\overrightarrow{P_1P_2}$ 를 구하여라.

풀이

벡터 $\mathbf{v}=\overrightarrow{P_1P_2}=(3,1,2)-(2,5,7)=(1,-4,-5)$이다. ■

앞에서 정의한 평면 및 공간벡터의 연산에 대한 성질은 다음과 같다.

정리 2.6

2차원 평면 혹은 3차원 공간에서의 벡터 $\mathbf{u}$, $\mathbf{v}$, $\mathbf{w}$와 스칼라 k, l이 주어졌을 때, 다음의 관계식이 성립한다.

(a) $\mathbf{u}+\mathbf{v}=\mathbf{v}+\mathbf{u}$

(b) $(\mathbf{u}+\mathbf{v})+\mathbf{w}=\mathbf{u}+(\mathbf{v}+\mathbf{w})$

(c) $\mathbf{u}+\mathbf{0}=\mathbf{0}+\mathbf{u}=\mathbf{u}$

(d) $\mathbf{u}+(-\mathbf{u})=\mathbf{0}$

(e) $k(l\mathbf{u})=(kl)\mathbf{u}$

(f) $k(\mathbf{u}+\mathbf{v})=k\mathbf{u}+k\mathbf{v}$

(g) $(k+l)\mathbf{u}=k\mathbf{u}+l\mathbf{u}$

(h) $1\mathbf{u}=\mathbf{u}$

증명

여기서는 (a)와 (b)만 증명하고 연습문제로 남긴다. 먼저 평면벡터에 관해 증명하

기로 하자. 공간에서의 증명은 이를 확장하여 보일 수 있다.

$\mathbf{u} = (u_1, u_2)$, $\mathbf{v} = (v_1, v_2)$, $\mathbf{w} = (w_1, w_2)$라 하자.

(a) $\mathbf{u} + \mathbf{v} = (u_1 + v_1,\ u_2 + v_2)$

$$= (v_1 + u_1,\ v_2 + u_2) = (v_1, v_2) + (u_1, u_2) = \mathbf{v} + \mathbf{u}$$

(b) $(\mathbf{u} + \mathbf{v}) + \mathbf{w} = [(u_1, u_2) + (v_1, v_2)] + (w_1, w_2)$

$$= (u_1 + v_1,\ u_2 + v_2) + (w_1, w_2)$$

$$= ([u_1 + v_1] + w_1, [u_2 + v_2] + w_2)$$

$$= (u_1 + [v_1 + w_1], u_2 + [v_2 + w_2])$$

$$= (u_1, u_2) + (v_1 + w_1, v_2 + w_2)$$

$$= \mathbf{u} + (\mathbf{v} + \mathbf{w})$$

이것을 그림으로 나타내면 그림 2.9와 같다.

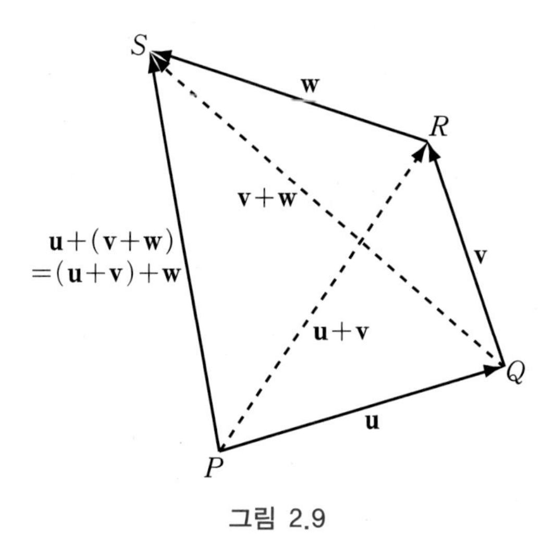

그림 2.9

벡터 $\mathbf{v}$의 길이를 $\mathbf{v}$의 **노름**(norm)이라 하고, $\|\mathbf{v}\|$로 표기한다. 2차원 평면에서의 벡터 $\mathbf{v} = (v_1, v_2)$의 노름은 피타고라스 정리에 의해서 다음과 같이 구해진다[그림 2.10(a)].

$$\|\mathbf{v}\| = \sqrt{v_1^2 + v_2^2}$$

두 점 $P_1(x_1, y_1)$, $P_2(x_2, y_2)$가 주어졌을 때, 그 두 점 사이의 거리 $d(P_1, P_2)$는 벡터 $\overrightarrow{P_1P_2}$ 의 노름이다. 즉

$$\overrightarrow{P_1P_2} = (x_2 - x_1,\ y_2 - y_1)$$

이므로

$$d(P_1, P_2) = \|\overrightarrow{P_1P_2}\| = \sqrt{(x_2 - x_1)^2 + (y_2 - y_1)^2}$$

으로 주어진다.

또한 3차원 공간에서의 벡터 $\mathbf{v} = (v_1, v_2, v_3)$의 노름은 피타고라스 정리에 의하여

$$\begin{aligned}\|\mathbf{v}\| &= \sqrt{\|\overrightarrow{OR}\|^2 + \|\overrightarrow{RP}\|^2} \\ &= \sqrt{\|\overrightarrow{OQ}\|^2 + \|\overrightarrow{OS}\|^2 + \|\overrightarrow{RP}\|^2} \\ &= \sqrt{v_1^2 + v_2^2 + v_3^2}\end{aligned}$$

이다[그림 2.10(b)].

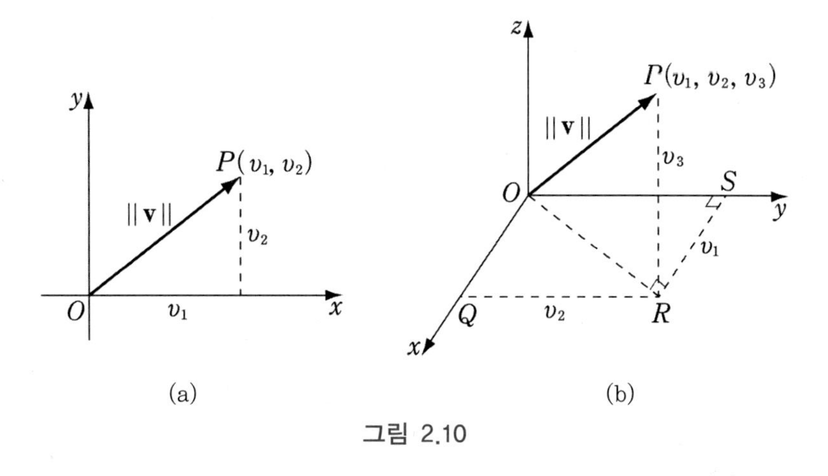

그림 2.10

3차원 공간상의 두 점 $P_1(x_1, y_1, z_1)$, $P_2(x_2, y_2, z_2)$가 주어졌을 때, 그 두 점 사이의 거리 $d(P_1, P_2)$는 벡터 $\overrightarrow{P_1P_2}$의 노름이다. 따라서

$$\overrightarrow{P_1P_2} = (x_2 - x_1,\ y_2 - y_1,\ z_2 - z_1)$$

이고

$$d(P_1, P_2) = \|\overrightarrow{P_1P_2}\| = \sqrt{(x_2 - x_1)^2 + (y_2 - y_1)^2 + (z_2 - z_1)^2}$$

이다.

EXAMPLE 4

$\mathbf{v}=(-2, 3)$일 때 $\|\mathbf{v}\|$를 구하고 두 점 $P_1(2, -1), P_2(4, 6)$ 사이의 거리를 벡터의 노름을 이용하여 구하여라.

풀이

$\mathbf{v}$의 노름은

$$\|\mathbf{v}\| = \sqrt{(-2)^2+(3)^2} = \sqrt{13}$$

이고, 두 점 P_1, P_2 사이의의 거리

$$d(P_1, P_2) = \|\overrightarrow{P_1P_2}\| = \sqrt{(4-2)^2+(6-(-1))^2} = \sqrt{53}$$

이다. ■

크기가 1인 벡터를 **단위벡터**(unit vector)라 한다. $\mathbf{v}$가 영벡터가 아닐 때, 벡터

$$\mathbf{u} = \frac{\mathbf{v}}{\|\mathbf{v}\|}$$

는 $\mathbf{v}$ 방향의 단위벡터가 된다. 따라서 우리는 임의의 벡터 $\mathbf{v}$를 $\mathbf{v}$의 크기와 $\mathbf{v}$ 방향의 단위벡터로 다음과 같이 나눌 수 있다.

$$\mathbf{v} = \|\mathbf{v}\| \cdot \frac{\mathbf{v}}{\|\mathbf{v}\|}$$

↑ $\mathbf{v}$의 크기 ↑ $\mathbf{v}$ 방향의 단위벡터

EXAMPLE 5

벡터 $\mathbf{v}=(-2, 3)$의 단위벡터를 구하여라.

풀이

$\mathbf{v}=(-2, 3)$으로부터

$$\|\mathbf{v}\| = \sqrt{(-2)^2+(3)^2} = \sqrt{13}$$

이므로, 단위벡터

$$\mathbf{u} = \frac{(-2, 3)}{\sqrt{13}} = \left(\frac{-2}{\sqrt{13}}, \frac{3}{\sqrt{13}}\right)$$

이다.

$$\|\mathbf{u}\| = \sqrt{\frac{4}{13} + \frac{9}{13}} = 1$$

로부터 $\mathbf{u}$가 단위벡터임을 확인할 수 있다.

■

TEST

연습문제 2.1

1. 그림과 같은 사면체 $ABCD$에서 모서리 BD, CD의 중점을 각각 M, N이라 하자. $\overrightarrow{AB}=\vec{a}$, $\overrightarrow{AD}=\vec{b}$, $\overrightarrow{AC}=\vec{c}$라 할 때, 다음 벡터를 $\vec{a}$, $\vec{b}$, $\vec{c}$로 표현하여라.
   (1) $\overrightarrow{AM}$
   (2) $\overrightarrow{BN}$

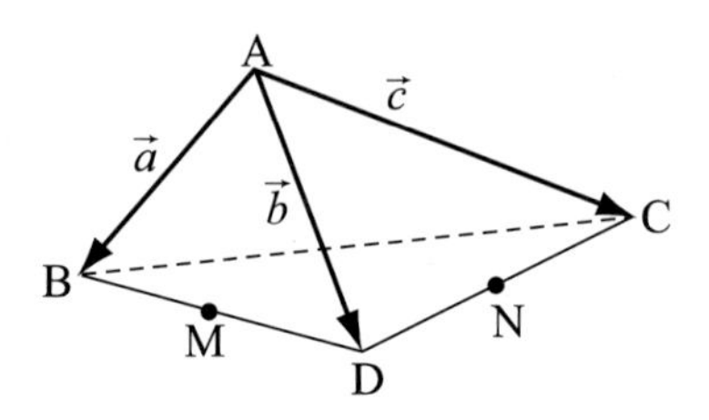

2. $\mathbf{u}=(2, -7, 1)$, $\mathbf{v}=(-3, 0, 4)$, $\mathbf{w}=(0, 5, -8)$일 때 다음과 같은 벡터의 성분을 구하여라.
   (1) $3\mathbf{u}-4\mathbf{v}$　　　(2) $2\mathbf{u}+3\mathbf{v}-5\mathbf{w}$

3. 다음 식을 만족하는 스칼라 c_1, c_2, c_3를 구하여라.

$$c_1(1, 1, 1)+c_2(1, 1, 0)+c_3(1, 0, 0)=(2, -3, 4)$$

4. 시점과 종점이 각각 $P_1(3, 5)$, $P_2(2, 8)$인 벡터의 성분을 구하여라.

5. 시점과 종점이 각각 $P_1(6, 5, 8)$, $P_2(8, -7, -3)$인 벡터의 성분을 구하여라.

6. 벡터 $\mathbf{v}=(3, 1, -2)$와 같은 방향을 가지고, 시점이 $P(2, 5, 3)$인 벡터를 구하여라.

7. 벡터 $\mathbf{v}=(-3, 0, 2)$와 반대 방향을 가지고, 종점이 $Q(2, 0, 7)$인 벡터를 구하여라.

8. [정리 2.6]의 (c)~(h)를 증명하여라.

9. $\mathbf{u} \neq 0$일 때 $\frac{1}{\|\mathbf{u}\|}\mathbf{u}$의 노름이 1이 됨을 보여라.

10. 다음과 같은 벡터 $\mathbf{v}$ 의 노름을 계산하여라.

(1) $\mathbf{v} = (2, -7)$

(2) $\mathbf{v} = (3, -12, -4)$

11. $\mathbf{u} = (1, 2)$, $\mathbf{v} = (2, -3)$일 때 다음을 구하여라.

(1) $\|\mathbf{u} + \mathbf{v}\|$

(2) $\|\mathbf{u}\| + \|\mathbf{v}\|$

(3) $\frac{1}{\|\mathbf{u}\|}\mathbf{u}$

(4) $\left\| \frac{1}{\|\boldsymbol{u}\|}\boldsymbol{u} \right\|$

12. 두 점 $P_1(1, 7)$, $P_2(6, -5)$ 사이의 거리를 구하여라.

13. 두 점 $P_1(3, -5, 4)$, $P_2(6, 2, -1)$ 사이의 거리를 구하여라.

2.2 내적과 직교성

앞에서 우리는 벡터의 크기를 재는 노름에 대하여 배웠다. 유클리드 공간에서 두 점 사이의 거리를 재는 방법도 벡터의 크기를 재는 노름과 같은 방법으로 측정하는 것을 잘 알고 있다. 노름이나 두 점 사이의 거리를 재는 도구는 벡터의 내적이라는 특별한 연산의 산물이기도 하다. 벡터의 내적은 두 벡터에 작용해서 하나의 실숫값을 얻는 방법이지만, 이 연산을 통해 우리는 노름, 거리, 두 벡터의 사잇각 등과 같은 기하학적 정보들을 얻을 수 있음을 배우게 될 것이다. 먼저 평면 또는 공간벡터에 대하여 내적을 성분으로 정의하면 다음과 같다.

정의 2.7

R^2의 두 벡터 $\mathbf{u}=(u_1,\ u_2)$와 $\mathbf{v}=(v_1,\ v_2)$에 대하여 실수

$$u_1v_1+u_2v_2$$

를 $\mathbf{u}$와 $\mathbf{v}$의 내적(inner product 또는 scalar product)이라 하고 $\mathbf{u}\cdot\mathbf{v}$로 나타낸다. 즉,

$$\mathbf{u}\cdot\mathbf{v}=u_1v_1+u_2v_2$$

이다. 마찬가지로 R^3의 두 벡터 $\mathbf{u}=(u_1,\ u_2,\ u_3)$와 $\mathbf{v}=(v_1,\ v_2,\ v_3)$에 대하여

$$\mathbf{u}\cdot\mathbf{v}=u_1v_1+u_2v_2+u_3v_3$$

로 정의한다.

위의 정의와 코사인 제2법칙으로부터 영벡터가 아닌 두 벡터 $\mathbf{u}$와 $\mathbf{v}$에 대하여 그림 2.11과 같이 사잇각을 θ라 하면, 다음과 같은 새로운 내적의 정의를 얻을 수 있다.
코사인 제2법칙에 의하여

$$\|\mathbf{u}\|^2+\|\mathbf{v}\|^2-2\|\mathbf{u}\|\|\mathbf{v}\|\cos\theta=\|\overrightarrow{AB}\|^2$$

이다. 여기서 좌변은

$$u_1{}^2+u_2{}^2+v_1{}^2+v_2{}^2-2\|\mathbf{u}\|\|\mathbf{v}\|\cos\theta$$

이고, 우변은

$$\|\overrightarrow{AB}\|^2 = (v_1 - u_1)^2 + (v_2 - u_2)^2$$
$$= {v_1}^2 + u_1^2 + {v_2}^2 + u_2^2 - 2(u_1 v_1 + u_2 v_2)$$

이다. 이제 좌변과 우변의 식을 정리하면 다음의 결과를 얻는다.

$$\cos\theta = \frac{\mathbf{u} \cdot \mathbf{v}}{\|\mathbf{u}\|\|\mathbf{v}\|} \quad \text{또는} \quad \mathbf{u} \cdot \mathbf{v} = \|\mathbf{u}\|\|\mathbf{v}\|\cos\theta \quad (0 \leqq \theta \leqq \pi)$$

이때 θ는 두 벡터 $\mathbf{u}$와 $\mathbf{v}$의 사잇각이다.

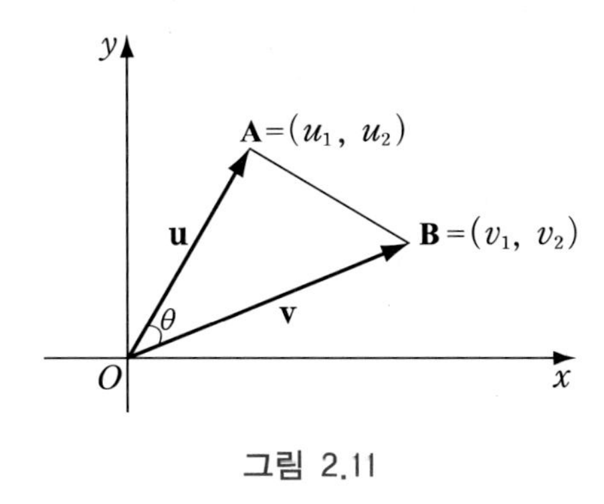

그림 2.11

EXAMPLE 1

두 벡터 $\mathbf{u} = (2,\ 4)$와 $\mathbf{v} = (-1,\ 2)$의 사잇각을 구하여라.

풀이 $\mathbf{u} = (2, 4)$와 $\mathbf{v} = (-1, 2)$로부터

$$\mathbf{u} \cdot \mathbf{v} = (2)(-1) + (4)(2) = 6$$

이고,

$$\|\mathbf{u}\| = \sqrt{2^2 + 4^2} = \sqrt{20}\,,\ \|\mathbf{v}\| = \sqrt{(-1)^2 + 2^2} = \sqrt{5}$$

이다. 따라서

$$\cos\theta = \frac{\mathbf{u} \cdot \mathbf{v}}{\|\mathbf{u}\|\|\mathbf{v}\|} = \frac{6}{\sqrt{20}\sqrt{5}} = \frac{3}{5}$$

이 되고 θ의 근삿값은 $53^\circ 8'$이다.

■

EXAMPLE 2

두 벡터 $\mathbf{u}=(2,\ -1,\ 1)$과 $\mathbf{v}=(1,\ 1,\ 2)$의 사잇각을 구하여라.

풀이

$\mathbf{u}=(2,-1,1)$과 $\mathbf{v}=(1,1,2)$로부터

$$\mathbf{u}\cdot\mathbf{v}=(2)(1)+(-1)(1)+(1)(2)=3$$

이고,

$$\|\mathbf{u}\|=\sqrt{2^2+1^2+1^2}=\sqrt{6}\ ,\ \|\mathbf{v}\|=\sqrt{1^2+1^2+2^2}=\sqrt{6}$$

이다. 따라서

$$\cos\theta=\frac{\mathbf{u}\cdot\mathbf{v}}{\|\mathbf{u}\|\|\mathbf{v}\|}=\frac{3}{\sqrt{6}\sqrt{6}}=\frac{1}{2}$$

가 되고, θ의 값은 $60°$이다.

■

다음 정리는 두 벡터의 내적과 사잇각의 관계를 보여주고, 또한 노름과 내적 사이에 중요한 관계식을 준다.

정리 2.8

$\mathbf{u}$와 v를 2차원 평면 혹은 3차원 공간에서의 두 벡터라 할 때 다음이 성립한다.

(a) $\mathbf{v}\cdot\mathbf{v}=\|\mathbf{v}\|^2$, 즉 $\|\mathbf{v}\|=(\mathbf{v}\cdot\mathbf{v})^{\frac{1}{2}}$

(b) 만약 $\mathbf{u}\neq 0$, $\mathbf{v}\neq 0$이고, θ가 $\mathbf{u}, \mathbf{v}$의 사잇각이면

$$\theta\text{: 예각} \Leftrightarrow \mathbf{u}\cdot\mathbf{v}>0$$

$$\theta\text{: 둔각} \Leftrightarrow \mathbf{u}\cdot\mathbf{v}<0$$

$$\theta\text{: 직각} \Leftrightarrow \mathbf{u}\cdot\mathbf{v}=0$$

증명

(a) $\mathbf{v}$와 $\mathbf{v}$의 사잇각 θ는 0이므로

$$\mathbf{v}\cdot\mathbf{v}=\|\mathbf{v}\|\|\mathbf{v}\|\cos\theta=\|\mathbf{v}\|^2\cos 0=\|\mathbf{v}\|^2$$

이다.

(b) $\|\mathbf{u}\|>0$, $\|\mathbf{v}\|>0$ 그리고 $\mathbf{u}\cdot\mathbf{v}=\|\mathbf{u}\|\|\mathbf{v}\|\cos\theta$ 이므로 $\mathbf{u}\cdot\mathbf{v}$는 $\cos\theta$와 같은

부호를 가진다. $0 \leqq \theta \leqq \pi$이므로 θ가 예각일 필요충분조건은 $\cos\theta > 0$, θ가 둔각일 필요충분조건은 $\cos\theta < 0$이고, θ가 직각일 필요충분조건은 $\cos\theta = 0$이다.

EXAMPLE 3

두 벡터 $\mathbf{u}=(2,\ 1)$과 $\mathbf{v}=(-1,\ 2)$는,

$$\mathbf{u}\cdot\mathbf{v}=(2)(-1)+(1)(2)=0$$

이므로 $\mathbf{u}$와 $\mathbf{v}$는 직교한다.

정리 2.9

2차원 평면 혹은 3차원 공간에서의 벡터 $\mathbf{u}$, $\mathbf{v}$, $\mathbf{w}$와 스칼라 k가 주어졌을 때, 다음의 관계식이 성립한다.

(a) $\mathbf{u}\cdot\mathbf{v}=\mathbf{v}\cdot\mathbf{u}$
(b) $\mathbf{u}\cdot(\mathbf{v}+\mathbf{w})=\mathbf{u}\cdot\mathbf{v}+\mathbf{u}\cdot\mathbf{w}$
(c) $k(\mathbf{u}\cdot\mathbf{v})=(k\mathbf{u})\cdot\mathbf{v}=\mathbf{u}\cdot(k\mathbf{v})$
(d) $\mathbf{v}\neq\mathbf{0}$이면 $\mathbf{v}\cdot\mathbf{v}>0$, $\mathbf{v}=\mathbf{0}$ 이면 $\mathbf{v}\cdot\mathbf{v}=0$이다.

증명은 간단하므로 연습문제로 남긴다.

[정리 2.8(b)]에 의해서 벡터로 $\mathbf{0}$이 아닌 두 벡터가 수직이기 위한 필요충분조건은 이들의 내적이 0인 것이다. 즉, 벡터 $\mathbf{u}$와 $\mathbf{v}$가 둘 다 영벡터가 아닐 때, 두 벡터 $\mathbf{u}$와 $\mathbf{v}$가 직교하기 위한 필요충분조건은 $\mathbf{u}\cdot\mathbf{v}=0$이다. $\mathbf{u}$와 $\mathbf{v}$가 직교이면 $\mathbf{u}\perp\mathbf{v}$ 라고 표기한다.

내적은 한 벡터를 두 개의 수직인 벡터의 합으로 분해하는 문제에 유용하다. 영벡터가 아닌 두 벡터 $\mathbf{u}$와 $\mathbf{v}$에 대하여, 벡터 $\mathbf{u}$를 항상 그림 2.12와 같이 $\mathbf{v}$에 평행한 벡터 $\mathbf{w}_1$과 $\mathbf{v}$에 수직인 벡터 $\mathbf{w}_2$의 합으로 표현할 수 있다.

$$\mathbf{u}=\mathbf{w}_1+\mathbf{w}_2$$

이때, 벡터 $\mathbf{w}_1$을 $\mathbf{v}$ 위로의 $\mathbf{u}$ 의 **직교사영**(orthogonal projection)이라 하고, 벡터 $\mathbf{w}_2$를 $\mathbf{v}$ 에 대한 $\mathbf{u}$의 **직교성분**(orthogonal component)이라 한다.

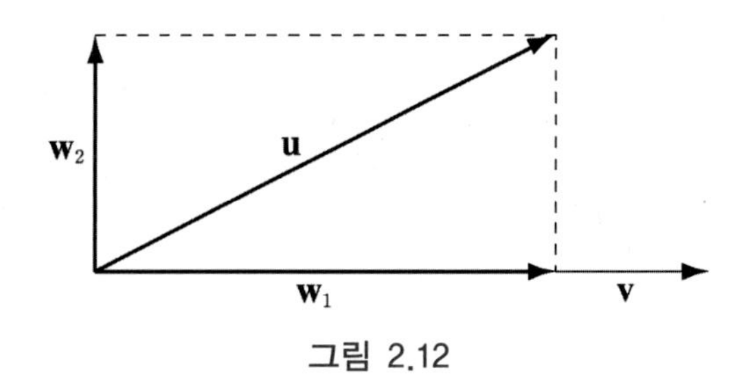

그림 2.12

두 벡터 $\mathbf{w}_1$과 $\mathbf{w}_2$는 다음과 같이 얻는다. $\mathbf{w}_1$은 $\mathbf{v}$의 스칼라배이므로

$$\mathbf{w}_1 = k\mathbf{v}$$

로 쓸 수 있다. 따라서

$$\mathbf{u} = \mathbf{w}_1 + \mathbf{w}_2 = k\mathbf{v} + \mathbf{w}_2 \tag{2.1}$$

이다.

식 (2.1)에서 $\mathbf{u}$와 $\mathbf{v}$의 내적을 취하면

$$\mathbf{u} \cdot \mathbf{v} = (k\mathbf{v} + \mathbf{w}_2) \cdot \mathbf{v} = k\|\mathbf{v}\|^2 + \mathbf{w}_2 \cdot \mathbf{v}$$

이다. 이때 $\mathbf{w}_2$는 $\mathbf{v}$에 수직이므로

$$\mathbf{w}_2 \cdot \mathbf{v} = 0$$

이다.

$$\mathbf{u} \cdot \mathbf{v} = k\|\mathbf{v}\|^2$$

이므로

$$k = \frac{\mathbf{u} \cdot \mathbf{v}}{\|\mathbf{v}\|^2}$$

이다. 따라서

$$\mathbf{w}_1 = \left(\frac{\mathbf{u} \cdot \mathbf{v}}{\|\mathbf{v}\|^2}\right)\mathbf{v} \quad (\mathbf{v} \text{ 위로의 } \mathbf{u}\text{의 직교사영})$$

이다. 또한

$$\mathbf{w}_2 = \mathbf{u} - \left(\frac{\mathbf{u} \cdot \mathbf{v}}{\|\mathbf{v}\|^2}\right)\mathbf{v} \text{ (}\mathbf{v}\text{에 대한 }\mathbf{u}\text{의 직교성분)}$$

을 얻을 수 있다.

EXAMPLE 4

$\mathbf{u} = (2,\ 3)$과 $\mathbf{v} = (4,\ 2)$라 하면,

$$\mathbf{u} \cdot \mathbf{v} = (2)(4) + (3)(2) = 14$$

이고,

$$\|\mathbf{v}\| = \sqrt{4^2 + 2^2} = \sqrt{20}$$

이므로 $\mathbf{v}$ 위로의 $\mathbf{u}$의 직교사영은

$$\mathbf{w}_1 = \left(\frac{\mathbf{u} \cdot \mathbf{v}}{\|\mathbf{v}\|^2}\right)\mathbf{v} = \frac{14}{20}(4,\ 2) = \frac{7}{10}(4,\ 2) = \left(\frac{14}{5},\ \frac{7}{5}\right)$$

이다. 또한 $\mathbf{v}$에 대한 $\mathbf{u}$의 직교성분은

$$\mathbf{w}_2 = \mathbf{u} - \mathbf{w}_1 = (2,\ 3) - \left(\frac{14}{5},\ \frac{7}{5}\right) = \left(-\frac{4}{5},\ \frac{8}{5}\right)$$

이다.

TEST

연습문제 2.2

1. 내적 $\mathbf{u}\cdot\mathbf{v}$를 구하여라.
   (1) $\mathbf{u}=(-3, 5)$, $\mathbf{v}=(2, 3)$
   (2) $\mathbf{u}=(2, -3, 6)$, $\mathbf{v}=(8, 2, -3)$
   (3) $\mathbf{u}=(2, -3, 6)$, $\mathbf{v}=(2, 3)$

2. 두 벡터 $\mathbf{u}$와 $\mathbf{v}$에 대하여 $\|\mathbf{u}\|=2$, $\|\mathbf{v}\|=3$, $\mathbf{u}\cdot\mathbf{v}=4$일 때, $\|\mathbf{u}+2\mathbf{v}\|$의 값을 구하여라.

3. $\mathbf{u}=(-1,1)$과 $\mathbf{v}=(2,0)$의 사잇각 θ에 대하여 $\cos\theta$를 구하여라.

4. $\mathbf{u}+\mathbf{v}+\mathbf{w}=0$이고, $\|\mathbf{u}\|=6$, $\|\mathbf{v}\|=10$, $\|\mathbf{w}\|=14$일 때, 벡터 $\mathbf{u}$와 $\mathbf{v}$가 이루는 각의 크기를 구하여라.

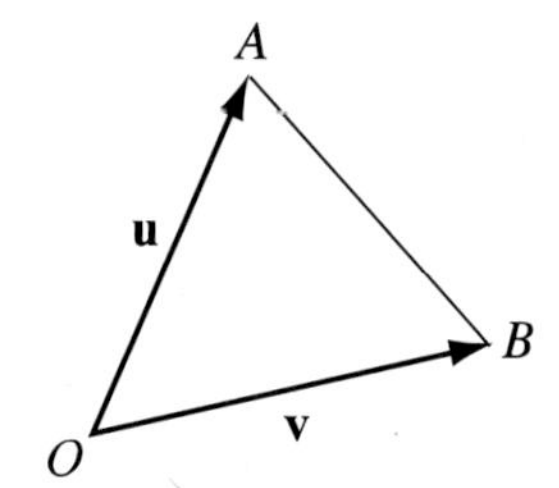

5. 오른쪽 그림과 같이 $\triangle OAB$에서 $\overrightarrow{OA}=\mathbf{u}$, $\overrightarrow{OB}=\mathbf{v}$라 하면, $\triangle OAB$의 넓이를 $\mathbf{u}$와 $\mathbf{v}$를 써서 나타내어라.

6. $\mathbf{u}=(2, 3, -1)$, $\mathbf{v}=(2, 2, 3)$일 때
   (1) $\mathbf{v}$ 위로의 $\mathbf{u}$의 직교사영을 구하여라.
   (2) $\mathbf{u}$ 위로의 $\mathbf{v}$의 직교사영을 구하여라.

7. $\mathbf{u}=(2, 3, -1)$, $\mathbf{v}=(2, 2, 3)$일 때
   (1) $\mathbf{v}$에 대한 $\mathbf{u}$의 직교성분을 구하여라.
   (2) $\mathbf{u}$에 대한 $\mathbf{v}$의 직교성분을 구하여라.

8. 두 벡터 $\mathbf{u}=(1, k, -3)$, $\mathbf{v}=(2, -5, 4)$가 수직이 되도록 하는 k를 구하여라.

9. 벡터 $(3, -2)$와 직교하고 노름이 1인 두 벡터를 구하여라.

10. 2차원 평면 혹은 3차원 공간에서의 벡터를 이용하여 [정리 2.9]를 증명하여라.

2.3 외적

기하학, 물리학, 공학의 많은 응용문제를 다룰 때 3차원 공간에서 주어진 두 벡터에 수직인 한 벡터를 생성하는 것은 흥미로운 일이다. 이 절에서는 이러한 생성을 용이하게 하는 벡터들의 곱에 대하여 소개한다. 먼저 다음의 벡터

$$\mathbf{i} = (1,\ 0,\ 0), \quad \mathbf{j} = (0,\ 1,\ 0), \quad \mathbf{k} = (0,\ 0,\ 1)$$

을 생각해 보자. 이 벡터들은 크기가 1이고, 각각 좌표축을 따라 놓여진다[그림 2.13]. 이 벡터들을 3차원 공간에서의 **표준단위벡터**(standard unit vectors)라고 부른다. 3차원 공간에서의 모든 벡터 $\mathbf{v} = (v_1, v_2, v_3)$ 는 $\mathbf{i}$, $\mathbf{j}$, $\mathbf{k}$를 사용하여 표시할 수 있다. 즉,

$$\begin{aligned} \mathbf{v} &= (v_1,\ v_2,\ v_3) \\ &= v_1(1,\ 0,\ 0) + v_2(0,\ 1,\ 0) + v_3(0,\ 0,\ 1) \\ &= v_1\mathbf{i} + v_2\mathbf{j} + v_3\mathbf{k} \end{aligned}$$

로 표현 가능하다. 3개보다 적은 벡터로는 3차원 공간상의 벡터를 모두 표현할 수 없음을 알 수 있다.

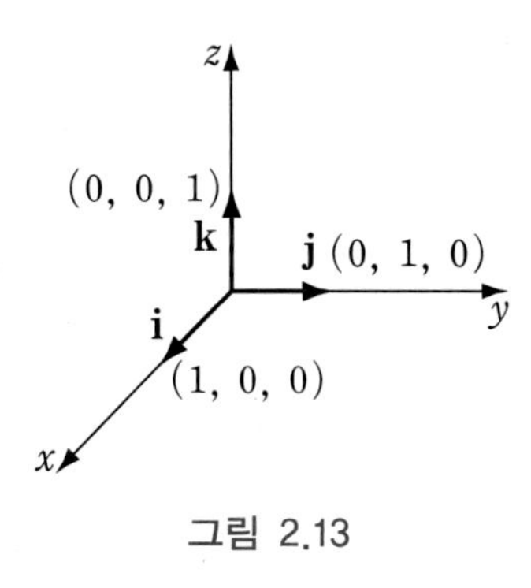

그림 2.13

정의 2.10

R^3의 두 벡터 $\mathbf{u}=(u_1, u_2, u_3)$, $\mathbf{v}=(v_1, v_2, v_3)$에 대하여, 외적(cross product) $\mathbf{u}\times\mathbf{v}$는 다음과 같이 정의된다.

$$\mathbf{u}\times\mathbf{v}=(u_2v_3-u_3v_2,\ u_3v_1-u_1v_3,\ u_1v_2-u_2v_1)$$

이것을 행렬식으로 표현하면,

$$\mathbf{u}\times\mathbf{v}=\begin{vmatrix}\mathbf{i} & \mathbf{j} & \mathbf{k}\\ u_1 & u_2 & u_3\\ v_1 & v_2 & v_3\end{vmatrix}=\begin{vmatrix}u_2 & u_3\\ v_2 & v_3\end{vmatrix}\mathbf{i}-\begin{vmatrix}u_1 & u_3\\ v_1 & v_3\end{vmatrix}\mathbf{j}+\begin{vmatrix}u_1 & u_2\\ v_1 & v_2\end{vmatrix}\mathbf{k}$$

이다.

EXAMPLE 1

$\mathbf{u}=(1, 3, 4)$, $\mathbf{v}=(2, 7, -5)$일 때 $\mathbf{u}\times\mathbf{v}$를 구하여라.

풀이

$$\mathbf{u}\times\mathbf{v}=\begin{vmatrix}\mathbf{i} & \mathbf{j} & \mathbf{k}\\ 1 & 3 & 4\\ 2 & 7 & -5\end{vmatrix}$$

$$=\begin{vmatrix}3 & 4\\ 7 & -5\end{vmatrix}\mathbf{i}-\begin{vmatrix}1 & 4\\ 2 & -5\end{vmatrix}\mathbf{j}+\begin{vmatrix}1 & 3\\ 2 & 7\end{vmatrix}\mathbf{k}$$

$$=-43\mathbf{i}+13\mathbf{j}+\mathbf{k}$$

■

두 벡터의 내적은 스칼라인 반면에 외적은 벡터이며, 3차원 공간에서만 정의된다. 다음의 정리는 외적의 성질과 내적과 외적 사이의 관계를 보여준다.

정리 2.11

3차원 공간벡터 $\mathbf{u}$, $\mathbf{v}$, $\mathbf{w}$와 스칼라 k가 주어졌을 때

(a) $\mathbf{u}\times\mathbf{v}=-(\mathbf{v}\times\mathbf{u})$

(b) $\mathbf{u}\times(\mathbf{v}+\mathbf{w})=(\mathbf{u}\times\mathbf{v})+(\mathbf{u}\times\mathbf{w})$

(c) $(\mathbf{u}+\mathbf{v})\times\mathbf{w}=(\mathbf{u}\times\mathbf{w})+(\mathbf{v}\times\mathbf{w})$

(d) $k(\mathbf{u}\times\mathbf{v})=(k\mathbf{u})\times\mathbf{v}=\mathbf{u}\times(k\mathbf{v})$

(e) $\mathbf{u}\times\mathbf{0}=\mathbf{0}\times\mathbf{u}=\mathbf{0}$

(f) $\mathbf{u}\times\mathbf{u}=\mathbf{0}$

(g) $\mathbf{u}\cdot(\mathbf{u}\times\mathbf{v})=0 \quad (\mathbf{u}\times\mathbf{v}\perp\mathbf{u})$

(h) $\mathbf{v}\cdot(\mathbf{u}\times\mathbf{v})=0 \quad (\mathbf{u}\times\mathbf{v}\perp\mathbf{v})$

(i) $\|\mathbf{u}\times\mathbf{v}\|^2=\|\mathbf{u}\|^2\|\mathbf{v}\|^2-(\mathbf{u}\cdot\mathbf{v})^2$ (Lagrange의 공식)

증명

외적의 정의와 행렬식의 성질로부터 [정리 2.11]의 (a)~(f) 내용을 쉽게 증명할 수 있으므로, (g)~(i)만 증명하기로 한다.

$\mathbf{u}=(u_1,\ u_2,\ u_3)$, $\mathbf{v}=(v_1,\ v_2,\ v_3)$라 하자.

(g) $\mathbf{u}\cdot(\mathbf{u}\times\mathbf{v})$

$$=(u_1, u_2, u_3)\cdot(u_2v_3-u_3v_2,\ u_3v_1-u_1v_3,\ u_1v_2-u_2v_1)$$
$$=u_1(u_2v_3-u_3v_2)+u_2(u_3v_1-u_1v_3)+u_3(u_1v_2-u_2v_1)$$
$$=0$$

(h) $\mathbf{v}\cdot(\mathbf{u}\times\mathbf{v})$

$$=(v_1,\ v_2,\ v_3)\cdot(u_2v_3-u_3v_2,\ u_3v_1-u_1v_3,\ u_1v_2-u_2v_1)$$
$$=v_1(u_2v_3-u_3v_2)+v_2(u_3v_1-u_1v_3)+v_3(u_1v_2-u_2v_1)$$
$$=0$$

(i) $\|\mathbf{u}\times\mathbf{v}\|^2=(u_2v_3-u_3v_2)^2+(u_3v_1-u_1v_3)^2+(u_1v_2-u_2v_1)^2$

$\|\mathbf{u}\|^2\|\mathbf{v}\|^2-(\mathbf{u}\cdot\mathbf{v})^2$

$$=(u_1^2+u_2^2+u_3^2)(v_1^2+v_2^2+v_3^2)-(u_1v_1+u_2v_2+u_3v_3)^2$$

이므로 Lagrange의 공식은 증명된다. ■

EXAMPLE 2

예제 1에서 $\mathbf{u}=(1, 3, 4)$, $\mathbf{v}=(2, 7, -5)$일 때

$$\mathbf{u}\times\mathbf{v}=(-43, 13, 1)$$

이다. 여기서

$$\mathbf{u}\cdot(\mathbf{u}\times\mathbf{v})=(1)(-43)+(3)(13)+(4)(1)=0$$

이다.

$$\mathbf{v}\cdot(\mathbf{u}\times\mathbf{v})=(2)(-43)+(7)(13)+(-5)(1)=0$$

이므로 $\mathbf{u}\times\mathbf{v}$ 는 $\mathbf{u}$, $\mathbf{v}$에 수직이다.

외적의 정의로부터 다음의 결과들은 쉽게 얻을 수 있다.

$$\mathbf{i}\times\mathbf{j}=\begin{vmatrix} \mathbf{i} & \mathbf{j} & \mathbf{k} \\ 1 & 0 & 0 \\ 0 & 1 & 0 \end{vmatrix}=\begin{vmatrix} 0 & 0 \\ 1 & 0 \end{vmatrix}\mathbf{i}-\begin{vmatrix} 1 & 0 \\ 0 & 0 \end{vmatrix}\mathbf{j}+\begin{vmatrix} 1 & 0 \\ 0 & 1 \end{vmatrix}\mathbf{k}=\mathbf{k}$$

이므로 비슷한 원리에 의해

$$\mathbf{i}\times\mathbf{j}=\mathbf{k},\quad \mathbf{j}\times\mathbf{k}=\mathbf{i},\quad \mathbf{k}\times\mathbf{i}=\mathbf{j}$$

이고 외적의 성질과 행렬식의 성질로부터

$$\mathbf{i}\times\mathbf{i}=\mathbf{j}\times\mathbf{j}=\mathbf{k}\times\mathbf{k}=\mathbf{0}$$

$$\mathbf{j}\times\mathbf{i}=-\mathbf{k},\quad \mathbf{k}\times\mathbf{j}=-\mathbf{i},\quad \mathbf{i}\times\mathbf{k}=-\mathbf{j}$$

임을 확인할 수 있다. 다음의 그림은 이러한 결과를 기억하는 데 도움을 준다.

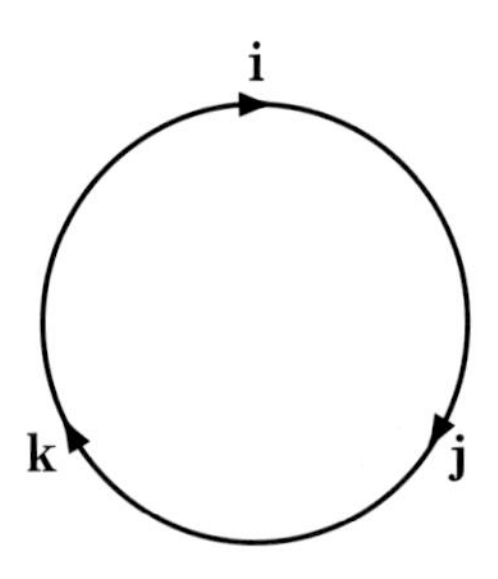

위 그림에 따르면, 시계 방향으로 연결된 연속적인 두 벡터의 외적은 그 다음 벡터이고, 반시계방향으로 돌고 있는 연속적인 두 벡터의 외적은 그 다음 벡터에 (-1)

배를 한 벡터이다.

주의
$$\mathbf{i} \times (\mathbf{j} \times \mathbf{j}) = \mathbf{i} \times \mathbf{0} = \mathbf{0}$$

이고,

$$(\mathbf{i} \times \mathbf{j}) \times \mathbf{j} = \mathbf{k} \times \mathbf{j} = -(\mathbf{j} \times \mathbf{k}) = -\mathbf{i}$$

이므로

$$\mathbf{i} \times (\mathbf{j} \times \mathbf{j}) \neq (\mathbf{i} \times \mathbf{j}) = \mathbf{j}$$

이다. 따라서 일반적으로 3차원 공간벡터 $\mathbf{u}, \mathbf{v}, \mathbf{w}$에 대하여 $\mathbf{u} \times (\mathbf{v} \times \mathbf{w}) \neq (\mathbf{u} \times \mathbf{v}) \times \mathbf{w}$ 이다.

[정리 2.11]의 (g), (h)로부터 $\mathbf{u} \times \mathbf{v}$가 $\mathbf{u}$, $\mathbf{v}$에 직교인 것을 알았다. 만약 영벡터가 아닌 두 벡터 $\mathbf{u}$, $\mathbf{v}$가 시점이 같은 유향성분으로 표현된다면 $\mathbf{u} \times \mathbf{v}$는 $\mathbf{u}$와 $\mathbf{v}$를 지나는 평면에 수직인 방향을 가리키고 있음을 알 수 있다. 외적 $\mathbf{u} \times \mathbf{v}$ 방향은 오른손 법칙에 따라 주어진다[그림 2.14].

$\mathbf{u}$와 $\mathbf{v}$의 사잇각을 θ라 하고, $\mathbf{u}$와 $\mathbf{v}$가 일치할 때까지 $\mathbf{u}$를 θ만큼 회전시킨다고 하자. 이 경우 오른손의 손가락들이 회전 방향을 가리키면, 이때 엄지 방향이 바로 $\mathbf{u} \times \mathbf{v}$의 방향이다.

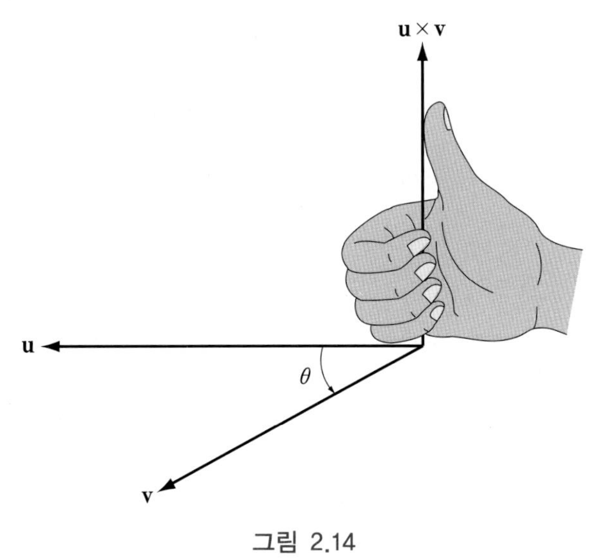

그림 2.14

[정리 2.11]의 Lagrange의 공식에 의하여

$$\|\mathbf{u}\times\mathbf{v}\|^2 = \|\mathbf{u}\|^2\|\mathbf{v}\|^2 - (\mathbf{u}\cdot\mathbf{v})^2 \tag{2.2}$$

이다. θ가 $\mathbf{u}$와 $\mathbf{v}$의 사이의 각이면, $\mathbf{u}\cdot\mathbf{v} = \|\mathbf{u}\|\|\mathbf{v}\|\cos\theta$ 이므로 식 (2.2)는 다음과 같이 다시 쓸 수 있다.

$$\begin{aligned}\|\mathbf{u}\times\mathbf{v}\|^2 &= \|\mathbf{u}\|^2\|\mathbf{v}\|^2 - \|\mathbf{u}\|^2\|\mathbf{v}\|^2\cos^2\theta \\ &= \|\mathbf{u}\|^2\|\mathbf{v}\|^2(1-\cos^2\theta) \\ &= \|\mathbf{u}\|^2\|\mathbf{v}\|^2\sin^2\theta\end{aligned}$$

따라서

$$\|\mathbf{u}\times\mathbf{v}\| = \|\mathbf{u}\|\|\mathbf{v}\|\sin\theta \tag{2.3}$$

이다. 여기서 $\|\mathbf{u}\|$는 $\mathbf{u}$와 $\mathbf{v}$가 이루는 평행사변형의 밑변의 길이이고 $\|\mathbf{v}\|\sin\theta$는 $\mathbf{u}$와 $\mathbf{v}$에 이루는 평행사변형의 높이이다[그림 2.15]. 그러므로 식 (2.3)로부터 이 평행사변형의 면적 A는 다음과 같이 주어진다.

$$A = (\text{밑변})\cdot(\text{높이}) = \|\mathbf{u}\|\|\mathbf{v}\|\sin\theta = \|\mathbf{u}\times\mathbf{v}\|$$

다시 말해서, $\mathbf{u}\times\mathbf{v}$의 노름은 $\mathbf{u}$와 $\mathbf{v}$에 의해서 결정되는 평행사변형의 넓이와 같다.

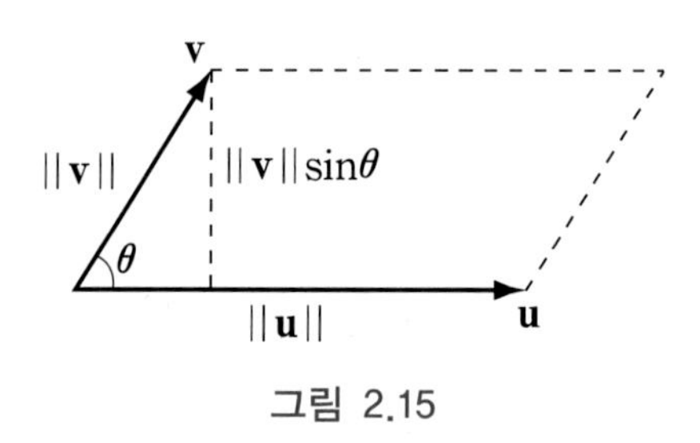

그림 2.15

EXAMPLE 3

R^3의 세 점 $P_1(1, -1, 0)$, $P_2(2, 1, -1)$, $P_3(-1, 1, 2)$로 이루어지는 삼각형의 넓이를 구하여라.

풀이 삼각형의 넓이 A는 벡터 $\overrightarrow{P_1P_2}$와 벡터 $\overrightarrow{P_1P_3}$에 의해서 만들어지는 평행사변형 넓

이의 $\frac{1}{2}$이다.

$$\overrightarrow{P_1P_2} = (1,\ 2,\ -1),\ \overrightarrow{P_1P_3} = (-2,\ 2,\ 2)$$

이다. 따라서

$$\overrightarrow{P_1P_2} \times \overrightarrow{P_1P_3} = (6,\ 0,\ 6)$$

그러므로

$$A = \frac{1}{2}\|\overrightarrow{P_1P_2} \times \overrightarrow{P_1P_3}\| = \frac{1}{2}\|6\mathbf{i} + 6\mathbf{k}\| = \|3\mathbf{i} + 3\mathbf{k}\| = 3\sqrt{2}$$

이다. ■

TEST

연습문제 2.3

1. 두 벡터 $\mathbf{u}=(4,-1,3)$, $\mathbf{v}=(2,3,-1)$에 대해서 $\mathbf{u}\times\mathbf{v}$를 구하여라.

2. 두 벡터 $\mathbf{u}=(2,3,-1)$, $\mathbf{v}=(-1,2,3)$에 대해서 $\mathbf{u}\times\mathbf{v}$를 구하여라.

3. 두 벡터가 $\mathbf{u}=(3,2,1)$, $\mathbf{v}=(-1,3,2)$일 때 $\mathbf{u}\times\mathbf{v}$와 $\mathbf{v}\times\mathbf{u}$를 구하여라.

4. 두 벡터 $\mathbf{u}=(4,-1,3)$, $\mathbf{v}=(2,3,-1)$에 동시에 수직인 단위벡터를 구하여라.

5. 두 벡터 $\mathbf{u}=(2,3,-1)$, $\mathbf{v}=(-1,2,3)$에 대해서 $\mathbf{u}$, $\mathbf{v}$를 두 변으로 하는 평행사변형의 면적을 구하여라.

6. 꼭지점이 $P(3,-2,1)$, $Q(7,-3,4)$, $R(5,1,0)$인 삼각형의 넓이를 구하여라.

7. 세 점이 $P(1,3,2)$, $Q(2,-1,1)$, $R(-1,2,3)$일 때 $\triangle PQR$의 면적을 구하여라.

쉬어가기

북한의 수학용어

다음 괄호 안의 표현은 북한의 수학에서 사용하는 용어들이다.
사칙연산(**넉셈**), 등호(**같기표**), 부등호(**안같기표**), 대분수(**데림분수**), 지수(**제곱어깨수**), 정다각형(**바른다각형**), 합동(**꼭맞기**), 직선(**곧은선**), 포물선(**팔매선**), 예각(**뾰족각**), 둔각(**무딘각**), 내각(**아낙각**), 외각(**바깥각**), 대각(**맞문각**), 내접(**아낙닿이**), 외접(**바깥닿이**), 교점(**사귐점**)

_이정례 ≪수학의 오솔길≫ 중에서

CHAPTER

03

미분법

3.1 극한과 연속

3.1.1 함수의 극한

미분법은 뉴턴(I. Newton, 1642~1727)과 라이프니츠(G. W. Leibniz, 1646~1716)에 의해 확립되었지만, 근본이 되는 개념인 극한은 뉴턴조차도 물리적 개념인 순간속도를 사용하여 설명하였을 뿐 명확한 수학적 정의를 내리지 못하였다. 당시 이 같은 극한 개념의 모호성 때문에 급수의 수렴성 또한 모호해져 어러운 일이 발생했다. 예로 1703년 Grandi는 급수

$$\frac{1}{1+x}=1-x+x^2-x^3+\cdots$$

에 $x=1$을 대입하여

$$\frac{1}{2}=1-1+1-1+\cdots$$

을 얻고 다시

$$\frac{1}{2}=(1-1)+(1-1)+(1-1)+\cdots=0+0+0+\cdots$$

이므로 세계는 무에서 형성될 수 있다는 것을 증명하였다고 주장하였다. 이에 대하여 라이프니츠는 짝수항까지의 합은 0이고, 홀수항까지의 합은 1이므로 그 두 합의 평균 $\frac{1}{2}$이 그 결과가 된다고 주장하였다. 이와 같은 이유로 극한을 엄밀하게 정의할 필요성이 제기됐고, 그 뒤 100여 년이 지난 후 Cauchy에 의하여 극한의 수학적 정의가 내려지게 된다. [박세희, ≪수학의 세계≫ 중에서]

이제 수학적 정의에 의한 극한의 개념과 그들을 계산하는 방법에 대하여 알아보자. $f(x)=x^2-x+2$로 정의된 함수에 대해 2 근방에서 x값의 변화에 대한 $f(x)$값의 변화를 조사해 보자. 다음 표는 2는 아니지만 2에 가까운 x의 값들에 대한 $f(x)$의 값들을 나타낸 것이다.

x	$f(x)$	x	$f(x)$
1.0	2.000	3.0	8.000
1.5	2.750	2.5	5.750
1.8	3.440	2.2	4.640
1.9	3.710	2.1	4.310
1.95	3.852	2.02	4.152
1.99	3.970	2.01	4.030
1.995	3.985	2.005	4.015
1.999	3.997	2.001	4.003

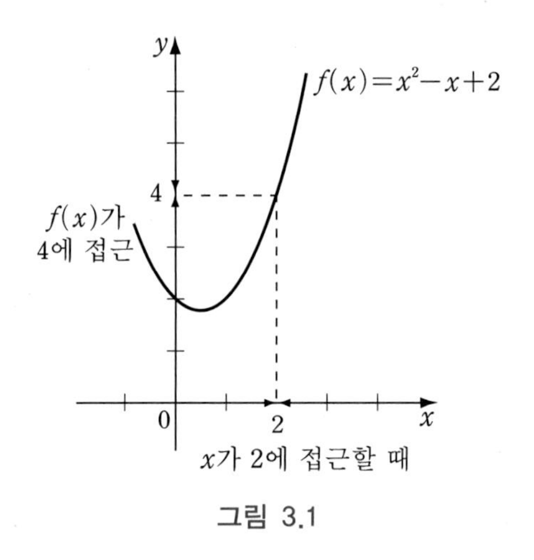

그림 3.1

위의 표와 그림 3.1에 있는 $f(x)$의 그래프로부터 x가 2에 접근할 때(2의 양쪽 방향에서) $f(x)$는 4에 접근함을 알 수 있다. 이 사실은 x를 2에 한없이 가깝게 함으로써 4에 원하는 만큼 가까운 $f(x)$의 값을 얻을 수 있음을 보여준다. 우리는 이러한 사실을 "x가 2에 한없이 가까이 접근할 때 함수 $f(x)=x^2-x+2$의 극한이 4이다." 라고 표현하고 기호로 다음과 같이 나타낸다.

$$\lim_{x \to 2}(x^2 - x + 2) = 4$$

일반적으로 극한은 다음과 같이 정의한다.

정의 3.1

함수 $f(x)$에서 $x \neq a$이고 x가 한없이 a에 가까워질 때, $f(x)$가 일정한 값 L에 한없이 가까워지면 "x가 한없이 a에 가까워질 때, 함수 $f(x)$는 L에 수렴한다(converge)." 라고 하고, L을 $x = a$에서 $f(x)$의 극한값(limit value)이라 한다. 이것을 기호로는 다음과 같이 나타낸다.

$$x \to a\text{일 때 } f(x) \to L \text{ 또는 } \lim_{x \to a} f(x) = L$$

위의 정의에서 '$x \neq a$'임을 주의하자. 이것은 x가 a에 한없이 가까이 접근할 때 $f(x)$의 극한을 찾는 데 있어서 $x = a$인 경우는 고려하지 않는다는 것을 의미한다. 따라서 $f(x)$는 $x = a$에서 정의될 필요조차 없다. 단지 a 근방에서 $f(x)$가 어떻게 정의되는가 하는 것만이 문제이다.

EXAMPLE 7

다음 함수의 $x = 1$에서의 극한값을 구하여라.

(1) $f(x) = x + 1$ (2) $g(x) = \begin{cases} x + 1, & x \neq 1 \\ 1, & x = 1 \end{cases}$ (3) $h(x) = \dfrac{x^2 - 1}{x - 1}$

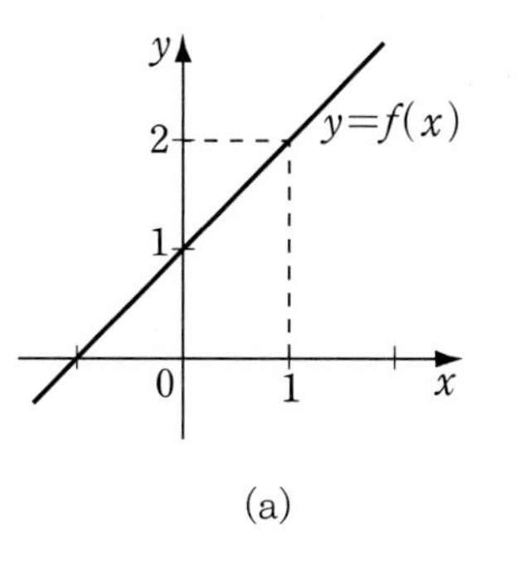

(a)

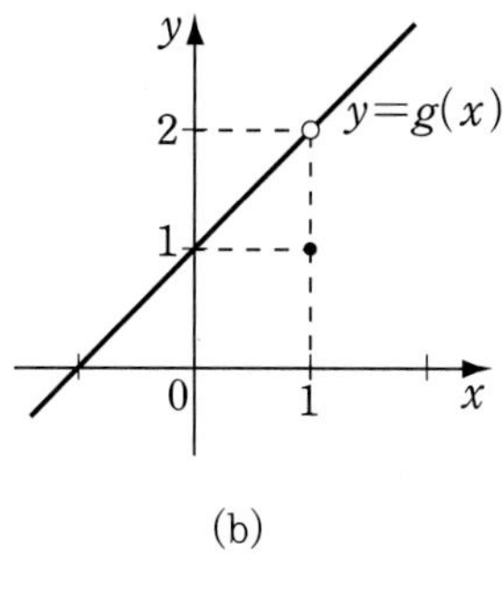

(b)

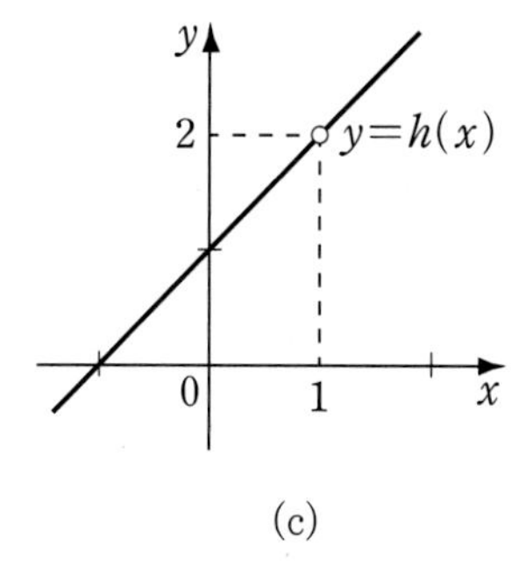

(c)

그림 3.2

풀이

(1) $f(x)=x+1$은 $x=1$에서 정의되며, 극한값은

$$\lim_{x \to 1} f(x) = \lim_{x \to 1}(x+1) = 2$$

이다. 또한 $\lim_{x \to 1} f(x) = f(1)$이다.

(2) $x \neq 1$에서는 $f(x)=g(x)$이므로 극한값은

$$\lim_{x \to 1} g(x) = \lim_{x \to 1} f(x) = 2$$

이다. 그러나 $\lim_{x \to 1} g(x) \neq g(1) = 1$이다.

(3) $h(x)$는 $x=1$에서 분모가 0이 되므로 정의되지 않는다. 따라서 $x \neq 1$인 모든 실수 x에 대하여

$$h(x) = \frac{x^2-1}{x-1} = \frac{(x+1)(x-1)}{x-1} = x+1$$

이다. 따라서

$$\lim_{x \to 1} h(x) = \lim_{x \to 1} \frac{x^2-1}{x-1} = \lim_{x \to 1}(x+1) = 2$$

이다.

위의 예제는 점 $x=1$에서의 상황과 관계없이 극한값이 모두 2이다.

이제 그림 3.3과 같은 함수

$$f(x) = \begin{cases} 0, & x < 0 \\ 1, & x \geq 0 \end{cases}$$

을 생각해보자. x가 왼쪽에서 0에 접근할 때 $f(x)$는 0에 접근하고, x가 오른쪽에서 0에 접근할 때 $f(x)$는 1에 접근함을 알 수 있다. 이런 상황을 기호로

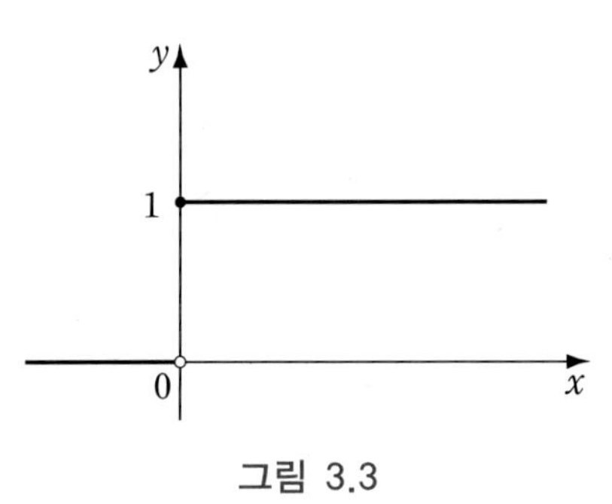

그림 3.3

$$\lim_{x \to 0^-} f(x) = 0 \text{ 그리고 } \lim_{x \to 0^+} f(x) = 1$$

로 쓴다. 기호 $x \to 0^-$는 0보다 작은 x의 값에 대해서만 생각하고 $x \to 0^+$는 0보다 큰 x의 값에 대해서만 생각한다는 것을 의미한다.

정의 3.2

만약 x를 a에 한없이 가깝게, 그리고 $x < a$ 인 x를 택하여 $f(x)$의 값을 L에 한없이 가깝게 만들 수 있다면 x가 a에 접근할 때 $f(x)$의 좌극한값이 L이라고 말하고

$$\lim_{x \to a^-} f(x) = L$$

로 나타낸다. $x > a$ 인 x를 택하여 $f(x)$의 값을 L에 한없이 가깝게 만들 수 있다면 a에 접근할 때 $f(x)$의 우극한값이 L이라고 말하고

$$\lim_{x \to a^+} f(x) = L$$

로 나타낸다.

위의 정의는 그림 3.4에서 설명된다.

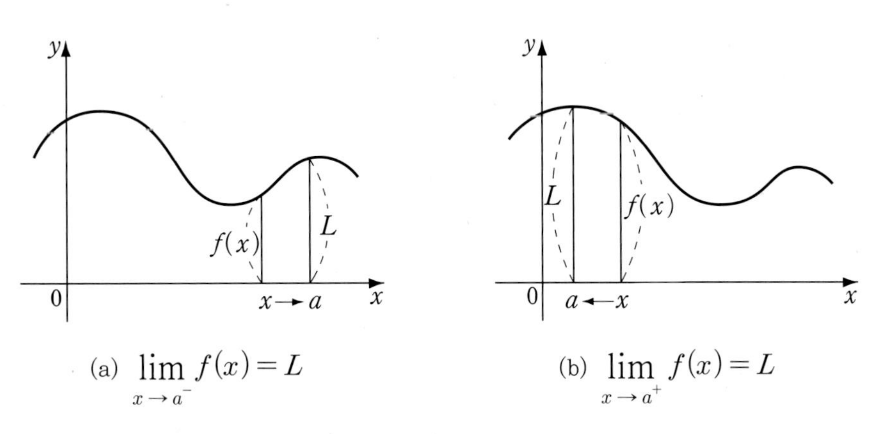

(a) $\lim_{x \to a^-} f(x) = L$ (b) $\lim_{x \to a^+} f(x) = L$

그림 3.4

[정의 3.1]과 [정의 3.2]를 비교함으로써 다음 사실을 알 수 있다.

정리 3.3

$\lim_{x \to a} f(x) = L$이기 위한 필요충분조건은 $\lim_{x \to a^-} f(x) = \lim_{x \to a^+} f(x) = L$이다.

EXAMPLE 2

함수 f의 그래프는 그림 3.5와 같다. 그래프를 이용하여 다음 극한값(만약 존재한다면)을 구하여라.

(1) $\lim_{x \to 2^-} f(x)$　(2) $\lim_{x \to 2^+} f(x)$　(3) $\lim_{x \to 2} f(x)$

(4) $\lim_{x \to 5^-} f(x)$　(5) $\lim_{x \to 5^+} f(x)$　(6) $\lim_{x \to 5} f(x)$

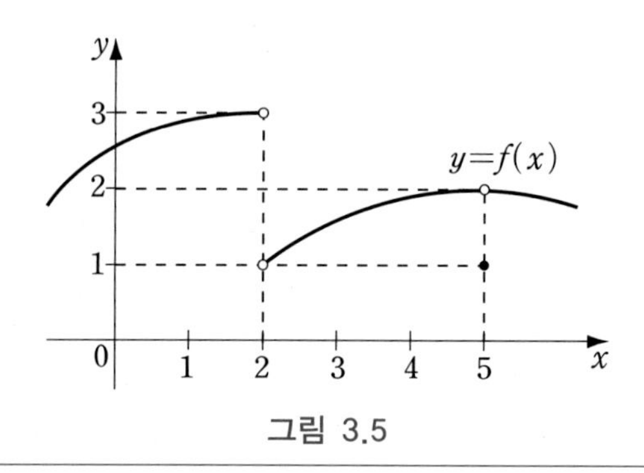

그림 3.5

풀이

그래프로부터 (1) $\lim_{x \to 2^-} f(x) = 3$이고, (2) $\lim_{x \to 2^+} f(x) = 1$임을 알 수 있다. (3)은 좌 · 우 극한값이 다르기 때문에, [정리 3.3]에 의해 $\lim_{x \to 2} f(x)$는 존재하지 않는다. 그래프는 또한 (4) $\lim_{x \to 5^-} f(x) = 2$이고, (5) $\lim_{x \to 5^+} f(x) = 2$임을 보여준다. (6)은 좌 · 우 극한값이 같으므로 [정리 3.3]에 의해 $\lim_{x \to 5} f(x)$는 존재한다. ■

x가 a에 충분히 가까워질 때 $f(x)$의 값이 무한히 증가하는 것을 기호로

$$\lim_{x \to a} f(x) = \infty$$

로 나타낸다. 반대로 x가 a에 충분히 가까워질 때 $f(x)$의 값이 무한히 감소하는 것을

$$\lim_{x \to a} f(x) = -\infty$$

라고 쓴다. 이와 같은 것들은 극한값이 존재하지 않는 경우들이다.

또 x의 값이 한없이 커지는 것을 $x \to \infty$로, x가 음수이면서 그 절댓값이 한없이 커지는 것을 $x \to -\infty$로 나타낸다. 이를테면, 함수 $f(x) = \dfrac{1}{x}$는 $x \to \infty$일 때

$\frac{1}{x} \to 0$이고, $x \to -\infty$ 일 때 $\frac{1}{x} \to 0$이므로 $f(x)$의 극한값은 $\lim_{x \to \infty} f(x) = 0$이고, $\lim_{x \to -\infty} f(x) = 0$ 이다.

EXAMPLE 3

$\lim_{x \to 0} \frac{1}{x^2}$ 이 존재한다면 그 값을 구하여라.

풀이 x가 0에 가까이 접근할 때 x^2이 0에 접근하게 되고 따라서 $\frac{1}{x^2}$은 무한히 커진다. $f(x)$의 값이 어떤 수에 접근하는 것이 아니므로 $\lim_{x \to 0} \frac{1}{x^2}$은 존재하지 않으며, 위에서 언급한 기호로 $\lim_{x \to 0} \frac{1}{x^2} = \infty$로 나타낸다. ■

이외에도 다음과 같은 극한값을 생각할 수 있다.

$\lim_{x \to \infty} f(x) = A$(실수) $\quad \lim_{x \to -\infty} f(x) = B$ (실수) $\quad \lim_{x \to \infty} f(x) = \infty$

$\lim_{x \to \infty} f(x) = -\infty \quad \lim_{x \to -\infty} f(x) = \infty \quad \lim_{x \to -\infty} f(x) = -\infty$

EXAMPLE 4

다음은 그림 3.6에서 얻은 극한값들이다.

(1) $\lim_{x \to 1^+} \frac{1}{x-1} = \infty$

(2) $\lim_{x \to 1^-} \frac{1}{x-1} = -\infty$

(3) $\lim_{x \to \infty} \frac{1}{x-1} = 0$

(4) $\lim_{x \to -\infty} \frac{1}{x-1} = 0$

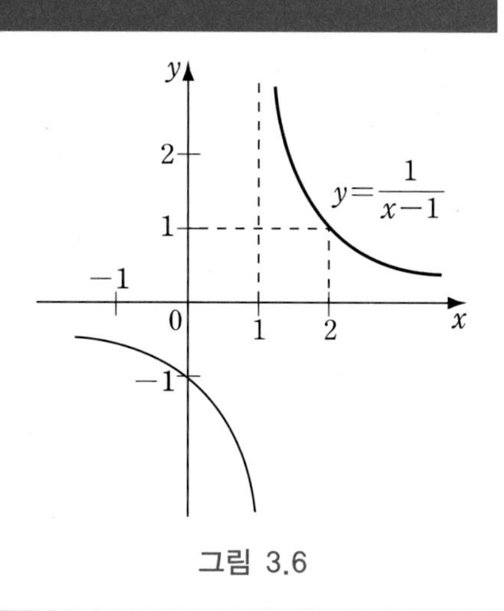

그림 3.6

이제 극한의 성질들을 살펴보자.

정리 3.4

$\lim_{x \to a} f(x) = \alpha$이고 $\lim_{x \to a} g(x) = \beta$일 때, 다음 식이 성립한다.

(a) $\lim_{x \to a} kf(x) = k\lim_{x \to a} f(x) = k\alpha$ (k는 상수)

(b) $\lim_{x \to a} \{f(x) \pm g(x)\} = \lim_{x \to a} f(x) \pm \lim_{x \to a} g(x) = \alpha \pm \beta$

(c) $\lim_{x \to a} f(x) \cdot g(x) = \lim_{x \to a} f(x) \cdot \lim_{x \to a} g(x) = \alpha \cdot \beta$

(d) $\lim_{x \to a} \frac{f(x)}{g(x)} = \frac{\lim_{x \to a} f(x)}{\lim_{x \to a} g(x)} = \frac{\alpha}{\beta}$ (단, $\beta \neq 0$)

(e) $f(x) \leqq g(x)$ 이면 $\lim_{x \to a} f(x) \leqq \lim_{x \to a} g(x)$ 즉, $\alpha \leqq \beta$

다음은 극한의 거듭제곱 법칙이다. 곱의 법칙을 $f(x) = g(x)$인 경우에 반복적으로 이용하면 다음 법칙을 얻는다.

(f) $\lim_{x \to a} [f(x)]^n = [\lim_{x \to a} f(x)]^n$, n은 양의 정수

만일 $\lim_{x \to a} x = a$이라면, 극한의 법칙 (f)를 적용해서 다음을 얻는다.

(g) $\lim_{x \to a} x^n = a^n$, n은 양의 정수

유사한 극한법칙이 다음과 같은 제곱근에 대해서도 성립한다.

(h) $\lim_{x \to a} \sqrt[n]{x} = \sqrt[n]{a}$, n은 양의 정수(만약 n이 짝수이면, $a > 0$으로 가정한다.)

좀 더 일반적인 경우는 다음과 같은 법칙을 얻는다.

(i) $\lim_{x \to a} \sqrt[n]{f(x)} = \sqrt[n]{\lim_{x \to a} f(x)}$, n은 양의 정수

(만약 n이 짝수이면, $\lim_{x \to a} f(x) > 0$으로 가정한다.)

EXAMPLE 5

다음 극한값을 구하여라.

(1) $\lim_{x \to 5}(2x^2 - 3x + 4)$

(2) $\lim_{x \to -2} \dfrac{x^3 + 2x^2 - 1}{5 - 3x}$

(3) $\lim_{x \to 1} \dfrac{x^3 + x - 2}{x^2 - 1}$

(4) $\lim_{x \to 0} \dfrac{\sqrt{2+x} - \sqrt{2}}{\sqrt{2}\,x}$

풀이

(1)
$$\lim_{x \to 5}(2x^2 - 3x + 4) = 2\lim_{x \to 5} x^2 - 3\lim_{x \to 5} x + \lim_{x \to 5} 4$$
$$= 2 \cdot 5^2 - 3 \cdot 5 + 4 = 39$$

(2)
$$\lim_{x \to -2} \frac{x^3 + 2x^2 - 1}{5 - 3x} = \frac{\lim_{x \to -2}(x^3 + 2x^2 - 1)}{\lim_{x \to -2}(5 - 3x)}$$
$$= \frac{(-2)^3 + 2(-2)^2 - 1}{5 - 3(-2)} = -\frac{1}{11}$$

(3)
$$\lim_{x \to 1} \frac{x^3 + x - 2}{x^2 - 1} = \lim_{x \to 1} \frac{(x^2 + x + 2)(x - 1)}{(x + 1)(x - 1)}$$
$$= \lim_{x \to 1} \frac{x^2 + x + 2}{x + 1} = \frac{1 + 1 + 2}{1 + 1} = 2$$

(4)
$$\lim_{x \to 0} \frac{\sqrt{2+x} - \sqrt{2}}{\sqrt{2}\,x} = \lim_{x \to 0} \frac{(\sqrt{2+x} - \sqrt{2})(\sqrt{2+x} + \sqrt{2})}{\sqrt{2}\,x(\sqrt{2+x} + \sqrt{2})}$$
$$= \lim_{x \to 0} \frac{1}{\sqrt{2}(\sqrt{2+x} + \sqrt{2})}$$
$$= \frac{1}{\sqrt{2}(\sqrt{2} + \sqrt{2})} = \frac{1}{4}$$

■

정리 3.5 Sandwich 정리 또는 조임정리

만약 a의 근방에 있는 모든 $x(x \neq a)$에 대하여

$$f(x) \leqq g(x) \leqq h(x), \quad \lim_{x \to a} f(x) = \lim_{x \to a} h(x) = L$$

이면 $\lim_{x \to a} g(x) = L$이다.

EXAMPLE 6

$\lim_{x \to 0} x^2 \sin \frac{1}{x} = 0$임을 보여라.

먼저 $\lim_{x \to 0} x^2 \sin \frac{1}{x} = \lim_{x \to 0} x^2 \cdot \lim_{x \to 0} \sin \frac{1}{x}$을 사용할 수 없음을 주의해야 한다. 왜냐하면 $\lim_{x \to 0} \sin \frac{1}{x}$은 존재하지 않기 때문이다. 그러나

$$-1 \leqq \sin \frac{1}{x} \leqq 1$$

이므로

$$-x^2 \leqq x^2 \sin \frac{1}{x} \leqq x^2$$

을 얻는다. 여기서 $\lim_{x \to 0} x^2 = 0$과 $\lim_{x \to 0} (-x^2) = 0$임을 안다.

$f(x) = -x^2$, $g(x) = x^2 \sin \frac{1}{x}$, $h(x) = x^2$라 하고 [정리 3.5]를 적용하면

$$\lim_{x \to 0} x^2 \sin \frac{1}{x} = 0$$

이다.

■

3.1.2 함수의 연속

함수의 극한에서 x가 a에 가까이 접근할 때의 극한값을 가끔 a에서의 함숫값을 계산함으로써 간단하게 구할 수 있음을 보았다. 이러한 성질을 가지는 함수들을 a에서 연속이라 한다.

정의 3.6

함수 $f(x)$가

(a) $x=a$에서 함숫값 $f(a)$가 정의되어 있고, 즉 $f(a)$가 존재하고

(b) 극한값 $\lim_{x \to a} f(x)$가 존재하며

(c) $\lim_{x \to a} f(x) = f(a)$이면

함수 $f(x)$는 $x=a$에서 **연속**(continuous)이라 한다. 만약 f가 a에서 연속이 아니면 f는 a에서 **불연속**(discontinuous)이라 한다.

또한 함수 $f(x)$가 주어진 구간의 모든 점에서 연속이면 $f(x)$는 그 구간에서 연속 또는 구간에서의 **연속함수**라고 한다(구간의 끝점에서 연속은 오른쪽으로부터 연속 또는 왼쪽으로부터 연속을 의미한다). 함수에서 주어지는 구간은 다음과 같이 구분한다. 두 실수 a, $b(a<b)$에 대하여

$$a \leqq x \leqq b,\ a < x < b,\ a \leqq x < b,\ a < x \leqq b$$

를 만족시키는 x의 집합을 구간이라 하고, 이것을 각각 기호로 다음과 같이 나타낸다.

$$[a,b],\ (a,b),\ [a,b),\ (a,b]$$

여기서 구간 (a,b)를 열린 구간, $[a,b]$를 닫힌 구간, $[a,b)$, $(a,b]$를 반열린 구간 또는 반닫힌 구간이라고 한다. 또 $a<x$, $a \leq x$, $x<b$, $x \leq b$를 만족하는 모든 실수의 집합을 각각

$$(a,\infty),\ [a,\infty),\ (-\infty,b),\ (-\infty,b]$$

와 같이 나타내고, 특히 실수 전체의 집합을 $(-\infty,\infty)$로 나타낸다. 이제 함수의 그

래프상에서 연속과 불연속의 의미를 그림 3.7을 통해 살펴보자.

그림 3.7(a)에서 (1) $f(1)=3$과 같이 함숫값이 존재하고, (2) 극한값 $\lim_{x\to 1} f(x)=3$이 존재한다.

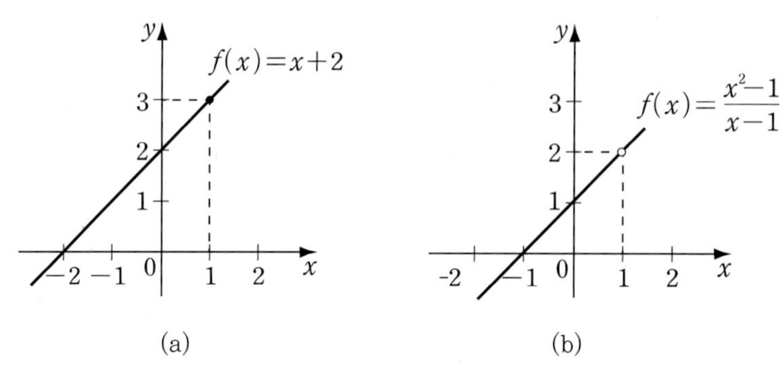

(a) (b)

그림 3.7

그리고 (3) $\lim_{x\to 1} f(x)=f(1)$이므로 [정의 3.6]에 의해서 $x=1$에서 연속이므로 $x=1$에서 그래프가 연결되어 있다. 반면 그림 3.7(b)에서는 (1) $x=1$에서 $f(1)$이 정의되지 않고, (2) $\lim_{x\to 1} f(x)=2$이다. 또한 (3) $\lim_{x\to 1} f(x)\neq f(1)$으로 $x=1$에서 불연속이므로, $x=1$에서 그래프가 끊어져 있다.

EXAMPLE 7

다음 함수의 연속성을 조사하여라.

(1) $f(x)=2x^2-4x+3$

(2) $f(x)=\log(x+1)$

(3) $f(x)=[x]$ (단, $[x]$는 x보다 크지 않은 최대 정수)

(1) 다항함수는 $(-\infty, \infty)$에서 연속이다.

(2) 로그의 진수 조건에서 $x+1>0$ 이므로 $x>-1$ 에서 연속이다.

(3) n이 정수일 때 $f(n)=[n]=n$이므로 $x=n$에서 함숫값이 정의되나 $\lim_{x\to n^-} f(x)=n-1$이고 $\lim_{x\to n^+} f(x)=n$이므로 극한값 $\lim_{x\to n} f(x)$가 존재하지 않는다. 따라서 $x=n$(n은 정수)에서 불연속이다.

예제 7에서와 같이 함수의 연속성을 증명하기 위하여 정의를 이용하는 대신에 간단한 연속함수들로부터 복잡한 연속함수들을 구성해 가는 방법들을 제시해 주는 다음 정리를 이용하는 것이 편리하다.

정리 3.7

두 함수 $f(x)$와 $g(x)$가 $x=a$에서 연속이면 다음 함수들도 $x=a$에서 연속이다.

(a) $f(x) \pm g(x)$ (b) $kf(x)$ (k는 상수)

(c) $f(x) \cdot g(x)$ (d) $\dfrac{f(x)}{g(x)}$ (단, $g(x) \neq 0$)

다항식, 유리함수, 제곱근함수, 삼각함수와 같은 형태의 함수들은 그들의 정의역 상에 있는 모든 점에서 연속이다.

연속함수 $f(x)$와 $g(x)$의 결합을 통해 새로운 연속함수를 찾아내는 방법으로 함수의 합성함수가 있다.

정리 3.8

함수 $f(x)$가 $x=b$에서 연속이고 $\lim_{x \to a} g(x) = b$이면, $\lim_{x \to a} f(g(x)) = f(b)$이다.

즉, $\lim_{x \to a} f(g(x)) = f\left(\lim_{x \to a} g(x)\right)$

위 정리는 함수가 연속이고 극한이 존재하면, 극한 기호가 함수의 안으로 이동할 수 있음을 보여준다. 즉, 다시 말하면 함수와 극한의 순서를 바꿀 수 있다는 의미이다.

정리 3.9

함수 $g(x)$가 $x=a$에서 연속이고 $f(x)$가 $g(a)$에서 연속이면

$(f \circ g)(x) = f(g(x))$로 주어진 합성함수 $f \circ g$는 $x=a$에서 연속이다.

$g(x)$가 $x=a$에서 연속이기 때문에

$$\lim_{x \to a} g(x) = g(a)$$

이다. 한편 $f(x)$가 $x = g(a)$에서 연속이기 때문에 [정리 3.8]에 의하여

$$\lim_{x \to a} f(g(x)) = f\left(\lim_{x \to a} g(x)\right)$$

를 얻는다. 이는 $f(g(x))$가 $x = a$에서 연속임을 나타낸다.

■

EXAMPLE 8

다음 함수들의 연속인 영역을 구하여라.

(1) $h(x) = \sin x^2$　　　(2) $F(x) = \dfrac{1}{\sqrt{x^2+7}-4}$

(1) $g(x) = x^2$이고 $f(x) = \sin x$이면 $h(x) = f(g(x))$가 된다. 이제 $g(x)$는 다항식이므로 $(-\infty, \infty)$에서 연속이고 $f(x)$도 마찬가지이다. 따라서 [정리 3.9]에 의해서 $h(x) = f(g(x))$는 $(-\infty, \infty)$에서 연속이다.

(2) $F(x)$는 네 개의 연속함수들의 합성으로 나타낼 수 있다.

$$F = f \circ g \circ h \circ k \text{ 혹은 } F(x) = f(g(h(k(x))))$$

여기서

$$f(x) = \frac{1}{x},\ g(x) = x - 4,\ h(x) = \sqrt{x},\ k(x) = x^2 + 7$$

이다. 이들 각 함수들은 정의역상에서 연속이므로 $F(x)$의 정의역은

$$\{x \in R \mid \sqrt{x^2+7} \neq 4\} = \{x \mid x \neq \pm 3\} = (-\infty, -3) \cup (-3, 3) \cup (3, \infty)$$

에서 연속이다.

■

정의 3.10　　중간값 정리

함수 $f(x)$가 닫힌 구간 $[a, b]$에서 연속이고 $f(a) \neq f(b)$이며 k가 $f(a)$와 $f(b)$ 사이의 수라고 하자. 이때 $f(c) = k$가 되는 c가 (a, b)에 존재한다.

중간값 정리는 연속함수가 $f(a)$와 $f(b)$ 사이의 모든 수들을 함숫값으로 가짐을 의미하고 그림 3.8이 이러한 사실을 보여주고 있다. k는 한 개[그림 3.8(a)] 혹은 세 개[그림 3.8(b)]의 역상을 가질 수 있음에 주목하자. 즉 집합

$$f^{-1}(k) = \{x \in R \mid f(x) = k\}$$

의 원소가 1개 또는 3개가 된다.

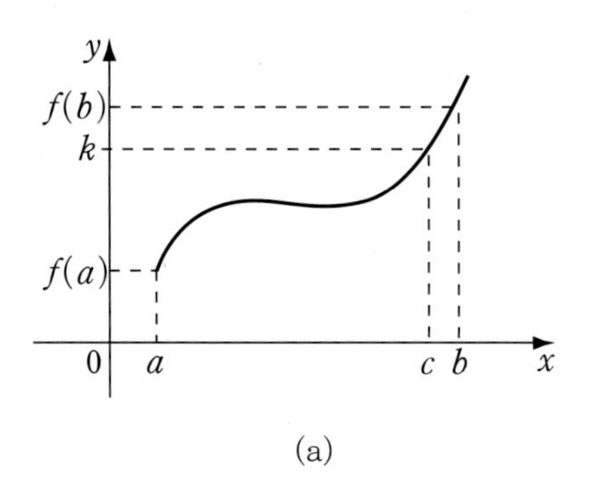

(a)

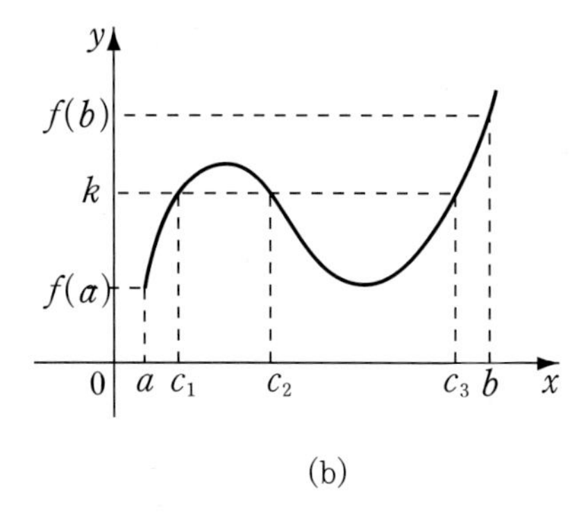

(b)

그림 3.8

EXAMPLE 9

방정식 $x^4 + x - 4 = 0$의 실근이 1과 2 사이에 적어도 하나가 존재함을 보여라.

$f(x) = x^4 + x - 4$라 놓으면 함수 $f(x)$는 닫힌 구간 [1, 2]에서 연속이고 $f(1) = -2 < 0$, $f(2) = 14 > 0$이므로 중간값 정리에 의하여 방정식 $x^4 + x - 4 = 0$의 실근이 1과 2 사이에 적어도 하나 존재한다. ■

정리 3.11 최대, 최소 정리

함수 $f(x)$가 닫힌 구간 $[a, b]$에서 연속이면 $f(x)$는 $[a, b]$에서 최댓값과 최솟값을 갖는다.

최대, 최소 정리와 중간값의 정리는 매우 당연해 보이지만 증명은 본 교재 수준을 벗어나므로 여기서는 생략한다.

EXAMPLE 10

닫힌 구간 $[0, 2]$에서 정의된 연속함수 $f(x) = x + 2$의 치역은 닫힌 구간 $[2, 4]$이므로 $x = 0$에서 최솟값 $f(0) = 2$, $x = 2$에서 최댓값 $f(2) = 4$를 갖는다.

일반적으로 닫힌 구간이 아닌 구간에서 정의된 연속함수는 최댓값과 최솟값을 반드시 갖는 것은 아니다. 예제 10에서 정의역이 $(0, 2)$인 경우 최댓값과 최솟값이 존재하지 않는 이유는 무엇인가?

쉬어가기

공중충돌 방지장치

지상의 도로와 같이 하늘에도 항공로가 있다. 그런데 어떤 항공로는 하나밖에 없는 경우가 있는데, 이런 경우에 항공로를 함수로 생각하면 연속함수가 된다. 그래서 중간값 정리에 의하면 두 공항에서 상대 방향으로 동시에 출발한 항공기는 그 항공로 어느 한 지점에서 충돌할 수밖에 없는데, 이러한 일은 거의 일어나지 않는다. 그 이유는 서로 반대 방향으로 운행하는 비행기가 서로 충돌하지 않고 안전하게 운항할 수 있도록 비행기에 설치되어 있는 공중충돌 방지장치(TCAS : Traffic Alert and Collision Avoidance System) 때문이다. TCAS는 두 항공기 사이의 거리가 가까워지기 35초에서 45초 사이에 조종사에게 시각과 음성으로 경고해 준다. 또한 관제소에서도 서로 고도를 달리하여 비행하도록 지시한다.

TEST

연습문제 3.1

1. 극한이 존재하면 극한값을 구하여라. 존재하지 않으면 이유를 설명하여라.

(1) $\lim_{x \to 0} \frac{1}{x}$　　(2) $\lim_{x \to 1^+} \frac{x^2-1}{|x-1|}$　　(3) $\lim_{x \to 2^-} \frac{x^2-2x}{|x-2|}$

(4) $\lim_{x \to 2} [x]$ (단, $[x]$는 x보다 크지 않은 최대 정수)

2. $\lim_{x \to 2} \frac{x-2}{x^2+ax+b} = \frac{1}{3}$을 만족하는 상수 a, b를 구하여라.

3. 모든 x 에 대하여 $1 \leqq f(x) \leqq x^2+2x+2$일 때 $\lim_{x \to -1} f(x)$를 구하여라.

4. x에 대한 다항식 $f(x)$, $g(x)$

$$f(x) = a_n x^n + a_{n-1} x^{n-1} + \dots + a_1 x + a_0 \ (\text{단, } a_n \neq 0)$$

$$g(x) = b_m x^m + b_{m-1} x^{m-1} + \dots + b_1 x + b_0 \ (\text{단, } b_m \neq 0)$$

에 대하여 $\lim_{x \to \infty} \frac{f(x)}{g(x)} = \alpha$ (단, α는 0이 아닌 유한 확정값)가 성립할 필요충분조건은

(1) 이고, $\alpha=$ (2) 이다.

(1), (2)에 알맞은 식은?

(3) 위의 사실을 이용하여 $\lim_{x \to \infty} \frac{f(x)}{2x^2+x+1} = 1$과 $\lim_{x \to 2} \frac{f(x)}{2x^2+x+1} = 1$을 만족하는 다항식 $f(x)$를 구하여라.

5. 다음 함수의 불연속점을 구하고, 이유를 설명하여라.

$$f(x) = x^2 + \frac{x^2}{1+x^2} + \frac{x^2}{(1+x^2)^2} + \frac{x^2}{(1+x^2)^3} + \cdots$$

6. $f(x)=\begin{cases} \dfrac{x^2+ax+b}{x+2}, & x \neq -2 \\ 5, & x=-2 \end{cases}$

가 모든 실수 x에 대하여 연속일 때, a, b를 구하여라.

7. 중간값 정리를 이용하여 방정식 $x^3-2x^2-1=0$의 실근이 2와 3 사이에 적어도 하나가 존재함을 보여라.

8. 정의역의 한 원소 a가 항등함수가 아닌 함수 f 에 대하여 $f(a)=a$를 만족할 때, a를 함수 f의 고정점이라 한다. 이 사실을 이용하여 다음 물음에 답하여라.

(1) 정의역과 공역이 모두 닫힌 구간 [0, 1]인 연속함수 f의 그래프를 하나 그려보고 함수 f의 고정점을 찾아보아라.

(2) 중간값 정리를 이용하여 정의역과 공역이 모두 닫힌 구간 [0, 1]인 모든 함수는 고정점을 갖는다는 것을 증명하여라.

3.2 도함수

y가 어떤 값 x에 의해 결정되는 값이라 하면, y는 x의 함수이고 $y=f(x)$로 쓴다. 만약 x가 $x=x_1$에서 $x=x_2$까지 변하면 x의 변화량(x의 증분 혹은 Δx, Δ:델타)은

$$\Delta x = x_2 - x_1$$

이며, 대응하는 y의 변화량은

$$\Delta y = f(x_2) - f(x_1)$$

이다. 따라서 변화량의 몫

$$\frac{\Delta y}{\Delta x} = \frac{f(x_2)-f(x_1)}{x_2 - x_1}$$

은 구간 $[x_1, x_2]$상에서 x에 관한 y의 **평균변화율**이라 한다. 그림 3.9에서 할선 PQ의 기울기가 평균변화율로 해석될 수 있다. 이제 x_2를 x_1에 접근시킴으로써 Δx가 0에 점점 더 가까워지는 경우를 생각해보자. 그러면 그림 3.10과 같이 평균변화율의 극한을 얻게 되고, 이것을 $x=x_1$에서 x에 관한 y의 순간변화율이라 한다.

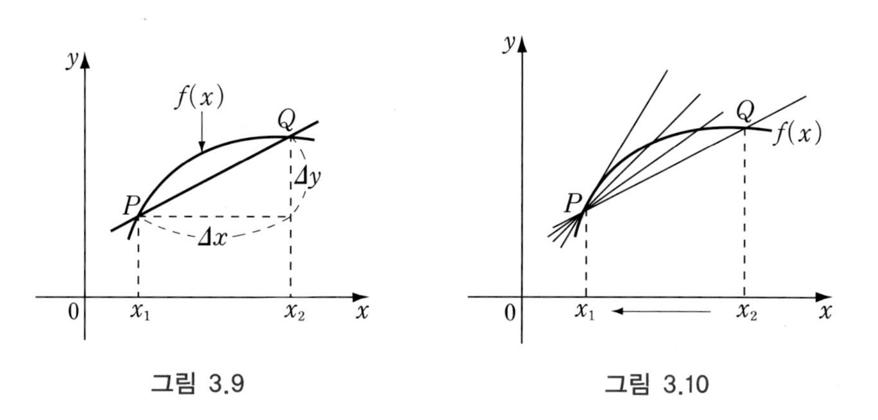

그림 3.9 그림 3.10

이것은 $P(x_1, f(x_1))$에서 곡선 $y=f(x)$의 접선의 기울기가 되며 다음과 같이 쓴다.

$$\lim_{\Delta x \to 0} \frac{\Delta y}{\Delta x} = \lim_{x_2 \to x_1} \frac{f(x_2)-f(x_1)}{x_2 - x_1} \tag{3.1}$$

만약 위의 식 (3.1)에서 극한이 존재할 때, $f(x)$는 $x=x_1$에서 **미분가능**(differentiable)

이라 한다. 이때의 극한을 $x=x_1$에서 $f(x)$의 미분계수라 하고 $f'(x_1)$으로 나타낸다. 즉

$$f'(x_1)=\lim_{x_2\to x_1}\frac{f(x_2)-f(x_1)}{x_2-x_1} \tag{3.2}$$

식 (3.2)에서 x_2-x_1이 x의 변화량이므로 $\Delta x=x_2-x_1$으로 나타내면 다음과 같은 식을 얻는다.

$$f'(x_1)=\lim_{\Delta x\to 0}\frac{f(x_1+\Delta x)-f(x_1)}{\Delta x} \tag{3.3}$$

위에서 얻은 식 (3.2)와 (3.3)은 모두 $x=x_1$에서 $f(x)$의 미분계수를 구하는 식으로 사용된다. 한편, 함수 $f(x)$가 어떤 구간의 모든 점에서 미분가능할 때 $f(x)$는 그 **구간에서 미분가능**하다고 한다. 그러면 구간에서 미분가능한 함수는 구간 내의 각 점 x에 대한 미분계수 $f'(x)$를 대응시킬 수 있고, 이로부터 다음 정의를 얻는다.

정의 3.12 **도함수의 정의**

극한값 $\lim_{\Delta x\to 0}\frac{f(x+\Delta x)-f(x)}{\Delta x}$가 존재하면, 구간 내의 모든 점에서 각각의 x에 이 극한을 대응시키는 함수를 $f(x)$의 **도함수**라 하고,

$$f'(x)=\lim_{\Delta x\to 0}\frac{f(x+\Delta x)-f(x)}{\Delta x} \tag{3.4}$$

로 나타낸다. $f(x)$의 도함수를 표현하는 또 다른 기호로는

$$\frac{dy}{dx},\ y',\ \frac{d}{dx}f(x)$$

등을 사용한다.

EXAMPLE 1

$x=1$에서 포물선 $y=x^2$의 접선의 방정식을 구하여라.

풀이 식 (3.1)에 의하여 기울기 m은

$$m = \lim_{x \to 1} \frac{f(x) - f(1)}{x - 1} = \lim_{x \to 1} \frac{x^2 - 1}{x - 1}$$
$$= \lim_{x \to 1} \frac{(x+1)(x-1)}{x-1} = \lim_{x \to 1}(x+1)$$
$$= 2$$

이다. 따라서 이 직선은 기울기가 2이고, 점 (1, 1)을 지나므로 접선의 방정식은 $y = 2x - 1$이다.

EXAMPLE 2

함수 $f(x) = \sqrt{x}$ 의 $x = 1$에서 미분계수를 구하여라.

풀이

식 (3.4)에 의하여

$$f'(1) = \lim_{\triangle x \to 0} \frac{f(1 + \triangle x) - f(1)}{\triangle x} = \lim_{\triangle x \to 0} \frac{\sqrt{1 + \triangle x} - 1}{\triangle x}$$
$$= \lim_{\triangle x \to 0} \frac{\triangle x}{\triangle x(\sqrt{1 + \triangle x} + 1)} = \lim_{\triangle x \to 0} \frac{1}{\sqrt{1 + \triangle x} + 1} = \frac{1}{2}$$

이다.

EXAMPLE 3

함수 $f(x) = 8x^2 + 7x$에 대하여 다음을 구하여라.

(1) 도함수의 정의를 이용하여 $f'(x)$를 구하여라.

(2) $x = 2$에서 미분계수를 구하여라.

풀이

(1) 식 (3.4)에 의하여

$$f'(x) = \lim_{\triangle x \to 0} \frac{f(x + \triangle x) - f(x)}{\triangle x}$$
$$= \lim_{\triangle x \to 0} \frac{8(x + \triangle x)^2 + 7(x + \triangle x) - (8x^2 + 7x)}{\triangle x}$$
$$= \lim_{\triangle x \to 0} \frac{8(\triangle x)^2 + 16(\triangle x)(x) + 7\triangle x}{\triangle x}$$

$$= \lim_{\triangle x \to 0} (8\triangle x + 16x + 7)$$

$$= 16x + 7$$

이다.

(2) (1)에서 $f'(x) = 16x + 7$이므로 $f'(2) = 39$이다.

정리 3.13

함수 $f(x)$가 $x = a$에서 미분가능하면 $f(x)$는 $x = a$에서 연속이다.

$f(x)$가 $x = a$에서 연속임을 보이기 위하여 $\lim_{x \to a} f(x) = f(a)$를 보이면 된다. $f(x)$가 $x = a$에서 미분가능하므로

$$f'(a) = \lim_{x \to a} \frac{f(x) - f(a)}{x - a}$$

가 존재한다는 것이다. 이것을 이용하여 $f(x) - f(a) \to 0$임을 보이자.

$$f(x) - f(a) = \frac{f(x) - f(a)}{x - a}(x - a)$$

윗식의 양변에 $x \to a$인 극한을 취하면,

$$\begin{aligned} \lim_{x \to a} [f(x) - f(a)] &= \lim_{x \to a} \frac{f(x) - f(a)}{x - a}(x - a) \\ &= \lim_{x \to a} \frac{f(x) - f(a)}{x - a} \lim_{x \to a}(x - a) \\ &= f'(a) \cdot 0 \\ &= 0 \end{aligned}$$

을 얻는다. 따라서

$$\begin{aligned} \lim_{x \to a} f(x) &= \lim_{x \to a} [f(a) + (f(x) - f(a))] \\ &= \lim_{x \to a} f(a) + \lim_{x \to a} [f(x) - f(a)] \\ &= f(a) + 0 \\ &= f(a) \end{aligned}$$

이므로 $f(x)$는 $x = a$에서 연속이다.

EXAMPLE 4

함수 $f(x)=|x|$의 $x=0$에서 미분계수를 구하여라.

풀이

먼저, $\lim_{x\to 0} f(x) = \lim_{x\to 0}|x| = 0$이므로 $f(0) = \lim_{x\to 0} f(x)$이다. 따라서 $f(x)$는 $x=0$에서 연속이다. 그러나

$$f'(0) = \lim_{\Delta x \to 0} \frac{f(0+\Delta x)-f(0)}{\Delta x} = \lim_{\Delta x\to 0}\frac{|\Delta x|}{\Delta x}$$

$$= \begin{cases} \lim_{\Delta x\to 0^+} \dfrac{\Delta x}{\Delta x} = 1 \\ \lim_{\Delta x \to 0^-} \dfrac{-\Delta x}{\Delta x} = -1 \end{cases}$$

이 되어 $f'(0)$은 존재하지 않는다. 그러므로 $f(x)=|x|$는 $x=0$에서 연속이지만 미분가능하지 않다.

■

예제 4에 의해서 [정리 3.13]의 역은 성립하지 않음을 알 수 있다.

쉬어가기

미적분학의 기원

미적분학의 기본적인 개념의 기하학적 의미는

정적분 — 면적 — 구적법
도함수 — 접선 — 접선법

으로 이해되고 있다. 흔히 고교 수학에서는 면적의 개념을 써서 정적분을 정의하는 것처럼 보이지만, 사실은 정적분을 써서 곡선의 길이, 도형의 면적, 체적 등이 정의되는 것이다. 또, 부정적분은 정적분의 특수한 경우로서, 정적분을 구하기 위한 수단 중의 하나로 이해된다. 미적분학의 역사에서는 적분이 먼저 나타났다. 고대 그리스 시대에 이미 구적법이 쓰였고, 적분의 아이디어는 구적법의 총합을 구하는 과정에서 얻은 것이다. 접선(接線)이나 극치(極値)를 다루는 접선법은 17세기 초에 유럽에서 나타나 여러 가지 문제에 적용되었는데, 이것이 미분법의 기원이 된다. 뉴턴과 라이프니츠가 미적분학을 발견하였다는 것은 사실과 다르며, 다만 이들이 구적법의 문제가 미분법의 문제의 역임을 지적하여 서로 독립적으로 발전되어 온 두 분야 사이의 관계를 확립하였다.

_박세희, ≪수학의 세계≫ 중에서

TEST

연습문제 3.2

1. 도함수의 정의를 이용하여 주어진 함수의 도함수를 구하여라.

   (1) $f(x)=\dfrac{1}{x}$

   (2) $g(x)=5x+3$

   (3) $h(x)=\sqrt{1+2x}$

2. 다음 각 함수의 도함수를 구하고, $x=1$에서 미분계수를 구하여라.

   (1) $f(x)=x^2+3x+2$

   (2) $f(x)=\sqrt{x+1}+2$

3. 함수 $f(x)$에서 $f'(a)=1$일 때, 다음 극한값을 구하여라.

   (1) $\displaystyle\lim_{h\to 0}\frac{f(a+h^3)-f(a)}{h}$

   (2) $\displaystyle\lim_{h\to 0}\frac{f(a+2h)-f(a)}{h}$

4. $f(1)=2$, $f'(1)=3$인 함수 $f(x)$에 대하여 다음 극한값을 구하여라.

   (1) $\displaystyle\lim_{x\to 1}\frac{f(x^3)-f(1)}{x-1}$

   (2) $\displaystyle\lim_{x\to 1}\frac{f(x)-f(1)}{x^2-1}$

   (3) $\displaystyle\lim_{x\to 1}\frac{x^3-1}{f(x)-f(1)}$

✔ 문제 3, 4의 Hint

$x=a$에서 $f(x)$의 미분계수는

$$f'(a)=\lim_{x\to a}\frac{f(x)-f(a)}{x-a}=\lim_{\Delta x\to 0}\frac{f(a+\Delta x)-f(a)}{\Delta x}$$

이다. 특히 분자의 $f(x)$와 $f(a+\Delta x)$에서 x와 Δx가 분모의 x, Δx와 항상 동일한 형태임을 명심하자.

5. 다음을 구하여라.
   (1) 점 $(2,1)$에서 곡선 $y=9-2x^2$의 접선의 기울기를 구하여라.
   (2) 이 접선의 방정식을 구하여라.

6. $x=1$에서 미분가능한 함수 $f(x)$를

$$f(x)=\begin{cases}ax^2+1 & (x\geq 1)\\ 2x+b & (x<1)\end{cases}$$

와 같이 정의될 때 함수 f가 $x=1$에서 미분가능하기 위한 상수 a, b의 값을 구하여라.

✔ Hint $x=1$에서 미분가능하면 $x=1$에서 연속이다.

7. 정의역 안의 모든 x에 대하여 $f(-x)=f(x)$이면 이 함수를 우함수(even function)이라 하고, $f(-x)=-f(x)$를 만족하면 이 함수를 기함수(odd function)이라 한다.
   (1) 미분가능한 우함수의 도함수는 기함수임을 보여라.
   (2) 미분가능한 기함수의 도함수는 우함수임을 보여라.

3.3 도함수의 기본공식

앞 절에서와 같이 도함수를 항상 정의에 의해 직접 구해야 한다면 계산이 쉽지 않을 것이다. 그러나 정의를 사용하지 않고 도함수를 구하는 여러 공식들이 있어서 도함수의 계산을 간단히 해준다.

도함수의 기본공식

함수 $f(x)$와 $g(x)$가 미분가능하고 c는 상수라 하자. 그러면 다음이 성립한다.

(a) $f(x)=c$ 이면 $f'(x)=0$

(b) $f(x)=x^n$(n: 양의 정수)이면 $f'(x)=nx^{n-1}$

(c) $[cf(x)]'=cf'(x)$

(d) $[f(x)+g(x)]'=f'(x)+g'(x)$

(e) $[f(x)-g(x)]'=f'(x)-g'(x)$

(f) $[f(x)g(x)]'=f'(x)g(x)+f(x)g'(x)$

(g) $\left[\dfrac{f(x)}{g(x)}\right]'=\dfrac{f'(x)g(x)-f(x)g'(x)}{[g(x)]^2}$ (단, $g(x)\neq 0$)

증명

(a) $f'(x)=\displaystyle\lim_{\Delta x\to 0}\frac{f(x+\Delta x)-f(x)}{\Delta x}=\lim_{\Delta x\to 0}\frac{c-c}{\Delta x}=0$

(b) 공식 $x^n-a^n=(x-a)(x^{n-1}+x^{n-2}a+\cdots+xa^{n-2}+a^{n-1})$을 이용하여 증명하자. 위 공식은 우변을 단순히 곱함으로써 확인할 수 있다. $f(x)=x^n$이면 식 $f'(a)$에 대해 식 (3.2)와 위의 공식을 이용하여

$$
\begin{aligned}
f'(a)&=\lim_{x\to a}\frac{f(x)-f(a)}{x-a}=\lim_{x\to a}\frac{x^n-a^n}{x-a}\\
&=\lim_{x\to a}(x^{n-1}+x^{n-2}a+\cdots+xa^{n-2}+a^{n-1})\\
&=a^{n-1}+a^{n-2}a+\cdots+aa^{n-2}+a^{n-1}\\
&=na^{n-1}
\end{aligned}
$$

을 얻는다. $f(x)$는 모든 x에 대하여 미분가능하므로 $f'(x)=nx^{n-1}$임을

알 수 있다. 공식 (b)의 일반적인 형태로 n이 임의의 실수일 때도 $f'(x)=nx^{n-1}$이 성립한다. 그 예로 $f(x)=\sqrt{x}$라 하면 $f'(x)=\frac{1}{2}x^{-\frac{1}{2}}$이 된다.

(c) $g(x)=cf(x)$라 하자.

$$\begin{aligned} g'(x) &= \lim_{\Delta x\to 0}\frac{g(x+\Delta x)-g(x)}{\Delta x} \\ &= \lim_{\Delta x\to 0}\frac{cf(x+\Delta x)-cf(x)}{\Delta x} \\ &= c\lim_{\Delta x\to 0}\frac{f(x+\Delta x)-f(x)}{\Delta x} \\ &= cf'(x) \end{aligned}$$

(d) $F(x)=f(x)+g(x)$라 하자.

$$\begin{aligned} F'(x) &= \lim_{\Delta x\to 0}\frac{F(x+\Delta x)-F(x)}{\Delta x} \\ &= \lim_{\Delta x\to 0}\frac{[f(x+\Delta x)+g(x+\Delta x)]-[f(x)+g(x)]}{\Delta x} \\ &= \lim_{\Delta x\to 0}\left[\frac{f(x+\Delta x)-f(x)}{\Delta x}+\frac{g(x+\Delta x)-g(x)}{\Delta x}\right] \\ &= \lim_{\Delta x\to 0}\frac{f(x+\Delta x)-f(x)}{\Delta x}+\lim_{\Delta x\to 0}\frac{g(x+\Delta x)-g(x)}{\Delta x} \\ &= f'(x)+g'(x) \end{aligned}$$

(e) $f(x)-g(x)$를 $f(x)+(-1)g(x)$로 쓰고, 공식 (c)와 (d)를 적용하면 된다.

(f) $F(x)=f(x)g(x)$라 하자.

$$\begin{aligned} F'(x) &= \lim_{\Delta x\to 0}\frac{F(x+\Delta x)-F(x)}{\Delta x} \\ &= \lim_{\Delta x\to 0}\frac{f(x+\Delta x)g(x+\Delta x)-f(x)g(x)}{\Delta x} \\ &= \lim_{\Delta x\to 0}\frac{f(x+\Delta x)g(x+\Delta x)-f(x+\Delta x)g(x)+f(x+\Delta x)g(x)-f(x)g(x)}{\Delta x} \\ &= \lim_{\Delta x\to 0}\left[f(x+\Delta x)\frac{g(x+\Delta x)-g(x)}{\Delta x}+g(x)\frac{f(x+\Delta x)-f(x)}{\Delta x}\right] \\ &= f(x)g'(x)+g(x)f'(x) \end{aligned}$$

(g) $F(x)=\dfrac{f(x)}{g(x)}$ 라 하자.

$$\begin{aligned} F'(x) &= \lim_{\triangle x \to 0} \frac{F(x+\triangle x)-F(x)}{\triangle x} \\ &= \lim_{\triangle x \to 0} \frac{\dfrac{f(x+\triangle x)}{g(x+\triangle x)}-\dfrac{f(x)}{g(x)}}{\triangle x} \\ &= \lim_{\triangle x \to 0} \frac{f(x+\triangle x)g(x)-f(x)g(x+\triangle x)}{\triangle x\, g(x+\triangle x)\, g(x)} \end{aligned}$$

위 식의 분자에 $f(x)g(x)$를 더하고 빼 주자.

$$\begin{aligned} F'(x) &= \lim_{\triangle x \to 0} \frac{f(x+\triangle x)g(x)-f(x)g(x)+f(x)g(x)-f(x)g(x+\triangle x)}{\triangle x\, g(x+\triangle x)\, g(x)} \\ &= \lim_{\triangle x \to 0} \frac{g(x)\dfrac{f(x+\triangle x)-f(x)}{\triangle x}-f(x)\dfrac{g(x+\triangle x)-g(x)}{\triangle x}}{g(x+\triangle x)\, g(x)} \\ &= \frac{\lim\limits_{\triangle x \to 0}\left[g(x)\dfrac{f(x+\triangle x)-f(x)}{\triangle x}\right]-\lim\limits_{\triangle x \to 0}\left[f(x)\dfrac{g(x+\triangle x)-g(x)}{\triangle x}\right]}{\lim\limits_{\triangle x \to 0}[g(x+\triangle x)\, g(x)]} \\ &= \frac{g(x)f'(x)-f(x)g'(x)}{[g(x)]^2} \end{aligned}$$

EXAMPLE 1

$f(x)=x^7$이면, $f'(x)=7x^6$이다.

EXAMPLE 2

$f(x)=3x^4$이면, $f'(x)=(3)(4)x^3=12x^3$이다.

EXAMPLE 3

$f(x)=4x^3-\dfrac{1}{2}x^2+3$일 때, $f'(x)$를 구하여라.

풀이 합과 차의 공식을 이용하면,

$$
\begin{aligned}
f'(x) &= \left(4x^3 - \frac{1}{2}x^2 + 3\right)' \\
&= (4x^3)' - \left(\frac{1}{2}x^2\right)' + (3)' \\
&= 12x^2 - x
\end{aligned}
$$

■

EXAMPLE 4

$f(x) = (x^3 + 2)(x^2 - 1)$일 때, $f'(x)$를 구하여라.

풀이

$h(x) = x^3 + 2$, $g(x) = x^2 - 1$이라 하자. 그러면 $f(x) = h(x)g(x)$이므로 곱의 공식에 의해서 $f'(x) = h'(x)g(x) + h(x)g'(x)$이고 $h'(x) = 3x^2$, $g'(x) = 2x$이므로

$$
\begin{aligned}
f'(x) &= (3x^2)(x^2 - 1) + (x^3 + 2)(2x) \\
&= 5x^4 - 3x^2 + 4x
\end{aligned}
$$

를 얻는다.

■

EXAMPLE 5

$f(x) = \dfrac{x^2 + x - 2}{x^3 + 6}$일 때, $f'(x)$를 구하여라.

풀이

$g(x) = x^3 + 6$, $h(x) = x^2 + x - 2$라 하자. 그러면 $f(x) = \dfrac{h(x)}{g(x)}$이므로 몫의 공식에 의해서

$$
f'(x) = \frac{g(x)h'(x) - g'(x)h(x)}{[g(x)]^2}
$$

이고,

$$
g'(x) = 3x^2, \quad h'(x) = 2x + 1
$$

이므로

$$\begin{aligned} f'(x) &= \frac{(x^3+6)(2x+1)-(3x^2)(x^2+x-2)}{(x^3+6)^2} \\ &= \frac{(2x^4+x^3+12x+6)-(3x^4+3x^3-6x^2)}{(x^3+6)^2} \\ &= \frac{-x^4-2x^3+6x^2+12x+6}{(x^3+6)^2} \end{aligned}$$

을 얻는다.

함수 $F(x)=\sqrt{x^2+1}$ 의 도함수를 구하는 경우를 살펴보자. 이 경우는 앞에서 배운 공식으로는 $F'(x)$를 구할 수 없다. 우선 도함수의 정의로 도함수를 구해보면

$$\begin{aligned} F'(x) &= \lim_{h\to 0}\frac{F(x+h)-F(x)}{h} \\ &= \lim_{h\to 0}\frac{\sqrt{(x+h)^2+1}-\sqrt{x^2+1}}{h} \\ &= \lim_{h\to 0}\frac{2xh+h^2}{h(\sqrt{(x+h)^2+1}+\sqrt{x^2+1})} \\ &= \lim_{h\to 0}\frac{2x+h}{\sqrt{(x+h)^2+1}+\sqrt{x^2+1}} \\ &= \frac{x}{\sqrt{x^2+1}} \end{aligned}$$

이다.

이를 보다 손쉽게 계산하기 위해, 함수 $F(x)$가 $f(x)=\sqrt{x}$ 와 $g(x)=x^2+1$의 합성함수라는 것에 주목하면 보다 쉽게 도함수를 구할 수 있다. 이 사실은 도함수 공식에서 중요하며, **연쇄법칙**(chain rule)이라 한다.

연쇄법칙

$f(x)$와 $g(x)$가 모두 미분가능한 함수이고 $F=f\circ g$는 $F(x)=f(g(x))$로 정의된 합성함수라면, $F(x)$는 미분가능하고 $F'(x)$는

$$F'(x)=f'(g(x))g'(x)$$

이다.

증명 엄밀한 증명보다 다음과 같은 추론을 통해 옳음을 살펴본다. x의 증분 Δx에 대한 $z=g(x)$, $y=f(g(x))$의 증분을 각각 Δz, Δy라고 하면

$$\Delta z=g(x+\Delta x)-g(x),$$
$$\Delta y=f(z+\Delta z)-f(z)=f(g(x+\Delta x))-f(g(x))$$

이다.

$$\begin{aligned}F'(x)&=\lim_{\Delta x\to 0}\frac{F(x+\Delta x)-F(x)}{\Delta x}\\&=\lim_{\Delta x\to 0}\frac{f(g(x+\Delta x))-f(g(x))}{\Delta x}\\&=\lim_{\Delta x\to 0}\left[\frac{f(z+\Delta z)-f(z)}{\Delta z}\cdot\frac{\Delta z}{\Delta x}\right]\\&=\lim_{\Delta x\to 0}\left[\frac{f(z+\Delta z)-f(z)}{\Delta z}\cdot\frac{g(x+\Delta x)-g(x)}{\Delta x}\right]\end{aligned}$$

위 식에서 $\Delta z=0$이 발생할 수도 있으나, 그러한 경우를 배제하면 $z=g(x)$도 연속이므로 $\Delta x\to 0$일 때 $\Delta z\to 0$이 되어

$$\begin{aligned}F'(x)&=\lim_{\Delta x\to 0}\frac{f(z+\Delta z)-f(z)}{\Delta z}\cdot\lim_{\Delta x\to 0}\frac{g(x+\Delta x)-g(x)}{\Delta x}\\&=\lim_{\Delta z\to 0}\frac{f(z+\Delta z)-f(z)}{\Delta z}\cdot\lim_{\Delta x\to 0}\frac{g(x+\Delta x)-g(x)}{\Delta x}\\&=f'(z)g'(x)\\&=f'(g(x))g'(x)\end{aligned}$$

이다. ■

연쇄법칙은 다음과 같은 표현으로 쓰기도 한다.

$$\frac{dy}{dx} = \frac{dy}{dz} \cdot \frac{dz}{dx}$$

EXAMPLE 6

$y = (x^3 + 2x + 1)^3$의 도함수를 구하여라.

풀이 $z = x^3 + 2x + 1$이라 놓으면 $y = z^3$이 되고, 따라서 연쇄법칙에 의하여

$$\begin{aligned} y' = \frac{dy}{dx} &= \frac{dy}{dz} \cdot \frac{dz}{dx} = 3z^2(3x^2 + 2) \\ &= 3(x^3 + 2x + 1)^2(3x^2 + 2) \end{aligned}$$

이다.

지금까지 우리가 다룬 함수는 $y = f(x)$의 형태로 주어진 것들로, 하나의 변수가 다른 한 변수로 명료하게 나타내어졌다. 이러한 함수를 **양함수**라고 한다. 그러나 어떤 함수들은 x, y의 관계식으로 정의되기도 한다.

예를 들면

$$x^2 + y^2 = 25$$

또는

$$x^3 + y^3 = 6xy$$

등이 있다. 이러한 함수들은 $f(x, y) = 0$의 형태로 나타낼 수 있고, y를 x의 **음함수**라 한다. 위의 두 번째 식처럼 양함수 형태로 나타내기 어려운 음함수의 경우 y의 도함수를 구하기 위해 y를 x의 함수로 풀어야 할 필요가 없이 다음과 같은 음함수 미분법을 활용한다.

음함수의 미분

음함수 $f(x, y)=0$의 각 항을 x의 함수로 보고 각 항을 x에 대하여 미분함으로써 음함수의 도함수를 구할 수 있다. 이때, 다음의 성질을 이용한다.

$$\frac{d}{dx}x^n = nx^{n-1}, \quad \frac{d}{dx}y^n = ny^{n-1}\frac{dy}{dx}$$

EXAMPLE 7

$x^3 + y^3 = 6xy$ 의 도함수를 구하여라.

풀이

$x^3 + y^3 = 6xy$ 의 양변을 x에 대하여 미분한다. 이때 y가 x의 함수임을 생각하고 y^3에 연쇄법칙을 적용시키고, $6xy$에 곱의 미분을 적용하면

$$3x^2 + 3y^2y' = 6y + 6xy'$$

을 얻으며, 이 식을 y'에 대하여 풀면 $y' = \dfrac{2y - x^2}{y^2 - 2x}$이다.

■

역함수의 미분

함수 f가 역함수 g를 가지며 일대일 미분가능한 함수이고 $f'(x) \neq 0$이면, 역함수도 미분가능하고

$$g'(y) = \frac{1}{f'(x)} = \frac{1}{f'(g(y))}$$

이다. 또 역함수의 미분은 다음과 같은 표현으로 쓰기도 한다.

$$\frac{dx}{dy} = \frac{1}{\dfrac{dy}{dx}}$$

증명

도함수의 정의에 의하여

$$g'(y) = \lim_{\Delta y \to 0} \frac{g(y + \Delta y) - g(y)}{\Delta y}$$

이다.

$$y=f(x) \Leftrightarrow g(y)=x$$

이며, $\Delta x=g(y+\Delta y)-g(y)$라 하자. 그러면 $g(y)=x$이므로

$$g(y+\Delta y)=x+\Delta x$$

이다. 또한 $f(x+\Delta x)=y+\Delta y$이므로

$$\Delta y=f(x+\Delta x)-f(x)$$

이다. 따라서

$$\frac{g(y+\Delta y)-g(y)}{\Delta y}=\frac{\Delta x}{f(x+\Delta x)-f(x)}=\frac{1}{\frac{f(x+\Delta x)-f(x)}{\Delta x}}$$

을 얻는다. 위 식에서 f 가 연속이므로 $\Delta x \to 0$일 때 $\Delta y \to 0$이다. 역으로 역함수 g 도 연속이므로 $\Delta y \to 0$일 때 $\Delta x \to 0$이다. 그러므로

$$g'(y)=\lim_{\Delta y \to 0}\frac{g(y+\Delta y)-g(y)}{\Delta y}=\lim_{\Delta x \to 0}\frac{1}{\frac{f(x+\Delta x)-f(x)}{\Delta x}}$$

$$=\frac{1}{f'(x)}=\frac{1}{f'(g(y))}$$

이다.

■

EXAMPLE 8

$y=\sqrt{2+5x}$ 일 때, $\frac{dx}{dy}$를 구하여라.

풀이 연쇄법칙에 의하여 $\frac{dy}{dx}=\frac{5}{2}\frac{1}{\sqrt{2+5x}}$이고, 역함수 미분에 의하여

$$\frac{dx}{dy}=\frac{1}{\frac{dy}{dx}}=\frac{1}{\frac{5}{2}\frac{1}{\sqrt{2+5x}}}=\frac{2\sqrt{2+5x}}{5}=\frac{2}{5}y$$

이다.

■

x와 y가 소위 매개변수라 불리는 제3의 변수 t의 연속함수로서 방정식

$$x=f(t),\ \ y=g(t)$$

로 주어졌다고 가정하자. 이런 방정식을 **매개변수 방정식**(parametric equation)이라 부른다. 각 t의 값들은 점 (x, y)를 결정하고, 좌표 평면에 이 점들을 이어 곡선을 그릴 수 있다. 이러한 곡선을 **매개변수 곡선**(parametric curve)이라 부른다.

EXAMPLE 9

매개변수 방정식 $x = \cos t$와 $y = \sin t$, $0 \leq t \leq 2\pi$ 에 의하여 나타내어지는 곡선은 무엇인가?

풀이 $x^2 + y^2 = \cos^2 t + \sin^2 t = 1$과 같이 함으로써 t를 제거할 수 있다. 따라서 주어진 매개변수 방정식의 매개곡선은 단위원임을 알 수 있다. ■

위 예제에서 매개변수 방정식 $x = f(t)$, $y = g(t)$로 정의된 어떤 곡선들은 매개변수를 제거하여 $y = F(x)$의 형으로 나타낼 수도 있다는 사실을 알았다. 이제는 매개변수 곡선의 접선을 구하는 문제를 생각해 보자. 매개변수 t의 증분 Δt에 대한 x의 증분을 Δx, y의 증분을 Δy라 하자. 그리고 $x = f(t)$와 $y = g(t)$가 미분가능하고, $f'(t) \neq 0$이라 하자. 그러면 f의 역함수가 존재하며, 역함수 또한 연속함수다. 따라서 $\Delta x \to 0$이면 $\Delta t \to 0$임을 안다. 그러므로

$$\frac{dy}{dx} = \lim_{\Delta x \to 0} \frac{\Delta y}{\Delta x} = \lim_{\Delta t \to 0} \frac{\dfrac{y(t+\Delta t) - y(t)}{\Delta t}}{\dfrac{x(t+\Delta t) - x(t)}{\Delta t}} = \frac{\dfrac{dy}{dt}}{\dfrac{dx}{dt}} = \frac{g'(t)}{f'(t)}$$

이다. 이를 정리하면 다음과 같다.

매개변수함수의 미분

미분가능한 함수 $x = f(t)$, $y = g(t)$가 있을 때

$$\frac{dy}{dx} = \frac{\dfrac{dy}{dt}}{\dfrac{dx}{dt}} = \frac{g'(t)}{f'(t)}, \quad f'(t) = \frac{dx}{dt} \neq 0$$

EXAMPLE 10

곡선 C는 매개변수 방정식 $x=t^2$과 $y=t^3-3t$에 의하여 정의될 때, 이 곡선 C의 $\dfrac{dy}{dx}$를 구하여라.

매개변수함수의 미분에 의하여

$$\frac{dy}{dx}=\frac{\dfrac{dy}{dt}}{\dfrac{dx}{dt}}=\frac{3t^2-3}{2t}=\frac{3}{2}\left(t-\frac{1}{t}\right)$$

이다.

TEST

연습문제 3.3

1. 다음 함수의 도함수를 구하여라.

(1) $f(x)=3x-1$

(2) $f(x)=x^3+2x-4$

(3) $V(r)=\frac{4}{3}\pi r^3$

(4) $y=4\pi^2$

(5) $g(x)=x^2+\frac{1}{x}$

(6) $y=\sqrt{5x}$

2. $y=(x+1)(x^2+1)$의 도함수를 다음의 두 가지 방법으로 구하여라.

(1) 곱의 공식을 이용하여라.

(2) 곱을 먼저 수행한 후 도함수를 구하고 (1)과 비교하여라.

3. 다음 식을 미분하여라.

(1) $y=\frac{7x^2+3x+1}{\sqrt{x}}$

(2) $y=(x^3+2)(x^2-1)$

(3) $y=(x^2-1)(2x+1)(3x-2)$

(4) $y=3(2x-1)^4$

(5) $y=(x+3)^3(x-2)^2$

4. 다음 음함수에 대하여 $\frac{dy}{dx}$를 구하여라.

(1) $y^2=4x$

(2) $\frac{y}{x}+\frac{x}{y}=3$

(3) $(x-2)^2+(y+1)^2=5$

5. 역함수의 미분법을 활용하여 다음 함수들의 $\frac{dx}{dy}$를 구하여라.

(1) $x=\sqrt[3]{1+y}$

(2) $x=y\sqrt{1+y}$

(3) $y=\sqrt[4]{x^2+x}$

6. 다음 매개변수로 주어진 함수들에 대하여 $\dfrac{dy}{dx}$ 를 구하여라.

(1) $x=t-1,\ y=t^2-1$

(2) $x=\dfrac{1+t^2}{1-t^2},\quad y=\dfrac{2t}{1-t^2}$

7. 주어진 점에서 곡선의 접선의 방정식을 구하여라.

(1) $y=\dfrac{2x}{x+1},\ (1,1)$

(2) $y=x+\sqrt{x},\ (1,2)$

8. 곡선 $y=x^3-x^2-x+1$ 위의 점에서 그은 접선이 수평인 점을 구하여라.

9. $\displaystyle\lim_{x\to 1}\frac{x^{10}+x-2}{x-1}$ 의 값을 구하여라.

✔ Hint $f(x)=x^{10}+x$

10. $f(x)=x^3+2ax^2+4bx$에 대하여 $\displaystyle\lim_{x\to 1}\frac{f(x)-3}{x-1}=3$이 되도록 하는 상수 a, b의 값을 구하여라.

✔ Hint $\displaystyle\lim_{x\to 1}\frac{f(x)-f(1)}{x-1}=f'(1)$을 이용하라.

11. 역함수의 미분결과를 음함수의 미분법을 활용하여 증명하여라.

3.4 여러 가지 함수의 미분

3.4.1 삼각함수의 미분

이 절에서는 삼각함수의 도함수를 구한다. 다음의 극한은 사인함수의 도함수를 구할 때 사용되는 극한이다.

정리 3.14

$$\lim_{h\to 0}\frac{\sin h}{h}=1$$

증명 기하학적인 방법을 이용하여 증명한다. 먼저 $0<h<\frac{\pi}{2}$ 라고 하자. 그리고 그림 3.11에서와 같이 중심이 O, 중심각이 h, 반지름이 1인 부채꼴을 생각하자. $\overline{BC}$는 $\overline{OA}$에 직교한다. 그리고 $\overline{BC}=s$, $\overline{DA}=t$ 라 하자. 그러면 $\triangle OCB$에서 $\sin h=\frac{s}{1}=s$이고, $\triangle OAD$에서 $\tan h=\frac{t}{1}=t=\frac{\sin h}{\cos h}$임을 알 수 있다. 또한

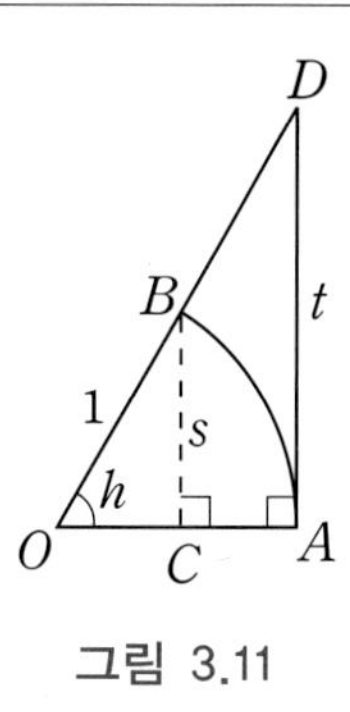

그림 3.11

$$\triangle OCB\text{의 면적}<\text{부채꼴 } OAB\text{의 면적}<\triangle OAD\text{의 면적}$$

임을 안다. $\triangle OCB$의 밑변 $\overline{OC}$는 $\cos h$이고 높이 $\overline{CB}$는 $\sin h=s$이다. $\triangle OAD$의 밑변 $\overline{OA}$는 1이고 높이 $\overline{AD}$는 $t=\frac{\sin h}{\cos h}$ 이다. 부채꼴 OAB의 면적은 원의 면적 π의 $\frac{h}{2\pi}$배이고, 따라서 $\frac{h}{2}$이다. 그러므로

$$\frac{1}{2}\cos h\sin h<\frac{1}{2}h<\frac{1}{2}\frac{\sin h}{\cos h}$$

즉

$$\cos h\sin h<h<\frac{\sin h}{\cos h}$$

이다. 먼저 부등식 $\cos h\sin h<h$ 에서 양변을 h로 나누고, 다시 $\cos h$로 나누면,

$$\frac{\sin h}{h}<\frac{1}{\cos h} \tag{3.5}$$

이 된다. 다음 부등식 $h < \dfrac{\sin h}{\cos h}$ 에서 $\cos h$를 양변에 곱하고, h로 나누면

$$\cos h < \frac{\sin h}{h} \tag{3.6}$$

가 된다. 식 (3.5)와 (3.6)에서

$$\cos h < \frac{\sin h}{h} < \frac{1}{\cos h}$$

이 되고, $h \to 0$이면 $\cos h \to 1$, $\dfrac{1}{\cos h} \to 1$이므로 Sandwich 정리에 의하여

$$\lim_{h \to 0} \frac{\sin h}{h} = 1$$

이다. $h \neq 0$일 때 $\dfrac{\sin(-h)}{-h} = \dfrac{\sin h}{h}$이 성립한다는 것으로부터

$$\lim_{h \to 0^-} \frac{\sin h}{h} = 1$$

임을 안다. 따라서 이로부터 원하는 결론을 얻는다.

■

삼각함수의 미분공식

(a) $\dfrac{d}{dx}\sin x = \cos x$　　(b) $\dfrac{d}{dx}\cos x = -\sin x$

(c) $\dfrac{d}{dx}\tan x = \sec^2 x$　　(d) $\dfrac{d}{dx}\cot x = -\csc^2 x$

(e) $\dfrac{d}{dx}\sec x = \sec x \tan x$　　(f) $\dfrac{d}{dx}\csc x = -\csc x \cot x$

증명 (a) 도함수의 정의에 의해서

$$\begin{aligned}\frac{d}{dx}\sin x &= \lim_{h \to 0}\frac{\sin(x+h) - \sin x}{h} \\ &= \lim_{h \to 0}\frac{\sin x \cos h + \cos x \sin h - \sin x}{h} \\ &= \lim_{h \to 0}\left[\sin x\left(\frac{\cos h - 1}{h}\right) + \cos x\left(\frac{\sin h}{h}\right)\right]\end{aligned}$$

이다. 위 극한에서 $h \to 0$일 때 x는 상수이므로

$$\lim_{h \to 0} \sin x = \sin x \text{이고} \ \lim_{h \to 0} \cos x = \cos x$$

이다. [정리 3.14]에 의해서 $\lim_{h \to 0} \frac{\sin h}{h} = 1$이고 극한값 $\lim_{h \to 0} \frac{\cos h - 1}{h}$은 다음과 같이 구할 수 있다.

$$\begin{aligned}
\lim_{h \to 0} \frac{\cos h - 1}{h} &= \lim_{h \to 0} \left[\frac{\cos h - 1}{h} \cdot \frac{\cos h + 1}{\cos h + 1} \right] \\
&= \lim_{h \to 0} \frac{\cos^2 h - 1}{h(\cos h + 1)} \\
&= \lim_{h \to 0} \frac{-\sin^2 h}{h(\cos h + 1)} \\
&= -\lim_{h \to 0} \frac{\sin h}{h} \cdot \frac{\sin h}{\cos h + 1} \\
&= -1 \cdot \left(\frac{0}{1+1} \right) = 0
\end{aligned}$$

이 두 극한값을 대입하면

$$\begin{aligned}
\frac{d}{dx} \sin x &= \lim_{h \to 0} \left[\sin x \left(\frac{\cos h - 1}{h} \right) + \cos x \left(\frac{\sin h}{h} \right) \right] \\
&= (\sin x) \cdot 0 + (\cos x) \cdot 1 \\
&= \cos x
\end{aligned}$$

가 된다.

(b) 공식 (a)의 증명과 같은 방법으로

$$\begin{aligned}
\frac{d}{dx} \cos x &= \lim_{h \to 0} \frac{\cos(x+h) - \cos x}{h} \\
&= \lim_{h \to 0} \frac{\cos x \cos h - \sin x \sin h - \cos x}{h} \\
&= \lim_{h \to 0} \left[\cos x \left(\frac{\cos h - 1}{h} \right) - \sin x \left(\frac{\sin h}{h} \right) \right] \\
&= -\sin x
\end{aligned}$$

(c) 3.3절의 공식 (g)와 위의 공식 (a), (b)에 의하여

$$\frac{d}{dx} \tan x = \frac{d}{dx} \left(\frac{\sin x}{\cos x} \right)$$

$$= \frac{(\sin x)'\cos x - \sin x(\cos x)'}{\cos^2 x}$$

$$= \frac{\cos^2 x + \sin^2 x}{\cos^2 x}$$

$$= \frac{1}{\cos^2 x}$$

$$= \sec^2 x$$

(d) 공식 (c)와 같은 방법으로

$$\frac{d}{dx}\cot x = \frac{d}{dx}\left(\frac{\cos x}{\sin x}\right)$$

$$= \frac{(\cos x)'\sin x - \cos x(\sin x)'}{\sin^2 x}$$

$$= \frac{-(\sin^2 x + \cos^2 x)}{\sin^2 x}$$

$$= -\frac{1}{\sin^2 x}$$

$$= -\csc^2 x$$

(e) $\frac{d}{dx}\sec x = \frac{d}{dx}\left(\frac{1}{\cos x}\right) = \frac{\sin x}{\cos^2 x} = \sec x \tan x$

(f) $\frac{d}{dx}\csc x = \frac{d}{dx}\left(\frac{1}{\sin x}\right) = \frac{-\cos x}{\sin^2 x} = -\csc x \cot x$

EXAMPLE 1

다음 극한값을 구하여라.

(1) $\lim_{x \to 0}\frac{\tan x}{x}$

(2) $\lim_{x \to 0}\frac{1-\cos x}{x^2}$

풀이

(1) $\lim_{x \to 0}\frac{\tan x}{x} = \lim_{x \to 0}\frac{\sin x}{x}\lim_{x \to 0}\frac{1}{\cos x} = 1$

(2) $\lim_{x \to 0}\frac{1-\cos x}{x^2} = \lim_{x \to 0}\frac{1-\cos^2 x}{x^2(1+\cos x)}$

$$= \lim_{x \to 0}\left(\frac{\sin x}{x}\right)^2 \lim_{x \to 0}\frac{1}{1+\cos x} = \frac{1}{2}$$

EXAMPLE 2

$y = x^2 \sin x$의 도함수를 구하여라.

풀이

$$\frac{dy}{dx} = x^2 \frac{d}{dx} \sin x + \sin x \frac{d}{dx}(x^2) = x^2 \cos x + 2x \sin x$$

■

EXAMPLE 3

다음 함수를 미분하여라.

(1) $f(x) = x - 3\sin x$

(2) $y = \sin x + \cos x$

(3) $f(x) = \dfrac{\sec x}{1 + \tan x}$

(4) $y = x \csc x - \cot x$

풀이

(1) $f'(x) = 1 - 3\cos x$

(2) $\dfrac{dy}{dx} = \cos x - \sin x$

(3) 몫의 공식과 등식 $\tan^2 x + 1 = \sec^2 x$를 이용하면

$$\begin{aligned} f'(x) &= \frac{(1+\tan x)(\sec x)' - (1+\tan x)' \sec x}{(1+\tan x)^2} \\ &= \frac{\sec x(\tan x + \tan^2 x - \sec^2 x)}{(1+\tan x)^2} \\ &= \frac{\sec x[\tan x - 1]}{(1+\tan x)^2} \qquad (\because \tan^2 x + 1 = \sec^2 x) \end{aligned}$$

이다.

(4) $\dfrac{dy}{dx} = \csc x(1 - x\cot x + \csc x)$

■

3.4.2 역삼각함수의 미분

모든 삼각함수는 정의역에서 일대일 대응이 아니므로 역함수가 없다. 그러나 이들 함수의 정의역을 제한함으로써 일대일 대응이 되게 할 수 있다.

역삼각함수의 정의역과 치역

(a) $y=\sin^{-1}x\left(\text{정의역 : } -1\leq x\leq 1,\ \text{치역 : } -\frac{\pi}{2}\leq y\leq \frac{\pi}{2}\right)$

(b) $y=\cos^{-1}x\ (\text{정의역 : } -1\leq x\leq 1,\ \text{치역 : } 0\leq y\leq \pi)$

(c) $y=\tan^{-1}x\left(\text{정의역 : } -\infty< x< \infty,\ \text{치역 : } -\frac{\pi}{2}< y< \frac{\pi}{2}\right)$

(d) $y=\cot^{-1}x\ \left(\text{정의역 : } -\infty< x< \infty,\ \text{치역 : } 0< y< \pi\right)$

(e) $y=\sec^{-1}x\ \left(\text{정의역 : } |x|>1,\ \text{치역 : } 0< y< \pi,\ y\neq \frac{\pi}{2}\right)$

(f) $y=\csc^{-1}x\ \left(\text{정의역 : } |x|>1,\ \text{치역 : } -\frac{\pi}{2}< y< \frac{\pi}{2},\ y\neq 0\right)$

증명

(a) $y=\sin x$ 는 $-\frac{\pi}{2}\leq x\leq \frac{\pi}{2}$에서 일대일 함수이다[그림 3.13(a)]. 이와 같이 제한된 구간에서 $\sin x$의 역함수는 존재하며 $\sin^{-1}x$ 나 $\arcsin x$로 표기한다. 따라서 $y=\sin^{-1}x$ 는 그림 3.12(b)에서와 같이 정의역이 $-1\leq x\leq 1$이고, 치역을 $-\frac{\pi}{2}\leq y\leq \frac{\pi}{2}$로 갖는 함수이다.

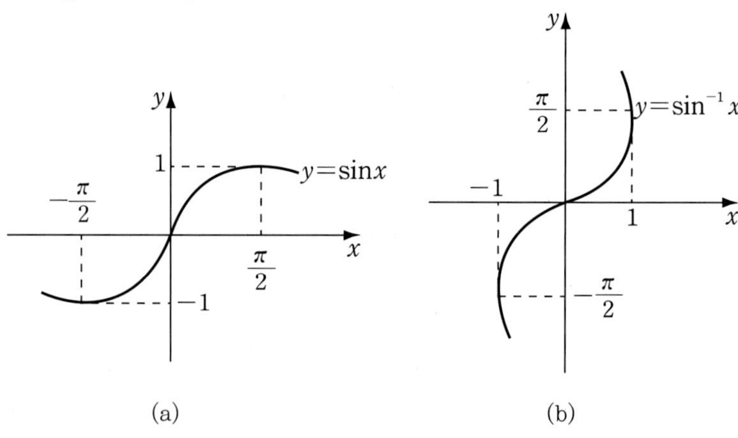

그림 3.12

(b) $y=\cos x$는 그림 3.13(a)와 같이 $0 \leqq y \leqq \pi$ 에서 일대일 함수가 되고 그림 3.13(b)와 같은 역함수 $y=\cos^{-1} x$ 가 존재한다. 따라서 $y=\cos^{-1}x$의 정의역은 $-1 \leqq x \leqq 1$ 이고, 치역은 $0 \leqq y \leqq \pi$이다.

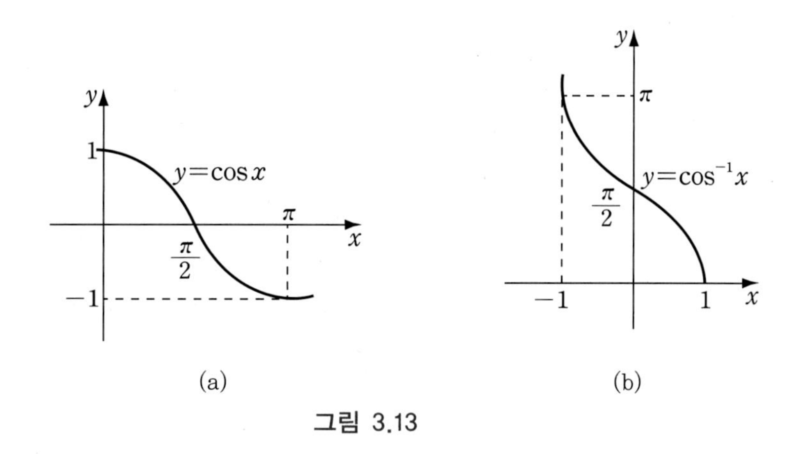

그림 3.13

(c) $y=\tan x$는 $-\frac{\pi}{2} < x < \frac{\pi}{2}$에서 그림 3.14(a)와 같이 일대일 함수가 되고, 그림 3.14(b)와 같은 역함수 $y=\tan^{-1}x$가 존재한다. 따라서 $y=\tan^{-1}x$의 정의역은 $-\infty < x < \infty$이고, 치역은 $-\frac{\pi}{2} < y < \frac{\pi}{2}$이다.

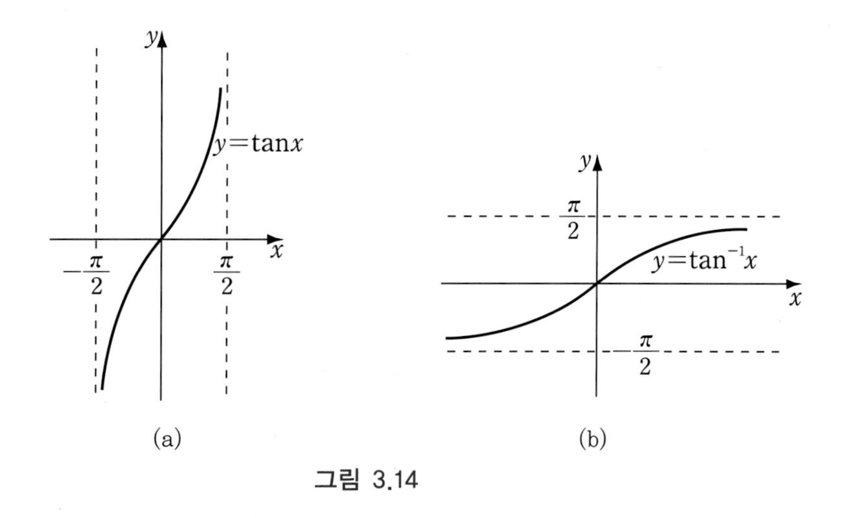

그림 3.14

(d) $y=\cot x$는 $0 < x < \pi$에서 그림 3.15(a)와 같이 일대일 함수가 되고, 그림 3.15(b)와 같은 역함수 $y=\cot^{-1}x$가 존재한다. 따라서 $y=\cot^{-1}x$의 정의역은 $-\infty < x < \infty$이고, 치역은 $0 < y < \pi$이다.

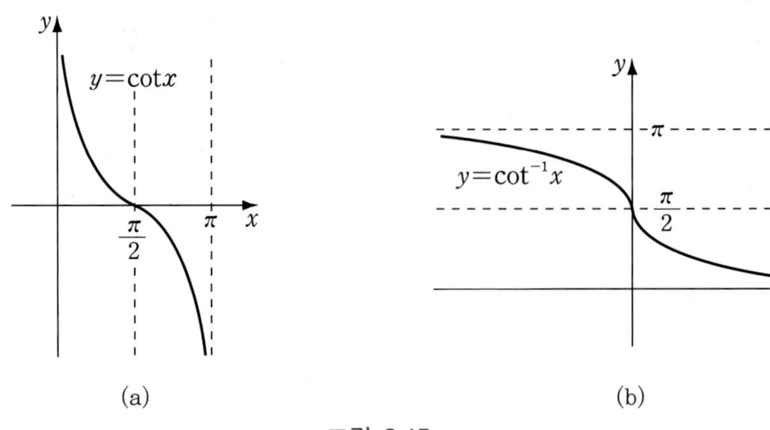

(a) (b)

그림 3.15

(e) $y=\sec x$는 $0<x<\pi$, $x \neq \frac{\pi}{2}$에서 그림 3.16(a)와 같이 일대일 함수가 되고, 그림 3.16(b)와 같은 역함수 $y=\sec^{-1}x$가 존재한다. 따라서 $y=\sec^{-1}x$의 정의역은 $|x|>1$이고, 치역은 $0<y<\pi$, $y \neq \frac{\pi}{2}$이다.

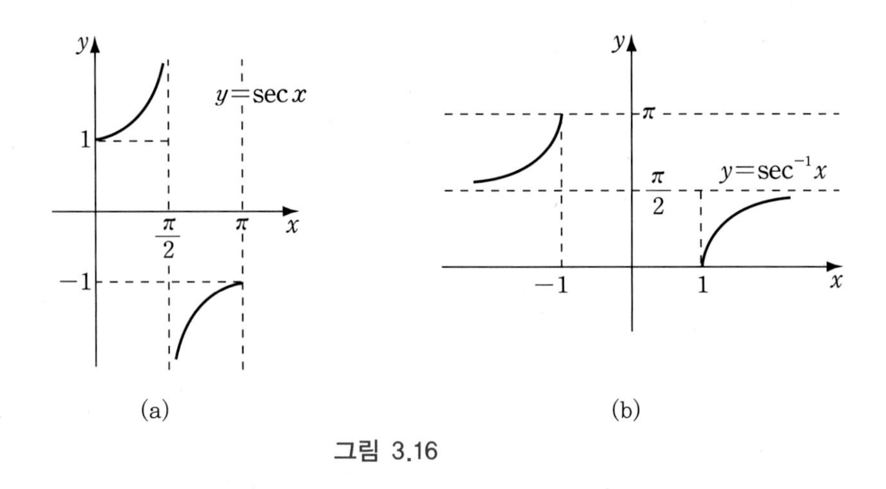

(a) (b)

그림 3.16

(f) $y=\csc x$는 $-\frac{\pi}{2}<x<\frac{\pi}{2}$, $x \neq 0$에서 그림 3.17(a)와 같이 일대일 함수가 되고, 그림 3.17(b)와 같은 역함수 $y=\csc^{-1}x$가 존재한다. 따라서 $y=\csc^{-1}x$의 정의역은 $|x|>1$ 이고, 치역은 $-\frac{\pi}{2}<y<\frac{\pi}{2}$, $y \neq 0$이다.

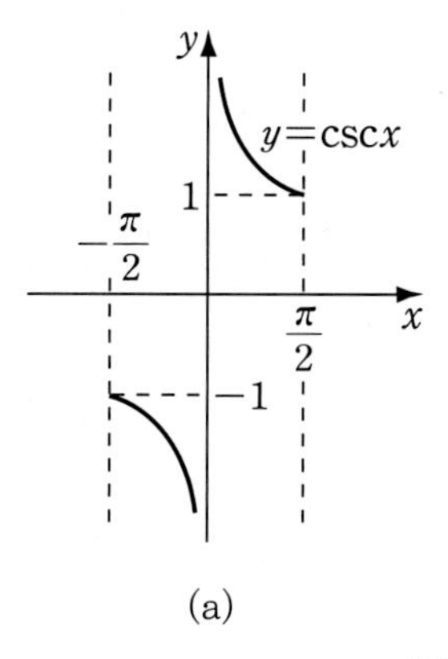

(a)

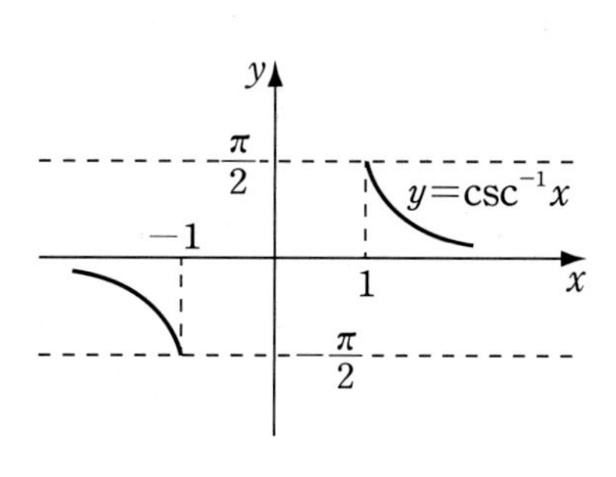

(b)

그림 3.17

EXAMPLE 4

다음 값들을 확인하여라.

(1) $\sin^{-1}(-1) = -\dfrac{\pi}{2}$

(2) $\sin^{-1}\left(\dfrac{1}{\sqrt{2}}\right) = \dfrac{\pi}{4}$

(3) $\sin^{-1}\left(-\dfrac{\sqrt{3}}{2}\right) = -\dfrac{\pi}{3}$

(4) $\tan\left(\sin^{-1}\left(\dfrac{1}{2}\right)\right) = \dfrac{1}{\sqrt{3}}$

EXAMPLE 5

다음 값들을 확인하여라.

(1) $\cos^{-1}\left(\dfrac{\sqrt{3}}{2}\right) = \dfrac{\pi}{6}$

(2) $\cos^{-1}\left(-\dfrac{\sqrt{3}}{2}\right) = \dfrac{5\pi}{6}$

(3) $\cos^{-1}\left(-\dfrac{1}{\sqrt{2}}\right) = \dfrac{3\pi}{4}$

(4) $\cos^{-1}\left(\dfrac{1}{2}\right) = \dfrac{\pi}{3}$

EXAMPLE 6

다음 값들을 확인하여라.

(1) $\tan^{-1}(-\sqrt{3}) = -\dfrac{\pi}{3}$

(2) $\tan^{-1}(-1) = -\dfrac{\pi}{4}$

(3) $\tan^{-1}\left(\dfrac{1}{\sqrt{3}}\right) = \dfrac{\pi}{6}$

(4) $\tan^{-1}(\sqrt{3}) = \dfrac{\pi}{3}$

이제는 위에서 정의한 역삼각함수들에 대한 도함수를 구하여 보자.

역삼각함수의 미분공식

(a) $\dfrac{d}{dx}(\sin^{-1}x)=\dfrac{1}{\sqrt{1-x^2}} \quad (-1< x< 1)$

(b) $\dfrac{d}{dx}(\cos^{-1}x)=-\dfrac{1}{\sqrt{1-x^2}} \quad (-1< x< 1)$

(c) $\dfrac{d}{dx}(\tan^{-1}x)=\dfrac{1}{1+x^2} \quad (-\infty< x< \infty)$

(d) $\dfrac{d}{dx}(\cot^{-1}x)=-\dfrac{1}{1+x^2}$

(e) $\dfrac{d}{dx}(\sec^{-1}x)=\dfrac{1}{|x|\sqrt{x^2-1}} \quad (|x|>1)$

(f) $\dfrac{d}{dx}(\csc^{-1}x)=-\dfrac{1}{|x|\sqrt{x^2-1}}$

증명 (a) $y=\sin^{-1}x\left(-1\leqq x\leqq 1,\ -\dfrac{\pi}{2}\leqq y\leqq \dfrac{\pi}{2}\right)$는 $\sin y=x$ 이고, 이 식의 양변을 y 에 관하여 미분하면,

$$\frac{dx}{dy}=\cos y$$

이다. 따라서 3.3절의 역함수 미분공식에 의하여

$$\frac{dy}{dx}=\frac{1}{\dfrac{dx}{dy}}=\frac{1}{\cos y}$$

이 된다. $-\dfrac{\pi}{2}\leqq y\leqq \dfrac{\pi}{2}$ 에서 $\cos y\geqq 0$이고,

$$\cos y=\sqrt{1-\sin^2 y}=\sqrt{1-x^2}$$

이므로

$$\frac{d}{dx}\sin^{-1}x=\frac{1}{\sqrt{1-x^2}}$$

이다.

(b) $y=\cos^{-1}x\ (-1 \leqq x \leqq 1,\ 0 \leqq y \leqq \pi)$는 $\cos y = x$ 이고, 이 식의 양변을 y 에 관하여 미분하자. 즉

$$\frac{dx}{dy} = -\sin y$$

이다. 그런데 $0 \leqq y \leqq \pi$ 이므로 $\sin y \geqq 0$이고

$$\sin y = \sqrt{1-\cos^2 y} = \sqrt{1-x^2}\ ,$$

$$\frac{dy}{dx} = \frac{1}{\frac{dx}{dy}} = -\frac{1}{\sin y} = -\frac{1}{\sqrt{1-x^2}}$$

이다. 그러므로

$$\frac{d}{dx}(\cos^{-1} x) = -\frac{1}{\sqrt{1-x^2}}$$

이다.

(c) $y=\tan^{-1}x\left(-\infty < x < \infty,\ -\frac{\pi}{2} < y < \frac{\pi}{2}\right)$도 위에서와 같은 방법을 적용하면, $\tan y = x$ 이므로

$$\frac{dy}{dx} = \frac{1}{\frac{dx}{dy}} = \frac{1}{\sec^2 y} = \frac{1}{1+\tan^2 y} = \frac{1}{1+x^2}$$

이다. 따라서 $\frac{d}{dx}(\tan^{-1} x) = \frac{1}{1+x^2}$을 얻는다.

(d) $y=\cot^{-1}x\ (-\infty < x < \infty,\ 0 < y < \pi)$는 $\cot y = x$이므로

$$\frac{dy}{dx} = \frac{1}{\frac{dx}{dy}} = -\frac{1}{\csc^2 y} = -\frac{1}{1+\cot^2 y} = -\frac{1}{1+x^2}$$

이다. 따라서 $\frac{d}{dx}(\cot^{-1}x) = -\frac{1}{1+x^2}$ 이 된다.

(e) $y=\sec^{-1}x\left(|x|>1,\ 0 < y < \pi,\ y \neq \frac{\pi}{2}\right)$는 $\sec y = x$이므로

$$\frac{dx}{dy} = \sec y\ \tan y$$

이다. $\tan y \neq 0$ 이므로 여기에서 정의된 y 값에 대해 $|\sec y| \geqq 1$이고 따라서

$$\frac{dy}{dx} = \frac{1}{\frac{dx}{dy}} = \frac{1}{\sec y \tan y}$$

을 얻는다. 이때 $\sec y = x$, $\tan y = \pm\sqrt{\sec^2 y - 1} = \pm\sqrt{x^2-1}$ 을 대입하면

$$\frac{dy}{dx} = \frac{1}{x(\pm\sqrt{x^2-1})}$$

이다. 부호는 $\tan y$ 의 부호에 의해 결정된다. 따라서

$$\frac{dy}{dx} = \begin{cases} \dfrac{1}{x\sqrt{x^2-1}}, & x > 1 \\ \dfrac{1}{-x\sqrt{x^2-1}}, & x < -1 \end{cases}$$

이다. 즉,

$$\frac{d}{dx}(\sec^{-1} x) = \frac{1}{|x|\sqrt{x^2-1}}$$

이다.

(f) $y = \csc^{-1} x\left(|x| > 1,\ -\frac{\pi}{2} < y < \frac{\pi}{2},\ y \neq 0\right)$도 공식 (e)와 같은 방법을 적용하면, $\csc y = x$ 에서

$$\frac{dx}{dy} = -\csc y \cot y$$

이므로

$$\frac{dy}{dx} = \frac{1}{\frac{dx}{dy}} = -\frac{1}{\csc y \cot y} = -\frac{1}{|x|\sqrt{x^2-1}}$$

을 얻는다.

■

EXAMPLE 7

다음을 미분하여라.

(1) $y=\dfrac{1}{\sin^{-1}x}$

(2) $y=x\tan^{-1}\sqrt{x}$

(3) $y=\cos^{-1}(\sin x)$

(4) $y=\sec^{-1}(\sqrt{1+x^2})\ (x>0)$

풀이

(1) $$\frac{dy}{dx}=\frac{-1}{(\sin^{-1}x)^2}\frac{d}{dx}(\sin^{-1}x)=-\frac{1}{(\sin^{-1}x)^2\sqrt{1-x^2}}$$

(2) $$\begin{aligned}\frac{dy}{dx}&=\tan^{-1}\sqrt{x}+x\frac{d}{dx}(\tan^{-1}\sqrt{x})\\&=\tan^{-1}\sqrt{x}+x\left\{\frac{1}{1+(\sqrt{x})^2}\cdot\frac{d}{dx}(\sqrt{x})\right\}\\&=\tan^{-1}\sqrt{x}+\frac{\sqrt{x}}{2(1+x)}\end{aligned}$$

(3) $$\frac{dy}{dx}=-\frac{1}{\sqrt{1-\sin^2x}}\frac{d}{dx}(\sin x)=-\frac{1}{\cos x}(\cos x)=-1$$

(4) $$\begin{aligned}\frac{dy}{dx}&=\frac{1}{\sqrt{1+x^2}\sqrt{1+x^2-1}}\frac{d}{dx}(\sqrt{1+x^2})\\&=\frac{1}{|x|\sqrt{1+x^2}}\left(\frac{2x}{2\sqrt{1+x^2}}\right)=\frac{1}{1+x^2}\quad(\because x>0)\end{aligned}$$

■

3.4.3 지수함수와 로그함수의 미분

일반적인 지수함수와 로그함수를 알아보자. $a>0$일 때, $f(x)=a^x$는 밑수 a를 갖는 **지수함수**라고 한다. a^x는 모든 x에 대하여 양수임을 주의하자. 지수함수 a^x에 대한 지수법칙은 다음과 같다.

지수의 법칙

x, y는 실수이고 $a, b>0$이면

(a) $a^{x+y}=a^x a^y$

(b) $a^{x-y}=\dfrac{a^x}{a^y}$

(c) $(a^x)^y=a^{xy}$

(d) $(ab)^x=a^x b^x$

지수함수의 그래프는 $a>1$이면 $y=a^x$는 증가함수이고 $0<a<1$이면 $y=a^x$는 감소함수이다[그림 3.18].

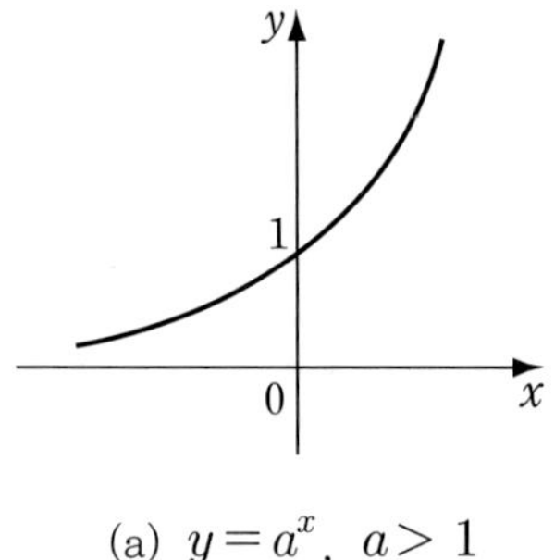

(a) $y=a^x$, $a>1$

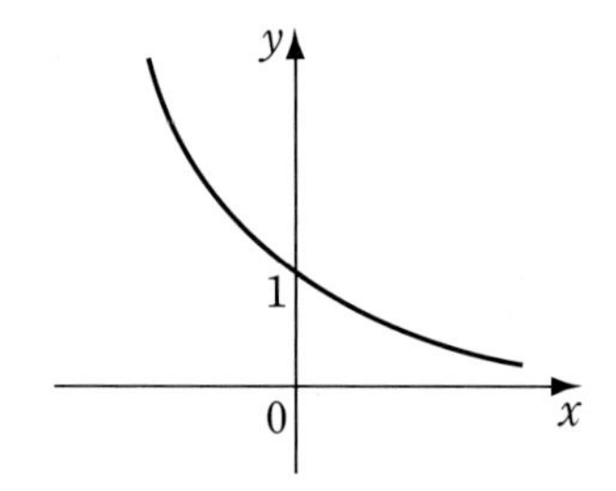

(b) $y=a^x$, $0<a<1$

그림 3.18

이제 $a>0$이고 $a\neq 1$이면 지수함수 $y=a^x$는 일대일 함수이다. 따라서 역함수를 가지며 그 역함수를 밑수가 a인 **로그함수**라 부르고 $\log_a$로 표기한다. 따라서

$$\log_a x=y \iff a^y=x$$

이다. 특히, 밑이 e인 로그를 자연로그라 하며 $\log_e x=\ln x$이다. 여기서 e는 무리수인 $2.71828\cdots$의 값을 갖는 상수이다. 역함수 관계에 있는 두 함수 $\log_a x$와 a^x에 대하여 $a^{\log_a x}=x$와 $\log_a a^x=x$가 성립하며 그림은 $a>1$인 경우 두 함수 $y=x$에 대하여 대칭임을 보여준다. 또한 로그법칙은 지수법칙으로 얻어질 수 있다. 다음 식은 임의의 밑수를 갖는 로그함수를 자연로그함수로 표현할 수 있음을 보여준다.

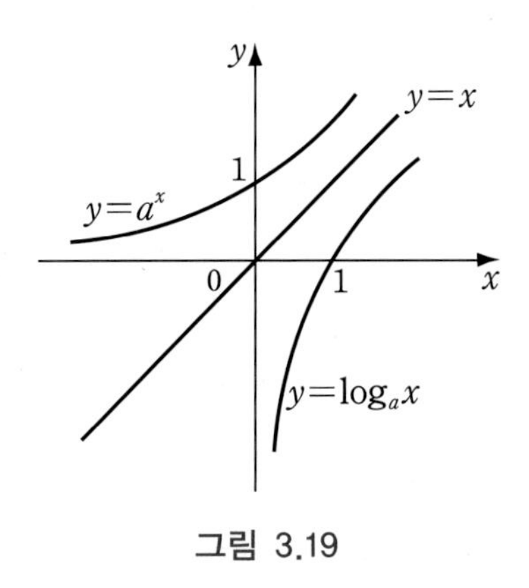

그림 3.19

임의의 양수 $a\,(a\neq 1)$에 대하여

$$\log_a x = \frac{\ln x}{\ln a}$$

가 성립한다.

지수와 로그함수의 미분을 이해하기 위해서는 다음의 정리가 필요하며 증명은 본 교재 수준을 벗어나므로 여기서는 생략한다.

정리 3.15

$$\lim_{x\to\pm\infty}\left(1+\frac{1}{x}\right)^x = e \quad \text{또는} \quad \lim_{x\to 0}(1+x)^{\frac{1}{x}} = e$$

[정리 3.15]를 이용한 다음 예제도 지수·로그함수의 미분에 필요하다.

EXAMPLE 8

다음 식을 증명하여라. $(a>0)$

(1) $\displaystyle\lim_{x\to 0}\frac{\log_a(1+x)}{x}=\log_a e$

(2) $\displaystyle\lim_{x\to 0}\frac{\ln(1+x)}{x}=1$

(3) $\displaystyle\lim_{x\to 0}\frac{a^x-1}{x}=\ln a$

(4) $\displaystyle\lim_{x\to 0}\frac{e^x-1}{x}=1$

풀이

(1) $a > 0$ 이라 하자. 그러면 [정리 3.15]에 의하여

$$\begin{aligned}\lim_{x\to 0}\frac{\log_a(1+x)}{x} &= \lim_{x\to 0}\log_a(1+x)^{\frac{1}{x}}\\ &= \log_a\left\{\lim_{x\to 0}(1+x)^{\frac{1}{x}}\right\}\\ &= \log_a e\end{aligned}$$

이다.

(2) (1)에서 밑이 $a=e$인 경우이므로

$$\lim_{x\to 0}\frac{\ln(1+x)}{x} = \ln e = 1$$

이다.

(3) $a^x - 1 = h$라 놓으면 $a^x = h+1$이고, 따라서 $x = \log_a(h+1)$이다. 이때 $x\to 0$일 때, $h\to 0$ 이다. 그러므로

$$\lim_{x\to 0}\frac{a^x-1}{x} = \lim_{h\to 0}\frac{h}{\log_a(h+1)} = \frac{1}{\lim_{h\to 0}\frac{\log_a(h+1)}{h}}$$

(1)에 의하여 $\lim_{h\to 0}\frac{\log_a(1+h)}{h} = \log_a e$ 이다. 그러므로

$$\lim_{x\to 0}\frac{a^x-1}{x} = \frac{1}{\log_a e} = \ln a$$

가 된다.

(4) (3)에서 밑이 $a=e$인 경우이므로

$$\lim_{x\to 0}\frac{e^x-1}{x} = \ln e = 1$$

이다.

지수 · 로그함수의 미분공식

(a) $\frac{d}{dx}(e^x) = e^x$

(b) $\frac{d}{dx}(\ln|x|) = \frac{1}{x}$

(c) $\frac{d}{dx}(a^x) = a^x \ln a \ (a > 0,\ a \neq 1)$

(d) $\frac{d}{dx}(\log_a x) = \frac{1}{x \ln a}$

증명

(a) $\frac{d}{dx}(e^x) = \lim_{h \to 0} \frac{e^{x+h} - e^x}{h} = e^x \lim_{h \to 0} \frac{e^h - 1}{h}$

예제 8의 (4)에 의하여 $\lim_{h \to 0} \frac{e^h - 1}{h} = 1$이므로 $\frac{d}{dx}(e^x) = e^x$ 이다.

(b) (i) $x > 0$일 때 $y = \ln x$

$$\frac{d}{dx}(\ln x) = \lim_{h \to 0} \frac{\ln(x+h) - \ln x}{h} = \lim_{h \to 0} \frac{\ln\left(\frac{x+h}{x}\right)}{h}$$

$$= \frac{1}{x} \lim_{h \to 0} \frac{\ln\left(1 + \frac{h}{x}\right)}{\frac{h}{x}}$$

예제 8의 (2)에 의하여

$$\lim_{h \to 0} \frac{\ln\left(1 + \frac{h}{x}\right)}{\frac{h}{x}} = 1$$

이므로

$$\frac{d}{dx}(\ln x) = \frac{1}{x}$$

이다.

(ii) $x < 0$일 때 $x = -z \ (z > 0)$ 이라 놓으면 $y = \ln(-x) = \ln z$이다. 따라서 (i)에 의하여

$$\frac{dy}{dx} = \frac{dy}{dz}\frac{dz}{dx} = \frac{1}{z}(-1) = \frac{1}{x}$$

이다.

(c) $y = a^x$ 의 양변에 자연로그를 취하면,

$$\ln y = x \ln a$$

이고, 위 식의 양변을 x에 관하여 미분하면,

$$\frac{1}{y}\frac{dy}{dx} = \ln a$$

이다. 따라서

$$\frac{dy}{dx} = y \ln a = a^x \ln a$$

이다.

(d) $y = \log_a x = \dfrac{\ln x}{\ln a}$ 이므로

$$\frac{dy}{dx} = \frac{1}{\ln a} \cdot \frac{1}{x} = \frac{1}{x \ln a}$$

이다.

EXAMPLE 9

다음을 미분하여라.

(1) $y = e^{5x}$

(2) $y = 10^{2x}$

(3) $y = \ln(\sin x)$

(4) $y = \log_3 \dfrac{x}{3}$

(1) $5x = u$라 하면 $y = e^u$이고, 공식 (a)와 연쇄법칙에 의하여

$$y' = e^u \cdot u' = e^{5x} \cdot 5 = 5e^{5x}$$

(2) $2x = u$라 하면 $y = 10^u$이고, 공식 (b)와 연쇄법칙에 의하여

$$y' = 10^u \ln 10 \cdot u' = 10^{2x} \cdot \ln 10 \cdot 2 = 2 \cdot \ln 10 \cdot 10^{2x}$$

(3) $\sin x = u$라 하면 $y = \ln u$이고, 공식 (c)와 연쇄법칙에 의하여

$$y' = \frac{1}{u} \cdot u' = \frac{1}{\sin x} \cdot \cos x = \cot x$$

(4) $\frac{x}{3} = u$라 하면 $y = \log_3 u$이고 공식 (d)와 연쇄법칙에 의하여

$$y' = \frac{1}{u \ln 3} \cdot u' = \frac{1}{\frac{x}{3} \cdot \ln 3} \cdot \frac{1}{3} = \frac{1}{x \ln 3}$$

■

쉬어가기

네이피어의 초능력

네이피어(Napier, J., 1550~1617, 영국)는 귀족 출신으로 열렬한 신교도였으며 예언에 관한 저술도 했다. 그는 복잡한 계산을 간단하게 하기 위하여 20년의 연구 결과 로그를 발견하였다. 1614년 "놀라운 로그법칙의 기술"로 로그의 성질을 밝혔으며, 1616년에는 브리그스와 함께 상용로그표를 만들기 시작하였으나, 완성시키지 못하고 죽어 브리그스가 완성하였다. 그가 생전에 기르던 닭들은 하인들의 비밀을 알아내는 기이한 능력이 있었다고 한다. 그러나 사실은 그의 창의적인 생각에서 나온 것이다. 한 예로, 하인들 중에 있는 도둑을 잡기 위해 네이피어는 하인들에게 깜깜한 닭장에 들어가서 닭의 등을 두드리라고 명령했다. 그러면 닭들이 누가 도둑인지를 알려줄 것이라고 말했다. 그러나 사실은 닭들의 등에 까만 물감을 칠해 놓았던 것이다. 도둑이 아닌 하인들은 닭의 등을 두드리겠지만, 도둑은 두려워서 닭의 등을 두드리지 못할 것이라는 점을 이용한 것이다.

_이정례, ≪수학의 오솔길≫ 중에서

3.4.4 고계도함수

f가 미분가능한 함수이면 도함수 f'도 역시 미분 가능한 함수이고, 따라서 f'은 그 자신의 도함수 $(f')'=f''$을 가질 수도 있을 것이다. 이 새로운 함수 f''은 f의 도함수의 도함수이고, 따라서 이것을 f의 **이계도함수**라고 한다. 기호로는

$$f''(x),\ y'',\ \frac{d^2}{dx^2}f(x),\ \frac{d^2y}{dx^2}$$

등으로 쓴다.

EXAMPLE 10

함수 $y=x^3-3x^2+5x$의 이계도함수를 구하여라.

풀이 $y'=3x^2-6x+5$이므로 $y''=6x-6$이다.

■

일반적으로 이계도함수는 변화율의 변화율로 설명된다. 이것에 대한 예는 가속도이다. $s=s(t)$를 직선 위에서 움직이는 물체의 위치함수라 하면, 일계도함수는 시간의 함수로서 물체의 속도를 나타낸다. 즉

$$v(t)=s'(t)=\frac{ds}{dt}$$

이다. 시간에 관한 속도의 순간변화율을 물체의 가속도라 한다. 따라서 가속도는 속도함수의 도함수이고, 위치함수의 이계도함수이다. 삼계도함수 f'''은 이계도함수의 도함수이다. 즉, $f'''=(f'')'$이다. $f'''(x)$는 곡선 $y=f''(x)$의 기울기 또는 $f''(x)$의 변화율이 된다. 기호로는

$$y''',\quad \frac{d^3}{dx^3}f(x),\quad \frac{d^3y}{dx^3}$$

등으로 나타낸다. 이러한 미분과정은 계속될 수 있으며, 일반적으로 **n계도함수**는 $f^{(n)}(x)$로 나타내고 이것은 n번 미분함을 의미한다. $y=f(x)$의 n계도함수는 기호로

$$y^{(n)},\quad \frac{d^n}{dx^n}f(x),\quad \frac{d^ny}{dx^n},\quad f^{(n)}(x)$$

로 쓴다.

TEST

연습문제 3.4

※ 1.~12. 다음 함수의 도함수를 구하여라.

1. $y=\dfrac{1+\sin x}{\cos x}$

2. $f(x)=\sin(\sqrt{x}+1)$

3. $g(t)=2\sin t\tan t$

4. $h(\theta)=\theta\csc\theta-\cot\theta$

5. $y=\cos 2x+\sin 3x$

6. $y=\dfrac{1}{\sin^{-1}x}$

7. $y=x\tan^{-1}\sqrt{x}$

8. $y=\cos^{-1}(\sin x)$

9. $y=\ln(e^{x}+e^{-x})$

10. $y=e^{4x-2}$

11. $y=a^{\sin x}$

12. $y=\ln|\tan x+\sec x|$

※ 13.~15. 다음 함수들의 일계도함수와 이계도함수를 구하여라.

13. $y=x^3+5x^2-2$

14. $y=e^{3x}\cos x$

15. $y=\sqrt{x^2+1}$

16. 함수 $y=e^{x}+2e^{-x}$가 모든 실수 x에 대하여 방정식 $y''+ay'+by=0$을 만족할 때, 상수 a, b의 값을 구하여라.

17. 함수 $f(x)=\ln(x^2+2)$일 때, $\lim_{h\to 0}\dfrac{f'(2+h)-f'(2)}{h}$의 값을 구하여라.

CHAPTER

04

미분법의 응용

우리가 앞에서 배운 미분은 모든 과학 분야에서 널리 사용되고 있고, 사회과학의 여러 분야에서도 활용되고 있다. 경제학에서 탄력성, 한계비용 등을 구할 때, 그리고 심리학에서 학습곡선의 연구 시 시간이 지남에 따른 성취비율을 구할 때 미분을 사용하고 있다. 뿐만 아니라 수학과 관계가 멀 것 같은 사회학에서도 미분이 많이 사용되고 있다. 한 가지 예로 사회학에서 유언비어의 퍼짐을 연구할 때, 시각 t 까지의 유언비어를 알고 있는 사람의 비율을 $f(t)$라 하면 $f(t)$의 $t=a$에서의 미분계수 $f'(a)$는 곡선 $y=f(t)$의 $t=a$에서의 접선의 기울기이고, 이것은 시각 $t=a$에서의 유언비어가 퍼지는 속도를 나타내게 된다.

유언비어의 속도 $f'(t)$가 무척 빠름을 나타내는 속담과 여러 가지 고사성어들이 있는데, 그 중 공자 시대에 만들어진 「일언기출(一言旣出) 사마난추(駟馬難追): 입에서 나온 말은 네 마리의 말이 끄는 마차도 따르기가 힘들다.」라는 말이 있다. 이 말은 우리 속담의 '발 없는 말이 천리를 간다'라는 것과 같은 의미를 지닌 것이다.

이제 미분가능 함수들이 갖는 미분의 중요한 성질들을 이해하고, 그러한 이론에 근거한 다양한 응용을 살펴보도록 한다.

4.1 평균값의 정리

이 절의 중심 내용인 평균값의 정리를 학습하기 전에 다음의 정리가 필요하다.

정리 4.1 Rolle의 정리

함수 $f(x)$가 닫힌 구간 $[a, b]$에서 연속이고 열린 구간 (a, b)에서 미분가능할 때, $f(a) = f(b)$이면

$$f'(c) = 0$$

인 점 c가 열린 구간 (a, b) 내에 적어도 하나 존재한다.

증명

(1) 함수 $f(x) = k$ (k는 임의의 상수)인 경우 $f'(x) = 0$이므로 c는 (a, b) 내의 임의의 점으로 택해질 수 있다.

(2) 함수 $f(x)$가 상수함수가 아닌 경우에는 $f(a) = f(b)$이므로 함수 $f(x)$는 양 끝점 a, b가 아닌 점에서 최댓값 또는 최솟값을 갖는다. 함수 $f(x)$가 $x = c (a < c < b)$에서 최댓값을 갖는다고 하자. 이때 충분히 0에 가까운 모든 Δx에 대하여 $f(c)$가 최댓값이므로

$$f(c + \Delta x) \leq f(c)$$

이다. 즉,

$$f(c + \Delta x) - f(c) \leq 0$$

이다. 따라서 $\Delta x > 0$이면

$$\frac{f(c + \Delta x) - f(c)}{\Delta x} \leq 0 \tag{4.1}$$

$\Delta x < 0$이면

$$\frac{f(c + \Delta x) - f(c)}{\Delta x} \geq 0 \tag{4.2}$$

한편, $f(x)$는 $x = c$에서 미분가능하므로 좌극한값과 우극한값이 같다.

즉, 식 (4.1)과 (4.2)에서

$$\lim_{\Delta x \to 0^+} \frac{f(c+\Delta x)-f(c)}{\Delta x} = f'(c) \leqq 0 \tag{4.3}$$

$$\lim_{\Delta x \to 0^-} \frac{f(c+\Delta x)-f(c)}{\Delta x} = f'(c) \geqq 0 \tag{4.4}$$

이 성립하므로 식 (4.3)과 (4.4)에서

$$f'(c) = \lim_{\Delta x \to 0} \frac{f(c+\Delta x)-f(c)}{\Delta x} = 0$$

임을 알 수 있다.

같은 방법으로, 함수 $f(x)$가 $x=c(a<c<b)$에서 최솟값을 갖는 경우에도 $f'(c)=0$임을 증명할 수 있다.

■

주의 Rolle의 정리는 함수 $f(x)$가 열린 구간 (a, b)에서 미분 가능하다는 조건이 반드시 필요하다. 예를 들어, 그림 4.1과 같이 $f(x)=|x-1|$은 닫힌 구간 $[0, 2]$에서 연속이고, $f(0)=f(2)=1$이지만 열린 구간 $(0, 2)$에서 미분가능하지 않은 점 $x=1$이 있어 Rolle의 정리가 성립하지 않는다.

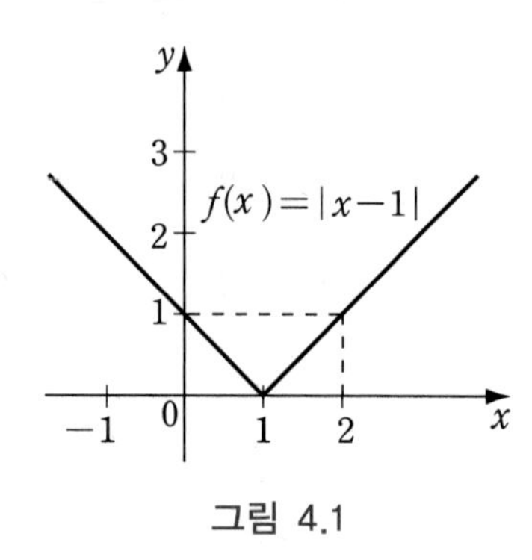

그림 4.1

EXAMPLE 1

함수 $f(x)=(x-1)(x-3)$에 대하여 닫힌 구간 $[1, 3]$에서 Rolle의 정리를 만족시키는 c의 값을 구하여라.

풀이 $f(x)=(x-1)(x-3)=x^2-4x+3$은 $f(1)=f(3)=0$이다. $f(x)$는 다항식이므로 닫힌 구간 $[1, 3]$에서 연속이고 열린 구간 $(1, 3)$에서 미분가능하다. 따라서 Rolle의 정리에 의하여 $f'(c)=0$을 만족하는 c가 $(1, 3)$에 존재한다. 즉, $f'(x)=2x-4=2(x-2)$에서 $x=2$에 대하여 $f'(2)=0$이므로 $c=2$이다.

■

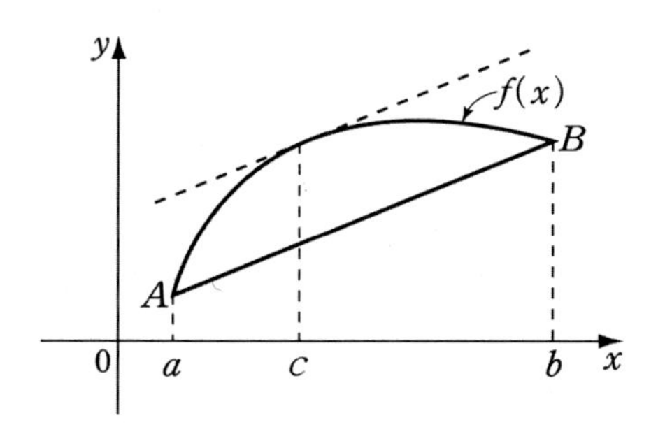

그림 4.2

그림 4.2와 같이 주어진 함수 $f(x)$에 대하여 x가 a에서 b까지 변할 때의 평균변화율은

$$\frac{f(b)-f(a)}{b-a}$$

이다. 한편 이 값은 곡선 $y=f(x)$ 위의 두 점 $A(a, f(a))$, $B(b, f(b))$를 잇는 직선 AB의 기울기와 같다. 따라서 그림 4.2에서 알 수 있듯이 함수 $f(x)$가 닫힌 구간 $[a, b]$에서 연속이고, 열린 구간 (a, b)에서 미분가능하면 직선 AB에 평행한 접선이 열린 구간 (a, b)에서 적어도 하나 존재한다.

즉, 평균변화율을 미분계수로 가지는 점 c를 열린 구간 (a, b)에서 적어도 하나 구할 수 있다. 이와 같은 성질을 **평균값의 정리**라고 한다.

정리 4.2 **평균값의 정리**

함수 $f(x)$가 닫힌 구간 $[a, b]$에서 연속이고 열린 구간 (a, b)에서 미분가능하면

$$f'(c)=\frac{f(b)-f(a)}{b-a}$$

인 점 c가 열린 구간 (a, b) 내에 적어도 하나 존재한다.

증명 함수 $f(x)$의 그래프가 직선 AB를 나타내는 함수의 차로서 정의된 새로운 함수 $h(x)$에 Rolle의 정리를 적용한다.

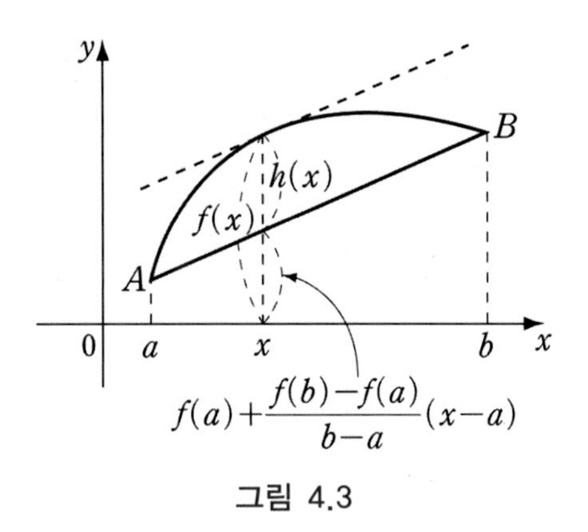

그림 4.3

직선 AB의 방정식은

$$y = f(a) + \frac{f(b) - f(a)}{b - a}(x - a)$$

이다. 따라서 그림 4.3에서 알 수 있듯이

$$h(x) = f(x) - f(a) - \frac{f(b) - f(a)}{b - a}(x - a) \tag{4.5}$$

이다.

이제 식 (4.5)가 Rolle의 정리의 가정들을 만족하는지 살펴보자. 먼저 $h(x)$는 $[a, b]$에서 연속인 함수 $f(x)$와 1차 다항식의 합이므로 $[a, b]$에서 연속이다. 또한 $f(x)$와 1차 다항식이 미분가능하므로 $h(x)$는 (a, b)에서 미분가능하고, $h(a) = h(b) = 0$을 만족하므로 Rolle의 정리에 의하여 $h'(c) = 0$인 c가 (a, b) 내에 존재한다. 그러므로

$$0 = h'(c) = f'(c) - \frac{f(b) - f(a)}{b - a}$$

이다. 따라서

$$f'(c) = \frac{f(b) - f(a)}{b - a}$$

이다. ■

EXAMPLE 2

함수 $f(x) = \sqrt{x-2}$ 에 대하여 $[2, 4]$에서 평균값의 정리를 만족시키는 상수 c의 값을 구하여라.

풀이

$f(x) = \sqrt{x-2}$ 는 열린 구간 $(2, 4)$에서 미분가능하고

$$f'(x) = \frac{1}{2\sqrt{x-2}},\ f(2) = 0,\ f(4) = \sqrt{2}$$

이므로 평균값의 정리를 만족시키는 상수 c의 값은

$$\frac{1}{2\sqrt{c-2}} = \frac{f(4) - f(2)}{4-2} = \frac{\sqrt{2}}{2}$$

에서 $c = \dfrac{5}{2}$ 이다.

■

정리 4.3

함수 $f(x)$가 닫힌 구간 $[a, b]$에서 연속이고 열린 구간 (a, b)에서 미분가능할 때, 열린 구간 (a, b)의 모든 x에 대하여 $f'(x) = 0$이면 닫힌 구간 $[a, b]$에서 $f(x)$는 상수함수이다.

증명

$[a, b]$에 속하는 임의의 점을 x라고 하면 평균값의 정리에 의하여

$$\frac{f(x) - f(a)}{x-a} = f'(c), \quad (a < c < x)$$

인 c가 존재한다. 그런데 가정에 의하여 $f'(c) = 0$이므로 $f(x) = f(a)$이다. 즉 $f(x)$는 닫힌 구간 $[a, b]$에서 상수함수이다.

■

따름정리 4.4

두 함수 $f(x)$, $g(x)$가 닫힌 구간 $[a, b]$에서 연속이고 열린 구간 (a, b)에서 미분가능할 때, 열린 구간 (a, b)의 모든 x에 대하여 $f'(x) = g'(x)$이면

$$f(x) = g(x) + c \quad (c\text{는 상수})$$

이다.

$F(x) = f(x) - g(x)$로 놓으면 (a, b)에 속하는 모든 x에 대하여

$$F'(x) = f'(x) - g'(x) = 0$$

따라서 [정리 4.3]에 의하여 $F(x) = c$, 즉 $f(x) = g(x) + c$이다. ■

TEST

연습문제 4.1

1. 함수 $f(x)=e^x+e^{-x}$에 대하여 $[-1, 1]$에서 Rolle의 정리를 만족시키는 c의 값을 구하여라.

※ 2.~4. 다음 함수의 주어진 구간에서 평균값의 정리를 만족하는 상수 c의 값을 구하여라.

2. $f(x)=\ln x$, $[e, e^2]$

3. $f(x)=x^3-x$, $[0, 2]$

4. $f(x)=e^x$, $[0, 1]$

5. 평균값의 정리를 이용하여 $\lim_{x\to 2}\dfrac{3^x-9}{x-2}$의 극한값을 구하여라.

6. 실수 전체에서 정의된 함수 $f(x)$의 도함수가 $f'(x)=c$, (c는 실수)이면 이 함수는 1차함수임을 증명하여라.

7. 평균값의 정리를 이용하여 $x>0$일 때, $e^x>1+x$가 성립함을 증명하여라.

   ✔ Hint $f(x)=e^x$라 놓는다.

8. 실수에서 정의된 미분가능한 함수로서 $f\left(\dfrac{\pi}{2}\right)=-1$이고 $f'(x)=\cos x$인 f를 구하여라.

   ✔ Hint $h(x)=f(x)-\sin x$라 놓는다.

9. 함수 $f(x)=|x|-1$에 평균값의 정리를 적용할 수 있는가? 만약 적용할 수 없다면 그 이유를 설명하여라.

10. 중간값 정리와 Rolle의 정리를 사용하여 방정식 $2x^3+3x-1=0$은 정확히 한 개의 실근을 가짐을 보여라.

4.2 함수의 극값과 변곡점

함수 f의 도함수에 관한 정보로부터 f에 관한 정보를 유추해 볼 수 있다.

$f'(x)$는 $(x, f(x))$에서 곡선 $y=f(x)$의 기울기를 나타내며 각 점에서 곡선이 진행하는 방향을 우리에게 알려 준다.

먼저, "$f'(x)$는 $f(x)$에 대하여 어떤 정보를 주는가?"를 알아보자.

함수 $f(x)$의 증가와 감소가 다음과 같이 정의될 때, 우리는 $f'(x)$를 통하여 특정 구간에서 증가와 감소를 알 수 있다.

정의 4.5

함수 $f(x)$가 정의된 구간의 임의의 두 점 x_1, x_2에 대하여

(a) $x_1 < x_2$일 때, $f(x_1) \leqq f(x_2)$ 이면, $f(x)$는 그 구간에서 **단조증가**(monotonic increasing)라 하고,

(b) $x_1 < x_2$일 때, $f(x_1) \geqq f(x_2)$ 이면, $f(x)$는 그 구간에서 **단조감소**(monotonic decreasing)라 한다.

정리 4.6

함수 $f(x)$가 구간 (a, b)에서 미분가능할 때, 그 구간의 모든 x에 대하여

(a) $f'(x) \geqq 0$ 이면, $f(x)$는 (a, b)에서 단조증가하고,

(b) $f'(x) \leqq 0$ 이면, $f(x)$는 (a, b)에서 단조감소한다.

증명 (a) $a < x_1 < x_2 < b$ 인 임의의 두 점 x_1, x_2에 대하여 평균값의 정리를 적용하면,

$$\frac{f(x_2)-f(x_1)}{x_2-x_1} = f'(c) \quad (x_1 < c < x_2)$$

인 c가 존재한다. 그런데 $f'(c) \geqq 0$이고

$$f(x_2)-f(x_1) = f'(c)(x_2-x_1)$$

에서 $f'(c)(x_2-x_1) \geq 0$이므로 $f(x_2)-f(x_1) \geq 0$이다. 따라서 $f(x)$는 구간 (a, b)에서 단조증가한다.

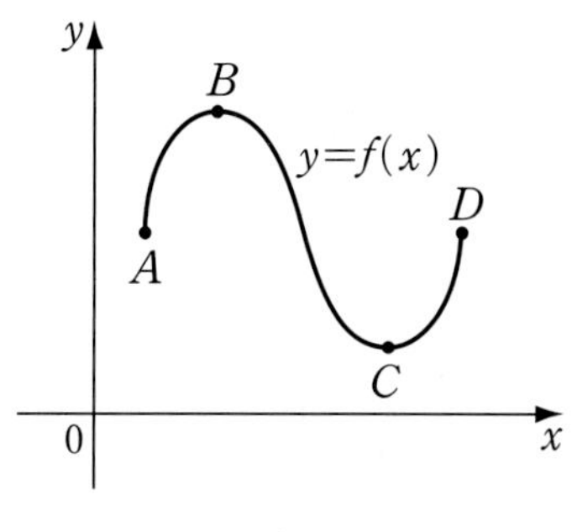

그림 4.4

(b) (a)와 같은 방법으로 증명한다. 그림 4.4에서 A와 B 그리고 C와 D 사이에서 접선은 양의 기울기를 가지므로 $f'(x) > 0$이고 B와 C 사이에서 접선은 음의 기울기를 가져 $f'(x) < 0$이다.

■

EXAMPLE 1

함수 $f(x) = x^3 - 3x^2 - 9x$의 증감상태를 조사하여라.

풀이 함수 $f(x)$의 도함수는

$$f'(x) = 3x^2 - 6x - 9 = 3(x-3)(x+1)$$

이므로 $x < -1$과 $x > 3$일 때 $f'(x) > 0$이고 $-1 < x < 3$일 때 $f'(x) < 0$이다. 따라서 [정리 4.6]에 의하여 $x < -1$과 $x > 3$일 때 $f(x)$는 증가하고 $-1 < x < 3$일 때 $f(x)$는 감소한다.

■

도함수를 이용하여 곡선의 모양을 판단할 때, 최댓값과 최솟값, 그리고 극댓값과 극솟값은 중요한 정보가 된다. 최댓값과 최솟값을 구하기 위해서 최댓값과 최솟값의 의미를 정확하게 정의하고 도함수를 이용하여 구하는 방법을 살펴보자.

정의 4.7

함수 $f(x)$가 정의역 I 내의 모든 x에 대하여 $f(c) \geq f(x)$가 성립할 때 $f(x)$는 $x=c$에서 최댓값을 갖는다고 하고, $f(c)$를 최댓값(maximum value)이라 한다. 반대로 모든 x에 대하여 $f(c) \leq f(x)$가 성립할 때 $f(x)$는 $x=c$에서 최솟값을 갖는다고 하고, $f(c)$를 최솟값(minimum value)이라 한다.

최댓값과 최솟값은 함수 f가 정의된 구간 전체에서 함숫값을 비교하여 얻은 것이지만, 만약 우리의 관심을 정의역의 일부 구간으로 제한한다면 그때는 극댓값 또는 극솟값을 얻을 수 있다. 정확한 정의는 다음과 같다.

정의 4.8

정의역 내에 c를 포함하는 열린 구간 I가 존재하여 I 내의 모든 x에 대하여 $f(c) \geq f(x)$를 만족할 때, 함수 $f(x)$는 $x=c$에서 극댓값(local maximum)을 갖는다고 하고, 반대로 I 내의 모든 x에 대하여 $f(c) \leq f(x)$를 만족할 때, $f(x)$는 $x=c$에서 극솟값(local minimum)을 갖는다고 한다. 이때 극댓값과 극솟값을 합쳐서 극값이라고 한다.

EXAMPLE 2

실수 전체에서 함수 $f(x)=x^2$은 $x=0$에서 최솟값 0을 가지며, 이 값은 극솟값이기도 하다. 그러나 최댓값은 가지지 않는다[그림 4.5].

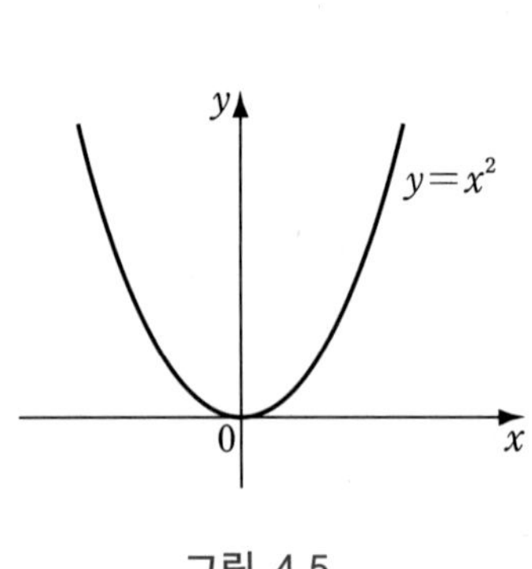

그림 4.5

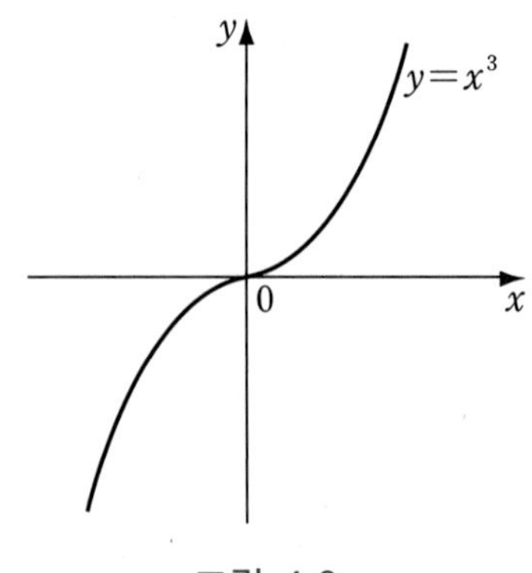

그림 4.6

EXAMPLE 3

그림 4.6에서 함수 $f(x)=x^3$은 최댓값과 최솟값을 가지지 않음을 알 수 있다. 또한 이 함수는 극댓값과 극솟값도 가지지 않는다.

그림 4.5에서 극솟값을 갖는 $x=0$에서 접선의 기울기는 0임을 알 수 있다.

이러한 성질은 극댓값을 갖는 점에서도 마찬가지로 성립하며, 다음 정리가 이러한 사실을 보여준다.

정리 4.9 페르마의 정리

$f(x)$가 $x=c$에서 극댓값 혹은 극솟값을 가지고 $f'(c)$가 존재하면 $f'(c)=0$이다.

증명 $f(x)$가 $x=c$에서 극댓값을 갖는다고 가정하자. 그러면 [정의 4.8]에 의하여 c 근방에 있는 모든 x에 대하여 $f(c) \geqq f(x)$이다. 이것은 충분히 0에 가까운 수 h에 대하여 $f(c) \geqq f(c+h)$이다. 그러므로

$$f(c+h)-f(c) \leqq 0 \tag{4.6}$$

이고 $h>0$이면

$$\frac{f(c+h)-f(c)}{h} \leqq 0$$

이다. 양변에 우극한을 취하면 다음을 얻는다.

$$\lim_{h\to 0^+}\frac{f(c+h)-f(c)}{h} \leqq \lim_{h\to 0^+} 0 = 0$$

그러나 $f'(c)$가 존재하므로

$$f'(c)=\lim_{h\to 0}\frac{f(c+h)-f(c)}{h}=\lim_{h\to 0^+}\frac{f(c+h)-f(c)}{h}$$

이고 $f'(c) \leqq 0$이다. $h<0$이면 식 (4.7)에서

$$\frac{f(c+h)-f(c)}{h} \geq 0$$

을 얻고, 좌극한을 취하면

$$f'(c) = \lim_{h \to 0} \frac{f(c+h)-f(c)}{h} = \lim_{h \to 0^-} \frac{f(c+h)-f(c)}{h} \geq 0$$

이다. 따라서 $f'(c) \geq 0$이다. 결과적으로 $f'(c) = 0$이 된다. 극솟값을 갖는 경우에 대해서도 유사한 방법으로 증명하면 된다.

■

EXAMPLE 4

$f(x) = x^3$이면 $f'(x) = 3x^2$이다. 따라서 $f'(0) = 0$. 그러나 그림 4.6에서 보듯이 $x = 0$에서 극댓값이나 극솟값을 갖지 않는다. $f'(0) = 0$ 이라는 사실은 단순히 곡선 $y = x^3$이 $(0, 0)$에서 수평접선을 가짐을 뜻한다.

EXAMPLE 5

함수 $f(x) = |x|$는 $x = 0$에서 최소(그리고 극소)값을 갖는다. 그러나 $f'(x) = 0$을 만족하는 x를 구할 수 없다[그림 4.7].

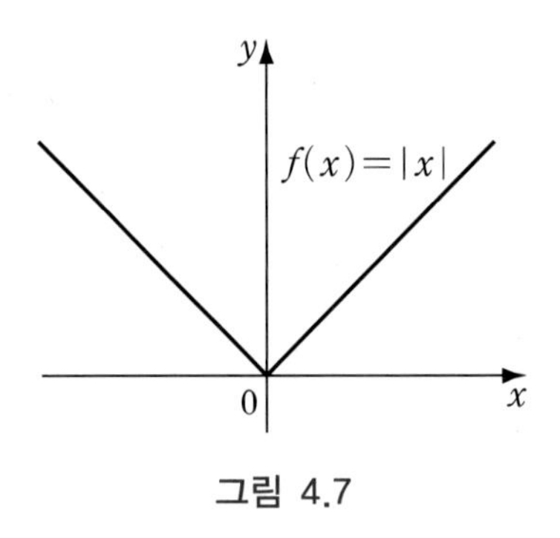

그림 4.7

예제 4에서 페르마 정리의 역은 일반적으로 참이 아님을 알 수 있고, 예제 5를 통해서 $f'(c)$가 존재하지 않더라도 극댓값 혹은 극솟값이 존재할 수 있는 경우가 있음을 알았다. 따라서 페르마 정리를 사용함에 주의가 필요하다.

이제 $f'(x)$를 이용하여 극댓값과 극솟값을 판정하는 기준을 요약하면 다음과 같다.

(1) $f'(c)=0$일 때 $f'(x)$가 c에서 양으로부터 음으로 변하면, $f(x)$는 $x=c$에서 극댓값을 갖는다.

(2) $f'(c)=0$일 때 $f'(x)$가 c에서 음으로부터 양으로 변하면, $f(x)$는 $x=c$에서 극솟값을 갖는다.

(3) $f'(c)=0$일 때 $f'(x)$가 c에서 부호가 변하지 않으면(즉, $f'(x)$가 c의 양쪽에서 양이거나 음), $f(x)$는 c에서 극댓값이나 극솟값을 갖지 않는다.

EXAMPLE 6

함수 $f(x)=3x^4-4x^3-12x^2+5$의 극댓값과 극솟값을 구하여라.

풀이 함수 $f(x)$의 도함수는

$$f'(x)=12x^3-12x^2-24x=12x(x+1)(x-2)$$

이므로 $x=-1,\ 0,\ 2$에서 $f'(x)=0$이다. 각 구간별로 $f'(x)$의 부호 변화는 다음 표와 같다.

	$x<-1$	$-1<x<0$	$0<x<2$	$x>2$
$f'(x)$	$-$	$+$	$-$	$+$

위의 표에서 $x=-1,\ 2$에서 음으로부터 양으로 변하므로 $f(-1)=0$과 $f(2)=-27$인 극솟값을 갖는다. 또한 $x=0$에서 양으로부터 음으로 변하기 때문에 $f(0)=5$가 극댓값이 된다.

■

지금까지 $f'(x)$를 통하여 $f(x)$에 관하여 얻을 수 있는 정보에 대하여 알아보았다. 이제는 "$f''(x)$는 $f(x)$에 대하여 어떤 정보를 주는가?"를 알아보자. 그림 4.8은 증가하는 두 함수의 그래프를 나타내고 있다.

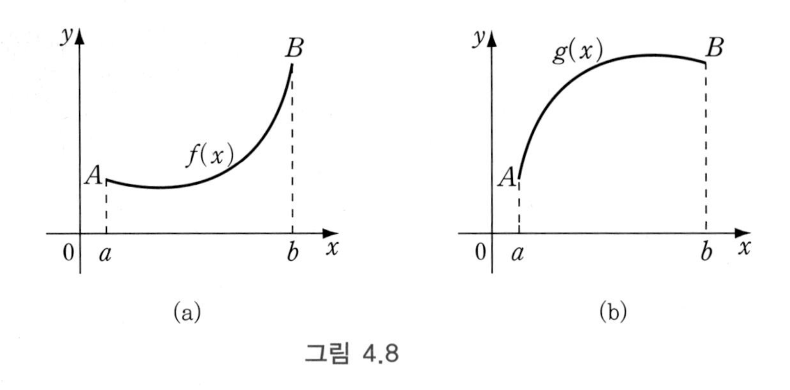

그림 4.8

위의 두 그래프를 보면 A와 B를 연결하는 부분이 서로 다른 방향으로 휘어져 있기 때문에 다르게 보인다. 어떻게 두 그래프의 모양을 구별할 것인가?

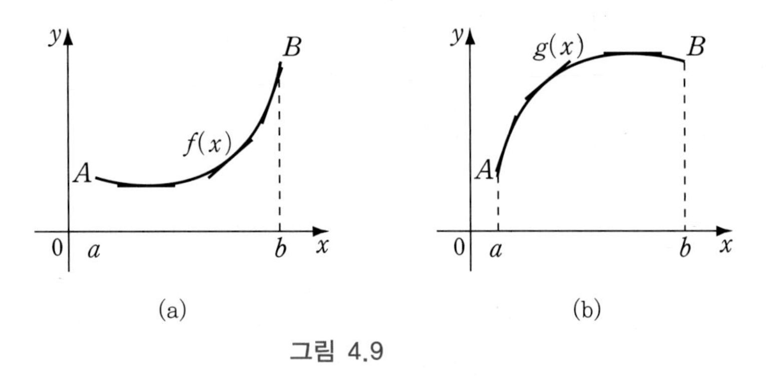

그림 4.9

그림 4.9(a)의 경우 그래프의 접선들은 그래프 아래에 놓이고 그림 4.9(b)는 반대의 경우이다. 이러한 그래프의 구분을 다음과 같이 정의한다.

정의 4.10

함수 $y=f(x)$의 그래프상의 한 점 P의 근방에서 그래프가 P에서의 접선의 위쪽에 있을 때, 이 함수는 P에서 아래로 볼록(convex downward) 또는 위로 오목(concave upward)하다고 한다. 반대로 곡선이 접선 아래쪽에 있을 때, 이 $f(x)$는 점 P에서 위로 볼록(convex upward) 또는 아래로 오목(concave downward)이라 한다.

편의상 위의 용어들 가운데 아래로 볼록과 위로 볼록이라는 용어를 사용하도록 하겠다. 그림 4.9(a)는 아래로 볼록이고 그림 4.9(b)는 위로 볼록한 그래프이다.

정의 4.11

함수 $f(x)$의 그래프 위의 점 P에서 함수가 아래로 볼록에서 위로 볼록 또는 위로 볼록에서 아래로 볼록으로 변할 때 점 P를 **변곡점**(point of inflection)이라고 한다.

예를 들면 $y=x^3$에서 $(0,0)$은 변곡점이다.

이제 $f''(x)$가 아래로 볼록 또는 위로 볼록을 결정하는 데 어떤 영향을 주는지 알아보자. 그림 4.9(a)에서 도함수 $f'(x)$는 증가하는 함수이고 따라서 그것의 도함수 $f''(x)$가 양이 되는 것을 의미한다. 그림 4.9(b)의 경우는 반대로 $f'(x)$는 감소함수이고 $f''(x)$는 음이다. 이 논리는 역도 성립하고 다음 정리와 같이 쓸 수 있다.

정리 4.12

함수 $f(x)$가 어떤 구간에서 항상

(a) $f''(x) > 0$이면 $y=f(x)$는 그 구간에서 아래로 볼록하다.

(b) $f''(x) < 0$이면 $y=f(x)$는 그 구간에서 위로 볼록하다.

증명 (a) 함수 $f(x)$가 $[a,b]$에서 $f''(x) > 0$이라고 하자.

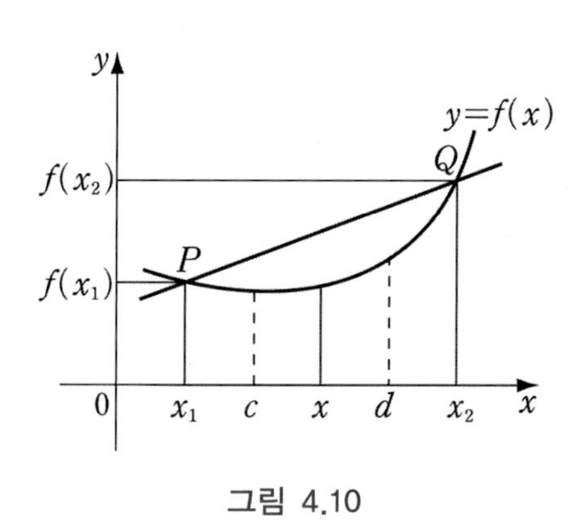

그림 4.10

그림 4.10과 같이 곡선 $y=f(x)$ 위의 임의의 두 점 $P(x_1, f(x_1))$, $Q(x_2, f(x_2))$를 잡고 $x_1 < x_2$라고 하면, 두 점 P, Q를 지나는 직선의 방정식은 다음과 같다.

$$y = \frac{f(x_2) - f(x_1)}{x_2 - x_1}(x - x_1) + f(x_1) \tag{4.7}$$

이때, 곡선 $y = f(x)$가 $[a, b]$에서 그림 4.10과 같이 아래로 볼록임을 증명하려면 $x_1 < x < x_2$ 를 만족하는 임의의 점 x 에 대하여

$$f(x) < \frac{f(x_2) - f(x_1)}{x_2 - x_1}(x - x_1) + f(x_1) \tag{4.8}$$

을 증명하면 된다. $f(x)$가 $[a, b]$에서 연속이므로 평균값의 정리에 의해

$$\frac{f(x) - f(x_1)}{x - x_1} = f'(c), \quad (x_1 < c < x),$$

$$\frac{f(x_2) - f(x)}{x_2 - x} = f'(d), \quad (x < d < x_2)$$

인 c, d 가 각각 존재한다. 그런데 $f''(x) > 0$이므로 $f'(x)$는 $[a, b]$에서 증가함수이고, $x_1 < c < x < d < x_2$ 이므로 $c < d$ 이다. 따라서 $f'(c) < f'(d)$이다. 즉,

$$\frac{f(x) - f(x_1)}{x - x_1} < \frac{f(x_2) - f(x)}{x_2 - x} \tag{4.9}$$

가 된다. 또 $x - x_1 > 0$ 이고 $x_2 - x > 0$이므로 $(x_2 - x)(x - x_1) > 0$이다. 그러므로 식 (4.9)의 양변에 $(x_2 - x)(x - x_1)$을 곱하여도 부등호의 방향은 바뀌지 않는다. 즉

$$(x_2 - x)\{f(x) - f(x_1)\} < (x - x_1)\{f(x_2) - f(x)\}$$

양변을 전개하여 정리하면,

$$(x_2 - x_1)f(x) < x\{f(x_2) - f(x_1)\} + x_2 f(x_1) - x_1 f(x_2)$$

이고 우변에 $x_1 f(x_1)$을 빼고 더한 후 정리하면,

$$(x_2 - x_1)f(x) < (x - x_1)\{f(x_2) - f(x_1)\} + (x_2 - x_1)f(x_1)$$

이다. 그리고 양변을 $x_2 - x_1$으로 나누면 식 (4.8)을 얻는다. 이것은 곡선 $y = f(x)$ 위의 임의의 점이 직선보다 아래쪽에 있음을 의미한다. 따라서 곡선은 아래로 볼록하다.

(b) (a)의 증명과 유사하다.

■

EXAMPLE 7

함수 $f(x)=x^3-x$의 변곡점을 구하여라.

풀이 함수 $f(x)$의 도함수는

$$f'(x)=3x^2-1,\ f''(x)=6x$$

이므로 $x>0$ 이면 $f''(x)>0$, $x<0$이면 $f''(x)<0$이다. 따라서 [정리 4.12]에 의하여 $f(x)=x^3-x$는 $x>0$에서 아래로 볼록하고, $x<0$에서 위로 볼록하다. 따라서 $(0,0)$이 $f(x)$의 변곡점이다. ■

다음은 $f''(x)$의 또다른 응용으로 함수의 극댓값과 극솟값에 대한 판정법이다.

정리 4.13

함수 $f(x)$가 점 $x=a$ 근방에서 연속인 $f''(x)$를 가지고 $f'(a)=0$일 때,

(a) $f''(a)<0$이면 $f(x)$는 $x=a$에서 극댓값을 갖는다.
(b) $f''(a)>0$이면 $f(x)$는 $x=a$에서 극솟값을 갖는다.

증명 (a) $f'(a)=0$이므로 도함수의 정의에 의하여

$$f''(a)=\lim_{x\to a}\frac{f'(x)-f'(a)}{x-a}=\lim_{x\to a}\frac{f'(x)}{x-a}$$

이다. 가정에 의하여 $f''(a)<0$이므로

$$f''(a)=\lim_{x\to a^-}\frac{f'(x)}{x-a}<0$$

이다. 따라서 충분히 작은 양수 $h>0$에 대하여 $a-h<x<a$

$$f'(x)>0 \tag{4.10}$$

이다. 또한 $x>a$일 때,

$$f''(a)=\lim_{x\to a^+}\frac{f'(x)}{x-a}<0$$

이므로 충분히 작은 양수 $h>0$에 대하여 $a<x<a+h$이면

$$f'(x) < 0 \tag{4.11}$$

을 얻는다. 따라서 식 (4.10)과 (4.11)에 의하여 $f(x)$는 $x=a$의 좌우에서 $f'(x)$의 부호가 양에서 음으로 바뀌므로 $f(x)$는 $x=a$에서 극대이다.

(b) (a)와 같은 방법으로 증명한다.

■

EXAMPLE 8

함수 $f(x)=x^2e^{-x}$의 극값을 구하여라.

풀이

f의 도함수는

$$f'(x) = -e^{-x}(x^2-2x),\quad f''(x) = e^{-x}(x^2-4x+2)$$

이고, $f'(0)=0$, $f''(0)=2>0$이므로 [정리 4.13(b)]에 의하여 $f(x)$는 $x=0$에서 극소이고 극솟값은 $f(0)=0$이다.

또한 $f'(2)=0$, $f''(2)=-2<0$이므로 $x=2$에서 극대이고, 극댓값은 $f(2)=4e^{-2}$이다.

■

앞 장에서 우리는 닫힌 구간에서 연속인 함수는 [정리 3.11]에 의하여 최댓값과 최솟값을 갖는다는 사실을 알았다. 다음 정의를 이용하여 최댓값 또는 최솟값을 구하는 방법을 알아보자.

정의 4.14

$f'(x)=0$이거나 $f'(x)$가 존재하지 않는 f의 정의역 내의 점을 f의 임계점(critical point)이라 한다.

최댓값, 최솟값을 구하려면 [정의 4.14]에 의하여 임계점에서 발생하는 경우 그 점은 극댓값, 극솟값이거나 구간의 끝점에서의 값임을 주목해야 한다. 따라서 다음의 과정을 거쳐야 한다.

닫힌 구간 $[a,b]$에서 연속인 함수 f의 최댓값 또는 최솟값을 구하기 위하여

(1) (a,b) 내의 f의 임계점에서의 f값을 구한다.

(2) $f(a)$와 $f(b)$의 값을 구한다.

(3) (1), (2)의 값들 중 가장 큰 값이 최댓값이고, 가장 작은 값이 최솟값이다.

EXAMPLE 9

$f(x)=2x^3-9x^2+12x-2(1 \leqq x \leqq 3)$의 최댓값과 최솟값을 구하여라.

f 가 $[1,3]$에서 연속이므로 위의 과정을 적용하자. 먼저 임계점을 구하면

$$f'(x)=6x^2-18x+12=6(x-1)(x-2)$$

이고, 모든 x 에 대하여 $f'(x)$가 존재하므로 f 의 임계점은 $f'(x)=0$일 때 뿐이다. 즉, $x=1$ 또는 $x=2$이다. 이러한 임계점은 구간 $[1,3]$ 내에 있어서 f 의 값은 $f(1)=3$, $f(2)=2$이고, 구간의 끝점 $x=3$의 값은 $f(3)=7$이다. 따라서 최댓값은 $f(3)=7$이고, 최솟값은 $f(2)=2$이다. ■

쉬어가기

태양 흑점의 변화

태양을 관측해 보면 표면에 검은 반점처럼 보이는 것이 있는데, 이것을 태양의 흑점이라 한다. 흑점의 발생 원인은 아직도 명확히 밝혀지지 않았지만, 태양을 휘감는 방향의 자기력선의 일부가 표면으로 나옴으로써 생기는 것으로 그 온도가 주변 광구의 온도보다 현저히 낮아질 때 생긴다고 추측하고 있다. 태양의 흑점은 항상 고정되어 있는 것이 아니고, 수와 위치가 변하는데, 그 수는 증가와 감소를 반복하고 있으며 위치도 동쪽에서 서쪽으로 이동하는 것으로 알려져 있다.

그런데 이 흑점의 수가 증가하다가 감소로 바뀔 때, 즉 가장 많을 때를 활동의 극대기, 감소에서 증가로 바뀔 때를 활동의 극소기라 부른다. 활동의 극대기에는 지구에서 홍수가 잦아지며 통신장애가 일어나기도 한다. 또한 아기들의 출산율도 높아지는 것으로 보고되고 있다. 그래서 지구의 변화를 이해하기 위해 과학자들은 꾸준히 태양 흑점의 변화를 관찰해 왔다. 태양 흑점의 극대·극소 연도는 갈릴레이가 관측을 시작한 1610년으로 거슬러 올라간다.

TEST

연습문제 4.2

※ 1.~4. 다음 함수의 주어진 구간에서의 증가, 감소를 조사하여라.

1. $f(x) = x + 2,\ (-1, 3)$

2. $f(x) = -x^2 + 2,\ (1, 4)$

3. $y = x^3 - 3x^2 + 2,\ (0, 2)$

4. $y = \sin x,\ \left(\dfrac{\pi}{2}, \dfrac{3\pi}{2}\right)$

5. 함수 $f(x) = x + \dfrac{1}{x}$ 의 정의역에서 증가하는 구간과 감소하는 구간을 구하여라.

6. 함수 $f(x) = x^3 + x^2 + x - 3$의 정의역에서 증가하는 구간과 감소하는 구간을 구하여라.

7. 함수 $f(x) = e^x - x$ 가 $[0, \infty)$에서 증가함수임을 증명하여라.

※ 8.~10. 다음 함수의 극값을 구하여라.

8. $f(x) = x^3 - 3x^2 + 4$

9. $f(x) = xe^x$

10. $f(x) = x - \sqrt{x}$

11. 함수 $f(x) = x^3 + ax^2 + bx + c$는 $x = 1$에서 극댓값 3을 갖고, $x = 3$에서 극솟값을 갖는다. 이때 실수 a, b, c의 값과 극솟값을 구하여라.

12. 함수 $f(x) = 2x^3 + 3x^2 - 12x - 4$ 의 극값을 구하고, 그래프의 개형을 그려라.

※ 13.~14. 이계도함수를 이용하여 다음 함수의 극값을 구하여라.

13. $f(x) = \dfrac{1}{x}\ln x,\ (x > 0)$

14. $f(x) = x^3 - 3x + 1$

15. 다음 세 조건을 만족시키는 3차함수 $f(x)$를 구하여라.

(i) 점 $(0, 1)$은 곡선 $y=f(x)$의 변곡점이다.

(ii) 점 $(0, 1)$에서의 곡선 $y=f(x)$의 접선은 직선 $y=-3x$에 평행하다.

(iii) $x=1$에서 $f(x)$는 극소이다.

16. 곡선 $f(x)=x+2\sin x\ (0<x<2\pi)$의 변곡점에서의 접선의 방정식을 구하여라.

17. 함수 $f(x)=x\sin x+\cos x$의 닫힌 구간 $\left[-\frac{\pi}{2}, 2\pi\right]$에서의 최댓값과 최솟값을 구하여라.

18. 함수 $f(x)=(x^2-3)e^x\ (-2\le x\le 2)$의 최댓값과 최솟값을 구하여라.

19. 곡선 $f(x)=\ln x\ (x>0)$ 위의 점 $(a, \ln a)$에서의 접선과 x축, y축으로 둘러싸인 삼각형의 넓이를 S라 한다.(단, $0<a<e$ 이다.)

(1) S를 a로 나타내어라.

(2) S를 최대가 되게 하는 a의 값과 이때 삼각형의 넓이를 구하여라.

4.3 부정형의 극한값

함수 $F(x)=\dfrac{2^x-1}{x}$에 대하여 $F(x)$는 $x=0$에서 정의되지 않으므로 x가 0에 접근함에 따라 F가 어떻게 변하는지를 알아보자.

$$\lim_{x\to0}\frac{2^x-1}{x}$$

은 $\dfrac{0}{0}$으로 극한값을 예상하기 어렵다. 일반적으로

$$\lim_{x\to a}\frac{f(x)}{g(x)}$$

에서 $x\to a$일 때 $f(x)\to0$, $g(x)\to0$인 형식의 극한을 $\dfrac{0}{0}$**형의 부정형**이라고 한다. 유리함수인 경우에는 공통인자를 생략하여 극한을 구할 수 있다. 즉,

$$\lim_{x\to1}\frac{x^2-x}{x^2-1}=\lim_{x\to1}\frac{x(x-1)}{(x+1)(x-1)}=\lim_{x\to1}\frac{x}{x+1}=\frac{1}{2}$$

삼각함수의 도함수를 구하는 과정에서

$$\lim_{x\to0}\frac{\sin x}{x}=1$$

을 보이기 위하여 기하학적인 방법으로 증명하였다. 도함수를 계산하는 극한은 $f'(a)=\displaystyle\lim_{x\to a}\frac{f(x)-f(a)}{x-a}$ 형식으로 항상 부정형이다. $\displaystyle\lim_{x\to0}\frac{\sin x}{x}$를 같은 도함수의 정의에 적용하면

$$\lim_{x\to0}\frac{\sin x}{x}=\lim_{x\to0}\frac{\sin x-\sin0}{x-0}=\frac{d}{dx}(\sin x)\bigg|_{x=0}=\cos0=1$$

이다. 부정형의 또 다른 형으로

$$\lim_{x\to a}\frac{f(x)}{g(x)}$$

에서 $f(x) \to \infty$(혹은 $-\infty$), $g(x) \to \infty$(혹은 $-\infty$)인 극한은 존재 여부가 확실치 않으며, 이런 형식의 극한을 $\frac{\infty}{\infty}$**형의 부정형**이라고 한다.

이와 같은 부정형의 경우도 극한값이 존재할 수 있는데, 이들 극한값을 구하는 방법을 알아보자.

정리 4.15 Cauchy의 평균값 정리

두 함수 $f(x)$와 $g(x)$가 닫힌 구간 $[a, b]$에서 연속이고 열린 구간 (a, b)에서 미분가능할 때, 모든 x에 대하여 $g'(x) \neq 0$이면

$$\frac{f(b)-f(a)}{g(b)-g(a)} = \frac{f'(c)}{g'(c)}, \quad (a < c < b) \tag{4.12}$$

인 c가 열린 구간 (a, b) 내에 존재한다.

증명 $h(x) = f(x)\{g(b)-g(a)\} - g(x)\{f(b)-f(a)\}$라 하자. 그러면 $h(x)$는 $[a, b]$에서 연속이고, (a, b)에서 미분가능하다. 또한 $h(a) = h(b)$이므로 Rolle의 정리를 적용할 수 있다. 즉, (a, b) 내에 어떤 점 c가 존재해서 $h'(c) = 0$을 만족한다. 이것을 식으로 나타내면

$$h'(x) = f'(x)\{g(b)-g(a)\} - g'(x)\{f(b)-f(a)\}$$

에서 $h'(c) = 0$이므로

$$\frac{f(b)-f(a)}{g(b)-g(a)} = \frac{f'(c)}{g'(c)}$$

이다. ■

정리 4.16 로피탈(L'Hospital)의 법칙

a의 근방인 열린 구간 I에서 두 함수 $f(x)$와 $g(x)$가 미분가능하고, $g'(x) \neq 0$일 때,

(a) $\lim_{x \to a} f(x) = 0$, $\lim_{x \to a} g(x) = 0$이고 $\lim_{x \to a} \frac{f'(x)}{g'(x)} = L$이면

$$\lim_{x \to a} \frac{f(x)}{g(x)} = L$$

이다.

(b) $\lim_{x \to a} f(x) = \pm\infty$, $\lim_{x \to a} g(x) = \pm\infty$ 이고 $\lim_{x \to a} \frac{f'(x)}{g'(x)} = L$이면

$$\lim_{x \to a} \frac{f(x)}{g(x)} = L$$

이다.

증명

(b)의 증명은 본 교과의 수준을 넘기 때문에 여기서는 (a)만을 증명하기로 한다.

(a) $\lim_{x \to a} \frac{f(x)}{g(x)} = L$을 보이기 위하여 다음과 같이 $F(x)$와 $G(x)$를 정의하자.

$$F(x) = \begin{cases} f(x), & x \neq a \\ 0, & x = a \end{cases}, \qquad G(x) = \begin{cases} g(x), & x \neq a \\ 0, & x = a \end{cases}$$

f가 $\{x \in I \mid x \neq a\}$ 에서 연속이고,

$$\lim_{x \to a} F(x) = \lim_{x \to a} f(x) = 0 = F(a)$$

이므로 $F(x)$는 I 위에서 연속이다. I상의 $x > a$ 인 x에 대하여, F와 G는 $[a, x]$상에서 연속이고, (a, x)에서 미분가능하며, $F' = f'$, $G' = g'$이므로 $G' \neq 0$이다. 그러므로 [정리 4.15]에 의하여

$$\frac{F'(y)}{G'(y)} = \frac{F(x) - F(a)}{G(x) - G(a)} = \frac{F(x)}{G(x)}$$

를 만족하는 $y(a < y < x)$가 존재한다. 이제 $x \to a^+$라 하자. $a < y < x$이므로 $y \to a^+$이다. 따라서

$$\lim_{x\to a^+}\frac{f(x)}{g(x)}=\lim_{x\to a^+}\frac{F(x)}{G(x)}=\lim_{y\to a^+}\frac{F'(x)}{G'(x)}=\lim_{y\to a^+}\frac{f'(x)}{g'(x)}=L$$

이다. 유사한 방법으로 $x\to a^-$일 때도 성립함을 보일 수 있다. 그러므로 $\lim_{x\to a}\frac{f(x)}{g(x)}=L$이다.

■

[로피탈의 법칙에 대한 참고사항]

(1) 로피탈의 법칙은 주어진 조건을 만족하는 함수들의 몫의 극한이 그들의 도함수들의 몫의 극한과 같다는 것을 의미한다. 그림 4.11은 로피탈의 법칙이 그림으로 의미 있음을 보여주고 있다. 그림 4.11(a)의 그래프는 2차 미분가능한 함수 f와 g에 대하여 각각은 $x\to a$일 때 0으로 수렴한다. 점 $(a, 0)$의 아주 미세한 근방을 확대하면 그래프는 거의 선형적으로 보일 것이다. 만약 실제로 선형적이라면 그림 4.11(b)에서 비율이

$$\frac{m_1(x-a)}{m_2(x-a)}=\frac{m_1}{m_2}$$

이 되는데 그것은 도함수의 비율이다. 이것은

$$\lim_{x\to a}\frac{f(x)}{g(x)}=\lim_{x\to a}\frac{f'(x)}{g'(x)}$$

임을 의미한다.

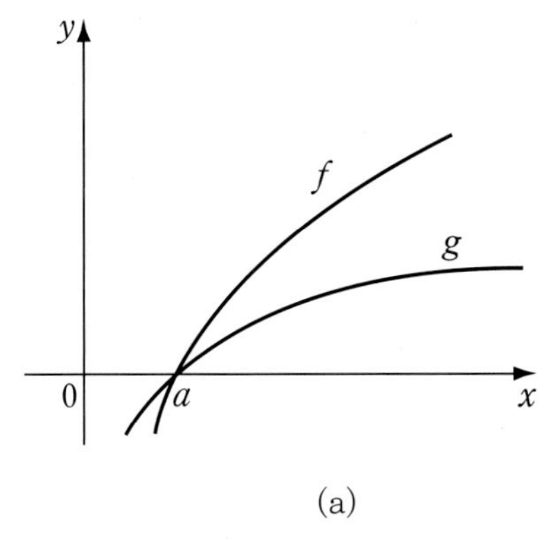

(a)

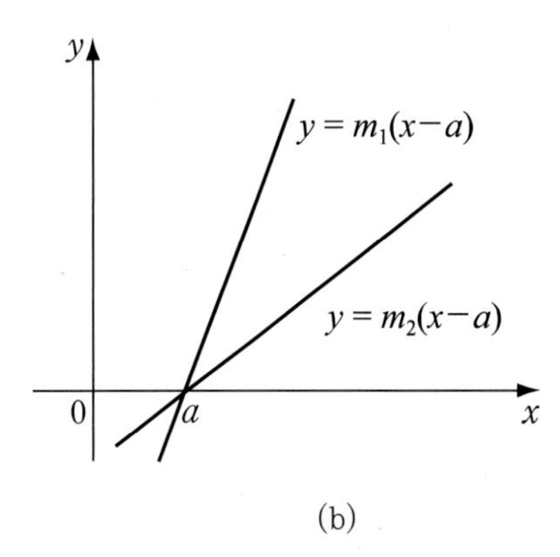

(b)

그림 4.11

(2) 로피탈의 법칙은 $x \to a$ 대신에 $x \to a^{+}$, $x \to a^{-}$, $x \to \infty$, $x \to -\infty$의 어느 하나로 바꾸어 놓아도 성립한다.

(3) 특별한 경우로서 $f(a)=g(a)=0$, $f'(x)$와 $g'(x)$가 연속, 그리고 $g'(a) \neq 0$일 때 도함수의 정의를 이용하여 다음과 같이 증명할 수 있다.

$$\lim_{x \to a}\frac{f(x)}{g(x)}=\lim_{x \to a}\frac{f(x)-f(a)}{g(x)-g(a)}$$

$$=\lim_{x \to a}\frac{\dfrac{f(x)-f(a)}{x-a}}{\dfrac{g(x)-g(a)}{x-a}}=\frac{\displaystyle\lim_{x \to a}\frac{f(x)-f(a)}{x-a}}{\displaystyle\lim_{x \to a}\frac{g(x)-g(a)}{x-a}}$$

$$=\frac{f'(a)}{g'(a)}=\lim_{x \to a}\frac{f'(x)}{g'(x)}$$

EXAMPLE 1

$\displaystyle\lim_{x \to 0}\frac{1-\cos x}{x}$를 구하여라.

풀이

$x \to 0$일 때 $1-\cos x \to 0$, $x \to 0$이므로 $\dfrac{0}{0}$인 부정형이다. 따라서 로피탈의 법칙을 적용하면,

$$\lim_{x \to 0}\frac{1-\cos x}{x}=\lim_{x \to 0}\frac{\sin x}{1}=\frac{0}{1}=0$$

이다.

EXAMPLE 2

$\displaystyle\lim_{x \to \infty}\frac{\ln x}{x}$를 구하여라.

풀이

$x \to \infty$일 때 $\ln x \to \infty$이므로 $\dfrac{\infty}{\infty}$인 부정형이다. 따라서 로피탈의 법칙을 적용하면,

$$\lim_{x \to \infty} \frac{\ln x}{x} = \lim_{x \to \infty} \frac{\frac{1}{x}}{1} = \lim_{x \to \infty} \frac{1}{x} = 0$$

이다.

부정형 $\lim_{x \to a} \frac{f(x)}{g(x)}$에 로피탈의 법칙을 적용하여 $\lim_{x \to a} \frac{f'(x)}{g'(x)}$의 극한값을 구할 때, $\lim_{x \to a} \frac{f'(x)}{g'(x)}$가 다시 부정형이 되는 경우가 있다. 그러면 $\lim_{x \to a} \frac{f'(x)}{g'(x)}$에 로피탈의 법칙을 다시 적용하여 $\lim_{x \to a} \frac{f''(x)}{g''(x)}$의 극한값을 구한다. 이러한 과정은 부정형이 발생하지 않을 때까지 진행된다.

EXAMPLE 3

$\lim_{x \to 0} \frac{1+x-e^x}{2x^2}$를 구하여라.

풀이

$x \to 0$일 때 $1+x-e^x \to 0$이고 $2x^2 \to 0$이므로 $\frac{0}{0}$인 부정형이다. 따라서 로피탈의 법칙을 적용하면,

$$\lim_{x \to 0} \frac{1+x-e^x}{2x^2} = \lim_{x \to 0} \frac{1-e^x}{4x}$$

을 얻는데, $x \to 0$일 때 $1-e^x \to 0$, $4x \to 0$이므로 다시 $\frac{0}{0}$인 부정형이다. 따라서 한 번 더 로피탈의 법칙을 적용하면,

$$\lim_{x \to 0} \frac{1-e^x}{4x} = \lim_{x \to 0} \frac{-e^x}{4} = -\frac{1}{4}$$

을 얻는다. 결과적으로

$$\lim_{x \to 0} \frac{1+x-e^x}{2x^2} = -\frac{1}{4}$$

이다.

이제는 다른 형태의 부정형을 적절히 변형하여 $\frac{0}{0}$ 또는 $\frac{\infty}{\infty}$꼴로 바꾸어 로피탈의 법칙을 적용할 수 있는 경우들을 살펴보자.

부정형의 곱

$\lim_{x\to a}f(x)=0$, $\lim_{x\to a}g(x)=\infty$(혹은 $-\infty$)일 때, $\lim_{x\to a}f(x)g(x)$의 값은 불명확하다. 이런 종류의 극한을 $0\cdot\infty$의 부정형이라고 한다. 이와 같은 부정형은

$$f\cdot g=\frac{f}{\frac{1}{g}}\left(\frac{0}{0}\right) \quad \text{혹은} \quad f\cdot g=\frac{g}{\frac{1}{f}}\left(\frac{\infty}{\infty}\right)$$

와 같이 분수형으로 변형하여 로피탈의 법칙을 적용시킬 수 있다.

EXAMPLE 4

$\lim_{x\to\infty}x(1-e^{\frac{1}{x}})$를 구하여라.

풀이

$\lim_{x\to\infty}x(1-e^{\frac{1}{x}})$은 $\infty\cdot 0$의 부정형이다. 따라서

$$\lim_{x\to\infty}x(1-e^{\frac{1}{x}})=\lim_{x\to\infty}\frac{1-e^{\frac{1}{x}}}{\frac{1}{x}}$$

으로 변형하면 $\frac{0}{0}$인 부정형을 얻고, 여기에 로피탈의 법칙을 적용하자. 즉,

$$\lim_{x\to\infty}\frac{1-e^{\frac{1}{x}}}{\frac{1}{x}}=\lim_{x\to\infty}\frac{\left(-\frac{1}{x^2}\right)(-e^{\frac{1}{x}})}{-\frac{1}{x^2}}=\lim_{x\to\infty}(-e^{\frac{1}{x}})=-1$$

을 얻는다. 따라서

$$\lim_{x\to\infty}x(1-e^{\frac{1}{x}})=-1$$

이다.

부정형의 차

$\lim_{x\to a} f(x)=\infty$, $\lim_{x\to a} g(x)=\infty$일 때, $\lim_{x\to a}[f(x)-g(x)]$를 $\infty-\infty$의 부정형이라고 한다. 이런 경우에는 함수의 차로 된 형태에서 부정형 $\frac{0}{0}$, $\frac{\infty}{\infty}$의 형태로 변형시킨 후 로피탈의 법칙을 적용한다.

EXAMPLE 5

$\lim_{x\to \frac{\pi}{2}^-}(\sec x-\tan x)$를 구하여라.

$x\to \frac{\pi}{2}^-$ 일 때 $\sec x\to\infty$, $\tan x\to\infty$ 이므로 $\infty-\infty$ 의 부정형이다. 그런데

$$\lim_{x\to \frac{\pi}{2}^-}(\sec x-\tan x)=\lim_{x\to \frac{\pi}{2}^-}\left(\frac{1}{\cos x}-\frac{\sin x}{\cos x}\right)=\lim_{x\to \frac{\pi}{2}^-}\frac{1-\sin x}{\cos x}$$

이므로 $\frac{0}{0}$인 부정형으로 변형하여 로피탈의 법칙을 적용하면,

$$\lim_{x\to \frac{\pi}{2}^-}\frac{1-\sin x}{\cos x}=\lim_{x\to \frac{\pi}{2}^-}\frac{-\cos x}{-\sin x}=0$$

을 얻는다. 따라서

$$\lim_{x\to \frac{\pi}{2}^-}(\sec x-\tan x)=0$$

이다.

부정형의 멱

두 함수 $f(x)$와 $g(x)$에 대하여 함수의 멱을 $[f(x)]^{g(x)}$라 놓으면

$$[f(x)]^{g(x)} = e^{g(x)\ln f(x)} \tag{4.13}$$

와 같이 지수함수의 형태로 표현할 수 있다. 이때 지수에 쓰인 $g(x)\ln f(x)$는 두 함수 $g(x)$와 $\ln f(x)$의 곱의 형태이므로 여기서 부정형의 곱이 나타나는 경우를 생각해 본다.

(a) $\lim_{x\to a} f(x)=0$, $\lim_{x\to a} g(x)=0$인 경우로 0^0형의 부정형이라 한다. 그러면 $g(x)\ln f(x)$는 $0\cdot(-\infty)$인 곱의 부정형이다.

(b) $\lim_{x\to a} f(x)=\infty$, $\lim_{x\to a} g(x)=0$인 경우로 ∞^0형의 부정형이라 한다. 이때 $g(x)\ln f(x)$는 $0\cdot(\infty)$인 곱의 부정형이다.

(c) $\lim_{x\to a} f(x)=1$, $\lim_{x\to a} g(x)=\pm\infty$인 경우로 1^∞형의 부정형이라 한다. 이때 $g(x)\ln f(x)$는 $(\pm\infty)\cdot 0$인 곱의 부정형이다.

EXAMPLE 6

$\lim_{x\to 0^+} x^x$을 구하여라.

$x\to 0^+$이므로 0^0형의 부정형이다. 식 (4.13)에 의하여

$$x^x = e^{x\ln x}$$

이다. $\lim_{x\to 0^+} x^x = \lim_{x\to 0^+} e^{x\ln x}$에서 부정형의 곱인 $\lim_{x\to 0^+} x\ln x$에 로피탈의 법칙을 적용하면

$$\lim_{x\to 0^+} x\ln x = \lim_{x\to 0^+} \frac{\ln x}{\frac{1}{x}} = \lim_{x\to 0^+} \frac{\frac{1}{x}}{-\frac{1}{x^2}} = \lim_{x\to 0^+}(-x) = 0$$

이다.

따라서

$$\lim_{x\to 0^+} x^x = \lim_{x\to 0^+} e^{x\ln x} = e^0 = 1$$

이다.

EXAMPLE 7

$\lim_{x\to\infty} x^{\frac{1}{x}}$을 구하여라.

풀이 $x\to\infty$일 때 ∞^0형의 부정형이다. 예제 6의 풀이 과정과 같은 방법으로

$$x^{\frac{1}{x}} = e^{\frac{1}{x}\ln x}$$

이고,

$$\lim_{x\to\infty}\frac{1}{x}\ln x = \lim_{x\to\infty}\frac{\ln x}{x} = \lim_{x\to\infty}\frac{1}{x} = 0$$

이다. 따라서

$$\lim_{x\to\infty} x^{\frac{1}{x}} = \lim_{x\to\infty} e^{\frac{1}{x}\ln x} = e^0 = 1$$

이다.

EXAMPLE 8

$\lim_{x\to 0}(1-\sin x)^{\frac{1}{x}}$을 구하여라.

풀이 $x\to 0$일 때 1^∞형의 부정형이다.

$$(1-\sin x)^{\frac{1}{x}} = e^{\frac{1}{x}\ln(1-\sin x)}$$

이므로

$$\lim_{x\to 0}\frac{1}{x}\ln(1-\sin x) = \lim_{x\to 0}\frac{\ln(1-\sin x)}{x} = \lim_{x\to 0}\frac{\frac{-\cos x}{(1-\sin x)}}{1} = -1$$

이다. 따라서

$$\lim_{x\to 0}(1-\sin x)^{\frac{1}{x}} = \lim_{x\to 0} e^{\frac{1}{x}\ln(1-\sin x)} = e^{-1} = \frac{1}{e}$$

이다.

쉬어가기

로피탈(L'Hospital) 법칙의 기원

로피탈 법칙은 1696년 Marquis de L'Hospital에 의해서 출판된 ≪무한소 해석, (*Analyse des Infiniment Pettis*)≫이라는 책에 최초로 수록되었다. 이것이 최초의 미적분학 책이며, 이 책에서 로피탈은 자기의 법칙을 이용해서 $a>0$이며 $x\to a$일 때 함수 $y=\dfrac{\sqrt{2a^3x-x^4}-a\sqrt[3]{a^2x}}{a-\sqrt[4]{ax^3}}$의 극한을 구하였다. 그러나 이 법칙은 1694년에 스위스 수학자인 John Bernoulli에 의해서 발견된 것으로 알려져 있으며, 로피탈의 미적분학 책 ≪무한소 해석≫도 저자명만 로피탈일 뿐 거의 모든 내용이 베르누이의 업적인 것으로 알려져 있다. 이 두 수학자들은 이러한 수학적 발견에 대한 권리를 어떻게 얻었는지에 대한 지적소유권 조정이 있었다고 한다.

TEST

연습문제 4.3

※ 1.~10. 다음의 극한값을 구하여라.

1. $\lim_{x\to 2}\frac{x-2}{x^2-4}$

2. $\lim_{x\to 0}\frac{e^x-1}{\sin x}$

3. $\lim_{x\to 0}\frac{\sin x}{x^3}$

4. $\lim_{x\to 0}\frac{\tan x}{x+\sin x}$

5. $\lim_{x\to \infty}\frac{\ln x}{x}$

6. $\lim_{x\to 0^+}\sqrt{x}\ln x$

7. $\lim_{x\to 0^+}\frac{\ln(\sin x)}{\ln x}$

8. $\lim_{x\to 0^+}x^{\sin x}$

9. $\lim_{x\to 0^+}x^{\frac{1}{\ln x}}$

10. $\lim_{x\to \infty}\left(\frac{x}{x+1}\right)^x$

CHAPTER

05 적분법

5.1 부정적분

3장에서 우리는 접선 문제를 이용하여 미분학의 핵심 개념인 도함수를 살펴보았다. 적분은 고대 그리스의 구적법에서 유래되어 갈릴레이의 제자이며 신부였던 카발리에리(F. B. Cavalieri, 1598~1647)에 의해 오늘날의 적분 개념으로 확립되었다. 카발리에리의 발상은 후에 월리스(J. Wallis, 1616~1703), 파스칼(B. Pascal, 1623~1662) 등을 통하여 라이프니츠에게 영향을 주었으며 라이프니츠는 뉴턴의 극한 개념을 대신한 또 다른 미적분학을 세웠다. 라이프니츠는 접선법과 구적법을 합리화하고 dx, dy 등의 기호를 써서 그들 사이의 규칙을 확립하였고, $\int$로 적분을 표시했다. 여기에서 d는 차를 나타내며, $\int$은 합을 나타낸다. 그는 가히 기호법의 천재라 할 수 있다. 이제 우리는 적분학과 미분학 사이의 긴 시간 차이에도 불구하고 두 개념이 서로 밀접한 관계임을 배우게 될 것이다. 먼저 도함수를 구하는 문제에서 그 역의 개념은 미분과 적분을 연결하는 중요한 관계이다. 다시 말해 주어진 함수 $f(x)$에 대해 도함수가 $f(x)$인 함수 $F(x)$를 구하는 문제이다. 이러한 함수 $F(x)$가 존재할 때 그것을 $f(x)$의 **부정적분**이라 한다. 이러한 개념에 의한 부정적분의 정의는 다음과 같다.

정의 5.1

주어진 구간 I에서 정의된 함수 $f(x)$가 연속일 때, 이 구간에서 미분가능한 함수 $F(x)$에 대하여

$$F'(x)=\frac{dF}{dx}=f(x), \quad x\in I$$

를 만족하면 함수 $F(x)$를 구간 I에서 $f(x)$의 **역도함수**(antiderivative) 또는 **원시함수**(primitive function)라 하고, 이러한 모든 역도함수들을 x에 관한 **부정적분**(indefinite integral)이라고 한다. 부정적분은

$$\int f(x)dx=F(x)+C \quad (C\text{는 임의의 상수})$$

와 같이 표기하며 C를 **적분상수**(integration constant)라 하고, $f(x)$를 **피적분함수**(integrand)라 한다. 그리고 x를 **적분변수**(variable of integration)라 한다.

결국 역도함수를 미분한 피적분함수를 적분하면 다시 역도함수를 구할 수 있으므로 적분은 미분의 역연산임을 알 수 있다. 이제 앞에서 배운 여러 가지 함수의 미분 결과를 이용하여 기본 적분공식을 구하여 보자. 먼저 부정적분에는 다음과 같은 성질이 있다.

부정적분의 기본공식

(a) $\int k\,dx=kx+C \quad (k\text{는 실수})$

(b) $\int kf(x)dx=k\int f(x)dx \quad (k\text{는 실수})$

(c) $\int [f(x)\pm g(x)]\,dx=\int f(x)dx\pm\int g(x)dx$

(d) $n\neq -1$일 때

$$\int x^n\,dx=\frac{x^{n+1}}{n+1}+C$$

$n=1$일 때

$$\int \frac{1}{x}\,dx=\ln|x|+C$$

증명

위의 공식은 우변을 미분한 것이 좌변의 피적분함수가 됨을 보임으로써 증명된다. 여기서는 (d)만을 증명하기로 한다.

(d) $n \neq -1$일 때, $\dfrac{d}{dx}\left(\dfrac{1}{n+1}x^{n+1}\right) = x^n$이므로

$$\int x^n\,dx = \frac{1}{n+1}x^{n+1} + C$$

$n = -1$일 때, $\dfrac{d}{dx}(\ln|x|) = \dfrac{1}{x}$이므로

$$\int \frac{1}{x}\,dx = \ln|x| + C$$

■

EXAMPLE 1

다음 함수들의 부정적분을 구하여라.

(1) $f(x) = 3$　　　　(2) $f(x) = 3x^2 + 6x - 5$

(1) $\int 3\,dx = 3x + C$

(2) $\int (3x^2 + 6x - 5)\,dx = 3\int x^2\,dx + 6\int x\,dx - 5\int dx$

$$= x^3 + 3x^2 - 5x + C$$

■

EXAMPLE 2

부정적분 $\int x\sqrt{x}\,dx$를 구하여라.

풀이

$$\int x\sqrt{x}\,dx = \int x^{\frac{3}{2}}dx = \frac{2}{5}x^2\sqrt{x} + C$$

■

EXAMPLE 3

부정적분 $\int x\left(x-\frac{1}{x}\right)^3 dx$를 구하여라.

풀이 $\int x\left(x-\frac{1}{x}\right)^3 dx = \int\left(x^4-3x^2+3-\frac{1}{x^2}\right)dx = \frac{1}{5}x^5-x^3+3x+\frac{1}{x}+C$

■

EXAMPLE 4

부정적분 $\int\left(\frac{x+1}{x}\right)^2 dx$를 구하여라.

풀이
$$\int\left(\frac{x+1}{x}\right)^2 dx = \int\left(\frac{x^2+2x+1}{x^2}\right)dx = \int\left(1+2\frac{1}{x}+\frac{1}{x^2}\right)dx$$
$$= x+2\ln|x|-\frac{1}{x}+C$$

■

삼각함수의 부정적분에 대하여 알아보자. 삼각함수의 미분은

$$\frac{d}{dx}\sin x=\cos x \qquad \frac{d}{dx}\cos x=-\sin x$$

$$\frac{d}{dx}\tan x=\sec^2 x \qquad \frac{d}{dx}\cot x=-\csc^2 x$$

$$\frac{d}{dx}\sec x=\sec x\tan x \qquad \frac{d}{dx}\csc x=-\csc x\cot x$$

이므로 삼각함수의 부정적분은 다음과 같다.

삼각함수의 부정적분

(a) $\int\cos x\,dx=\sin x+C$

(b) $\int\sin x\,dx=-\cos x+C$

(c) $\int\sec^2 x\,dx=\tan x+C$

(d) $\int\csc^2 x\,dx=-\cot x+C$

(e) $\int\sec x\tan x\,dx=\sec x+C$

(f) $\int\csc x\cot x\,dx=-\csc x+C$

EXAMPLE 5

부정적분 $\int \frac{\cos^2 x}{1-\sin x}dx$를 구하여라.

풀이

피적분함수를 앞의 공식을 적용할 수 있는 꼴로 변형시킨다.

$$\frac{\cos^2 x}{1-\sin x} = \frac{1-\sin^2 x}{1-\sin x} = \frac{(1-\sin x)(1+\sin x)}{1-\sin x} = 1+\sin x$$

이므로

$$\int \frac{\cos^2 x}{1-\sin x}dx = \int (1+\sin x)dx = \int 1\,dx + \int \sin x\,dx = x - \cos x + C$$

■

EXAMPLE 6

부정적분 $\int \tan^2 x\,dx$를 구하여라.

풀이

$1+\tan^2 x = \sec^2 x$이므로

$$\int \tan^2 x\,dx = \int (\sec^2 x - 1)dx = \int \sec^2 x\,dx - \int 1\,dx = \tan x - x + C$$

■

EXAMPLE 7

부정적분 $\int \sin^2 \frac{x}{2}\,dx$를 구하여라.

풀이

$\sin^2 \frac{x}{2} = \frac{1-\cos x}{2}$이므로

$$\int \sin^2 \frac{x}{2}\,dx = \int \frac{1}{2}dx - \frac{1}{2}\int \cos x\,dx = \frac{1}{2}x - \frac{1}{2}\sin x + C$$

■

삼각함수의 부정적분은 배각공식, 반각공식 등과 같이 삼각함수의 관련 공식을 활용하여 피적분함수를 변형시킨 다음 앞에서 소개된 기본 공식을 적용하여 부정적분

을 구할 수 있다. 다음은 역삼각함수의 부정적분에 대하여 알아보자. 3장의 3.4.2절에서 역삼각함수의 미분은

(a) $\dfrac{d}{dx}(\sin^{-1}x) = \dfrac{1}{\sqrt{1-x^2}}$ $\quad (-1 < x < 1)$

(b) $\dfrac{d}{dx}(\tan^{-1}x) = \dfrac{1}{1+x^2}$ $\quad (-\infty < x < \infty)$

(c) $\dfrac{d}{dx}(\sec^{-1}x) = \dfrac{1}{|x|\sqrt{x^2-1}}$ $\quad (|x| > 1)$

이므로 역삼각함수의 부정적분은 다음과 같다.

역삼각함수의 부정적분

(a) $\displaystyle\int \frac{1}{\sqrt{a^2-x^2}}\,dx = \sin^{-1}\left(\frac{x}{a}\right) + C$

(b) $\displaystyle\int \frac{1}{a^2+x^2}\,dx = \frac{1}{a}\tan^{-1}\left(\frac{x}{a}\right) + C$

(c) $\displaystyle\int \frac{1}{x\sqrt{x^2-a^2}}\,dx = \frac{1}{a}\sec^{-1}\left(\frac{x}{a}\right) + C$

EXAMPLE 8

$\displaystyle\int \frac{1}{\sqrt{1-4x^2}}\,dx$의 부정적분을 구하여라.

풀이

$\dfrac{1}{\sqrt{1-4x^2}} = \dfrac{1}{2\sqrt{\dfrac{1}{4}-x^2}} = \dfrac{1}{2}\dfrac{1}{\sqrt{\left(\dfrac{1}{2}\right)^2 - x^2}}$ 이므로 공식 (a)에 의하여

$$\begin{aligned}\int \frac{1}{\sqrt{1-4x^2}}\,dx &= \frac{1}{2}\int \frac{1}{\sqrt{\left(\frac{1}{2}\right)^2 - x^2}}\,dx \\ &= \frac{1}{2}\sin^{-1}2x + C\end{aligned}$$

■

EXAMPLE 9

$\int \frac{1}{x^2+2x+5}dx$의 부정적분을 구하여라.

풀이

$$\int \frac{1}{x^2+2x+5}dx = \int \frac{1}{(x+1)^2+4}dx = \frac{1}{2}\tan^{-1}\left(\frac{x+1}{2}\right)+C$$

■

마지막으로 지수함수의 부정적분에 대하여 알아보자. 지수함수의 미분은

$$\frac{d}{dx}(e^x)=e^x,\ \ \frac{d}{dx}(a^x)=a^x\ln a\ (\text{단},\ a>0,\ a\neq 1)$$

이므로 지수함수의 부정적분은 다음과 같다.

지수함수의 부정적분

(a) $\int e^x\,dx = e^x + C$

(b) $\int a^x\,dx = \frac{a^x}{\ln a} + C$ (단, $a>0,\ a\neq 1$)

EXAMPLE 10

부정적분 $\int (3e^x-3^x)dx$ 를 구하여라.

풀이

$$\int (3e^x-3^x)dx = 3\int e^x\,dx - \int 3^x\,dx = 3e^x - \frac{3^x}{\ln 3} + C$$

■

정리 5.2

함수 $f(x)$가 연속이고 $g(x)$가 미분가능할 때

(a) $\frac{d}{dx}\left\{\int f(x)\,dx\right\} = f(x)$　　(b) $\int \left\{\frac{d}{dx}g(x)\right\}dx = g(x) + C$

증명

(a) $F'(x) = \frac{dF}{dx} = f(x)$ 라 하면 $\int f(x)dx = F(x) + C$ 이고

$$\frac{d}{dx}\left\{\int f(x)dx\right\} = \frac{d}{dx}(F(x)+C) = \frac{d}{dx}F(x) + 0 = f(x)$$

(b) $\int \left\{\frac{d}{dx}g(x)\right\}dx = G(x)$ 라 하고, 양변을 미분하면 [정리 5.2(a)]에 의해서

$$\frac{d}{dx}g(x) = \frac{d}{dx}G(x)$$

이고

$$\frac{d}{dx}(G(x) - g(x)) = 0$$

이다. 따라서

$$G(x) - g(x) = C \text{ (상수)}$$

이므로

$$G(x) = \int \left\{\frac{d}{dx}g(x)\right\}dx = g(x) + C \qquad (C\text{는 적분상수})$$

이다.

■

EXAMPLE 11

$f'(x) = x\sqrt{x}$ 이고 $f(1) = 3$인 함수 $f(x)$를 구하여라.

풀이

예제 2에 의해서

$$\int x\sqrt{x}\,dx = \frac{2}{5}x^2\sqrt{x} + C$$

이므로

$$f(1) = \frac{2}{5} + C = 3$$

따라서 $C = 3 - \frac{2}{5} = \frac{13}{5}$ 이다. 그러므로 $f(x) = \frac{2}{5}x^{\frac{5}{2}} + \frac{13}{5}$

■

EXAMPLE 12

$f''(x) = 3x^2 + 6x - 2$이고 $f(0) = 3$과 $f(1) = 2$를 만족하는 함수 $f(x)$를 구하여라.

풀이

$$f'(x) = \int (3x^2 + 6x - 2)dx = x^3 + 3x^2 - 2x + C$$

이므로

$$f(x) = \int (x^3 + 3x^2 - 2x + C)dx = \frac{1}{4}x^4 + x^3 - x^2 + Cx + D$$

이다. 따라서

$$f(0) = D = 3$$

이고

$$f(1) = \frac{1}{4} + C + D = 2$$

이므로 $C = -\frac{5}{4}$ 이다. 그러므로

$$f(x) = \frac{1}{4}x^4 + x^3 - x^2 - \frac{5}{4}x + 3$$

■

TEST

연습문제 5.1

1. 다음의 부정적분을 구하여라.

(1) $\int (2x+3)\,dx$

(2) $\int (3x^2-2x+4)\,dx$

(3) $\int (x^2+\sqrt{2}\,x+1)(x^2-\sqrt{2}\,x+1)\,dx$

(4) $\int \frac{x^4+x^2+1}{x^2+x+1}dx$

(5) $\int \frac{2x^3-3x^2}{x^4}\,dx$

(6) $\int \frac{\sqrt{x}+\sqrt[3]{x}-1}{x}dx$

(7) $\int \left(\frac{1}{1+\tan^2 x}+\frac{1}{1+\cot^2 x}\right)dx$

(8) $\int \frac{1}{1+\cos 2x}dx$

(9) $\int e^{x+2}\,dx$

(10) $\int \frac{x^2-e^{2x}}{x-e^x}dx$

2. $f(x)=\sqrt{x^2-1}$ 일 때, $\int f'(x)\,dx$를 구하여라.

3. 어떤 함수 $y=f(x)$ 위의 점 (x,y)에서의 접선의 기울기가 x^3+x-5이다. 이 함수의 곡선이 $(1,3)$을 지날 때, 함수의 방정식을 구하여라.

4. $f'(x)=1+\sin x-2\cos x$, $f(0)=2$인 함수 $f(x)$를 구하여라.

5. $f''(x)=x^3+6x^2-2$, $f(0)=-1$, $f'(0)=1$인 함수 $f(x)$를 구하여라.

6. 다음의 부정적분을 구하여라.

(1) $\int \left(x+\frac{1}{x}\right)^2 dx$

(2) $\int \left(\frac{x^3-1}{x-1}\right)dx$

5.2 부정적분의 기법

우리는 앞 절에서 부정적분을 역도함수로 정의함으로써 미분을 통해 얻어진 공식들을 활용하여 다양한 부정적분의 결과들을 얻었다. 그러나 많은 경우 그러한 공식만으로 해결되지 않으며, 그 예로 $\int 2x\sqrt{1+x^2}\,dx$ 혹은 $\int x\sin x\,dx$ 등은 5.1절에서 얻은 역도함수를 찾는 공식으로 결과를 얻을 수 없다. 이러한 부정적분은 다양한 미분의 성질을 응용하여 해결이 가능하며, 지금부터 이런 문제를 해결하기 위한 적분의 다양한 기법을 살펴보도록 한다.

5.2.1 치환적분

부정적분 $\int 2x\sqrt{1+x^2}\,dx$를 계산하기 위해서 새로운 변수를 도입한다. 먼저 근호 안에 있는 식 $1+x^2$을 u라고 가정하자. 그러면 u의 미분은 $du = 2x\,dx$이다. 그러면 본래 적분은 다음과 같이 바뀐다.

$$\int 2x\sqrt{1+x^2}\,dx - \int \sqrt{1+x^2}\,2x\,dx = \int \sqrt{u}\,du - \int u^{\frac{1}{2}}\,du$$

이제 5.1절의 공식을 적용하면 결과는 $\frac{2}{3}u^{\frac{3}{2}} + C$이다. 이제 u를 원래 식으로 대체하면, 즉 $\frac{2}{3}(1+x^2)^{\frac{3}{2}} + C$ 가 부정적분 $\int 2x\sqrt{1+x^2}\,dx$의 결과이다. 이러한 계산 방법은 미분의 어떤 성질에 의해 얻어지는가? 결과식을 다시 미분하면 다음과 같다.

$$\frac{d}{dx}\left[\frac{2}{3}(x^2+1)^{\frac{3}{2}} + C\right] = \frac{2}{3}\,\frac{3}{2}(x^2+1)^{\frac{1}{2}}\,2x$$

위 미분의 과정에서 우변에 적용된 미분법칙은 연쇄법칙임을 알 수 있다. 즉 치환법칙은 미분의 연쇄법칙과 관련된 적분기법이다. 그러므로 부정적분의 치환법칙을 다음과 같이 정리할 수 있다.

치환법칙

$x=g(t)$가 변수 t에 관하여 미분가능하고 치역이 구간 I이며, 함수 f가 구간 I 위에서 연속이면, $dx=g'(t)dt$ 이므로

$$\int f(g(t))g'(t)dt=\int f(x)dx$$

이다. 따라서 $\int f(g(t))g'(t)dt$를 구하기 위하여 $x=g(t)$ 라 놓으면 피적분함수는 간단한 형태인 $\int f(x)dx$로 변형된다. 이와 같은 적분법을 치환적분법(method of integration by substitution)이라 한다.

EXAMPLE 1

다음 부정적분을 구하여라.

(1) $\int \sqrt{x+2}\,dx$ (2) $\int \left(\frac{x}{\sqrt{x^2+2}}\right)dx$

풀이

(1) $\sqrt{x+2}=(x+2)^{\frac{1}{2}}$ 이므로 $u=x+2$라 하면, $du=dx$이므로

$$\int \sqrt{x+2}\,dx=\int u^{\frac{1}{2}}du=\left(\frac{2}{3}\right)u^{\frac{3}{2}}+C=\frac{2}{3}(x+2)^{\frac{3}{2}}+C$$

(2) $u=x^2+2$ 라 하면, $du=2xdx$ 또는 $xdx=\frac{1}{2}du$이므로

$$\int \frac{x}{\sqrt{x^2+2}}dx=\int \frac{1}{2}\frac{1}{\sqrt{u}}du=\frac{1}{2}\cdot 2u^{\frac{1}{2}}+C=\sqrt{x^2+2}+C$$

■

EXAMPLE 2

다음 부정적분을 구하여라.

(1) $\int x(x^2+1)^2dx$ (2) $\int \sin^2 x\cos x\,dx$

(1) $x^2+1=t$ 라 하면 $2x\,dx=dt$이므로

$$\int x(x^2+1)^2 dx = \int t^2\left(\frac{1}{2}dt\right) = \left(\frac{1}{2}\right)\cdot\left(\frac{1}{3}\right)t^3 + C$$
$$= \left(\frac{1}{6}\right)(x^2+1)^3 + C$$

(2) $t = \sin x$ 로 놓으면 $dt = \cos x\, dx$ 이므로

$$\int \sin^2 x \cos x\, dx = \int t^2\, dt = \frac{1}{3}t^3 + C = \frac{1}{3}\sin^3 x + C$$

■

또한 $\int \frac{1}{x} dx = \ln|x| + C$의 결과를 활용하는 치환도 유용하게 쓰인다. 즉, 부정적분 $\int \frac{f'(x)}{f(x)} dx$에서 $f(x) = t$로 놓으면 $dt = f'(x)\,dx$이므로

$$\int \frac{f'(x)}{f(x)} dx = \int \frac{1}{t} dt = \ln|t| + C = \ln|f(x)| + C$$

이다.

EXAMPLE 3

다음 부정적분을 구하여라.

(1) $\int \frac{e^x}{e^x+2} dx$ (2) $\int \tan x\, dx$ (3) $\int \sec x\, dx$

풀이

(1) $e^x + 2 = t$ 라 하면 $e^x\, dx = dt$ 이므로

$$\int \frac{e^x}{e^x+2} dx = \int \frac{1}{t} dt = \ln|t| + C = \ln|e^x+2| + C$$

(2) $\tan x = \frac{\sin x}{\cos x}$ 이고 $t = \cos x$로 놓으면 $dt = -\sin x\, dx$이므로

$$\int \tan x\, dx = \int \frac{\sin x}{\cos x} dx = -\int \frac{1}{t} dt = -\ln|t| + C$$
$$= -\ln|\cos x| + C = \ln|\sec x| + C$$

(3) 주어진 피적분함수에 $\sec x + \tan x$를 곱하고 나누자. 그러면

$$\int \sec x\, dx = \int \sec x \left(\frac{\sec x + \tan x}{\sec x + \tan x} \right) dx$$
$$= \int \frac{\sec^2 x + \sec x \tan x}{\sec x + \tan x} dx$$

가 된다. 이때 $t = \sec x + \tan x$를 치환하면 $dt = (\sec x \tan x + \sec^2 x)dx$이다. 따라서

$$\int \frac{1}{t} dt = \ln|t| + C = \ln|\sec x + \tan x| + C$$

를 얻는다.

■

치환적분과 5.1절에서 얻은 삼각함수 적분공식을 활용하여 다음과 같은 삼각함수 부정적분에 대해서도 유용한 결과를 얻을 수 있다.

EXAMPLE 4

$\int \sin ax\, dx$의 부정적분을 구하여라.

풀이 $ax = t$ 라 하면 $adx = dt$이므로

$$\int \sin ax\, dx = \int \sin t \cdot \frac{1}{a} dt = \frac{1}{a}(-\cos t) + C$$
$$= -\frac{1}{a}\cos ax + C$$

■

예제 4에서 본 바와 같이 변수가 x의 1차식일 때는 그 변수를 직접 치환함으로써 이미 얻은 삼각함수 공식을 통해 쉽게 적분할 수 있다. 즉,

$$\int \sin ax\, dx = -\frac{1}{a}\cos ax + C, \qquad \int \tan ax\, dx = -\frac{1}{a}\ln|\cos ax| + C$$

$$\int \cos ax\, dx = \frac{1}{a}\sin ax + C, \quad \int \sec ax\, dx = \frac{1}{a}\ln|\sec ax + \tan ax| + C$$

5.2.2 부분적분

부정적분 $\int x\sin x\,dx$는 치환법칙을 적용하여 풀 수 없다. 그런데 치환법칙이 미분의 연쇄법칙에 대응하는 적분기법이듯이 미분법에서 곱셈법칙에 대응하는 규칙을 적분에서는 부분적분법이라 한다. 먼저 곱셈법칙으로부터 부분적분 공식을 얻고, 이 공식을 활용하여 $\int x\sin x\,dx$가 어떻게 계산되는지 살펴보자. 두 함수의 곱의 미분법에 의하여

$$[f(x)g(x)]' = f'(x)g(x) + f(x)g'(x)$$

이므로 부정적분의 정의에 의하여

$$f(x)g(x) = \int f'(x)g(x)\,dx + \int f(x)g'(x)\,dx$$

를 얻는다. 이 식을 변형하면 다음과 같은 부정적분을 얻는다.

$$\int f'(x)g(x)\,dx = f(x)g(x) - \int f(x)g'(x)\,dx$$

이제 위 식을 이용하여 부정적분 $\int x\sin x\,dx$를 구해 보자.

먼저 $g(x) = x$, $f'(x) = \sin x$로 놓으면 $g'(x) = 1$, $f(x) = -\cos x$가 되어 우변의 식에 이 식을 대입하면

$$\begin{aligned}\int x\sin x\,dx &= (-\cos x)(x) + \int (\cos x)(1)\,dx \\ &= -x\cos x + \sin x + C\end{aligned}$$

와 같이 부정적분이 구해진다. 위와 같은 적분법을 **부분적분법**이라 하고 이를 다음과 같이 정리하면 기억하기 쉽다.

부분적분

두 함수 $u=f(x)$, $v=g(x)$의 곱에 대한 미분은

$$\frac{d}{dx}(f(x)g(x))=f'(x)g(x)+f(x)g'(x)$$

이므로 $f'(x)g(x)$를 이항하여 적분하면

$$\int f(x)g'(x)dx=f(x)g(x)-\int f'(x)g(x)dx \tag{5.1}$$

를 얻는다. 이와 같은 적분법을 **부분적분법**(integration by parts)이라 한다. 또한 식 (5.1)을 간단하게

$$\int u\,dv=uv-\int v\,du$$

로 쓸 수 있다.

EXAMPLE 5

다음 부정적분을 구하여라.

(1) $\int xe^x dx$　　　　(2) $\int x\cos 2x\,dx$

풀이

(1) $u=x$, $v'=e^x$라 하면 $u'=1$, $v=e^x$이므로

$$\int xe^x dx = xe^x-\int 1e^x\,dx = xe^x-e^x+C$$

(2) $u=x$, $v'=\cos 2x$라 하면 $u'=1$, $v=\frac{1}{2}\sin 2x$이므로

$$\begin{aligned}\int x\cos 2x\,dx &= x\left(\frac{1}{2}\sin 2x\right)-\int\frac{1}{2}\sin 2x\,dx\\ &= \frac{1}{2}x\sin 2x+\frac{1}{4}\cos 2x+C\end{aligned}$$

■

EXAMPLE 6

다음 부정적분을 구하여라.

(1) $\int x^2 e^x dx$ (2) $\int e^x \sin x\, dx$

풀이

(1) $u = x^2$, $v' = e^x$라 하면 $u' = 2x$, $v = e^x$이므로

$$\int x^2 e^x dx = x^2 e^x - 2\int x e^x dx$$

이다. 우변의 $\int x e^x dx$는 예제 5의 (1)에 의해서

$$\int x e^x dx = x e^x - \int 1 e^x dx = x e^x - e^x + C_1$$

이므로

$$\begin{aligned}\int x^2 e^x dx &= x^2 e^x - 2\int x e^x dx \\ &= x^2 e^x - 2(x e^x - e^x + C_1) \\ &= e^x(x^2 - 2x + 2) + C \qquad (C = 2C_1)\end{aligned}$$

(2) $u = e^x$, $v' = \sin x$라 하면 $u' = e^x$, $v = -\cos x$이므로

$$\begin{aligned}\int e^x \sin x\, dx &= -e^x \cos x + \int e^x \cos x\, dx \\ &= -e^x \cos x + e^x \sin x - \int e^x \sin x\, dx\end{aligned}$$

이다. 따라서 우변의 $\int e^x \sin x\, dx$를 좌변으로 이항시키면

$$2\int e^x \sin x\, dx = -e^x \cos x + e^x \sin x$$

이므로

$$\int e^x \sin x\, dx = \frac{1}{2} e^x (\sin x - \cos x) + C$$

5.2.3 유리함수 적분

여기에서는 임의의 유리함수를 간단한 분수들의 합(부분분수)으로 표현함으로써 기존에 알고 있는 적분기법을 이용하여 적분하는 방법을 알아본다. 일반적인 부분분수의 방법을 알기 위하여 다항식 $P(x), S(x)$에 대한 유리함수

$$f(x) = \frac{P(x)}{S(x)}$$

를 생각해 보자. $P(x)$의 차수가 $S(x)$의 차수보다 낮으면 함수 $f(x)$를 간단한 분수의 합으로 표시할 수 있다. 그러나 $P(x)$의 차수가 $S(x)$의 차수보다 크거나 같을 때에는 $P(x)$를 $S(x)$로 나눈 후 그 몫을 $Q(x)$, 나머지를 $R(x)$라 두어서

$$f(x) = \frac{P(x)}{S(x)} = Q(x) + \frac{R(x)}{S(x)} \tag{5.2}$$

와 같이 고쳐서 적분한다.

EXAMPLE 7

$\int \frac{x^3 + x}{x-1} dx$를 구하여라.

풀이 분자의 차수가 분모의 차수보다 크므로 나눗셈을 하여 적분을 하면

$$\begin{aligned}\int \frac{x^3 + x}{x-1} dx &= \int \left(x^2 + x + 2 + \frac{2}{x-1}\right) dx \\ &= \frac{x^3}{3} + \frac{x^2}{2} + 2x + 2\ln|x-1| + C\end{aligned}$$

■

식 (5.2)에서 $\frac{R(x)}{S(x)}$는 $S(x)$의 형태에 따라 네 가지 경우로 분류하여 부분분수로 만들 수 있다.

경우 1

분모 $S(x)$는 서로 다른 일차 인수들을 갖는다.
$S(x) = (ax+b)(cx+d)$로 표현되면 아래의 부분분수

$$\frac{R(x)}{S(x)} = \frac{A_1}{ax+b} + \frac{A_2}{cx+d}$$

와 같이 고쳐서 적분을 한다.

EXAMPLE 8

$\int \frac{x+5}{x^2+x-2} dx$를 구하여라.

풀이 분자의 차수는 분모의 차수보다 작고 두 개의 서로 다른 일차 인수가 존재하므로

$$\frac{x+5}{x^2+x-2} = \frac{x+5}{(x-1)(x+2)} = \frac{A_1}{x-1} + \frac{A_2}{x+2}$$

의 형태를 가진다. A_1, A_2 의 값을 결정하기 위하여$(x-1)(x+2)$를 이 방정식의 양변에 곱하여

$$x+5 = A_1(x+2) + A_2(x-1) \tag{5.3}$$

이 된다. 식 (5.3)의 우변을 전개하여 정리를 하면,

$$x+5 = (A_1+A_2)x + (2A_1 - A_2) \tag{5.4}$$

이다. 식 (5.4)의 양변의 계수들이 서로 같아야 한다. 따라서

$$A_1 + A_2 = 1$$

$$2A_1 - A_2 = 5$$

가 된다. 이를 풀면 $A_1 = 2$, $A_2 = -1$을 얻는다. 그러므로

$$\int \frac{x+5}{x^2+x-2} dx = \int \frac{x+5}{(x-1)(x+2)} dx = \int \left(\frac{2}{x-1} - \frac{1}{x+2} \right) dx$$

$$= 2\ln|x-1| - \ln|x+2| + C$$

■

경우 2

분모 $S(x)$는 반복되는 일차 인수를 갖는다.
$S(x)=(ax+b)^2(cx+d)$로 표현되면 아래의 부분분수

$$\frac{R(x)}{S(x)}=\frac{A_1}{(ax+b)^2}+\frac{A_2}{ax+b}+\frac{A_3}{cx+d}$$

와 같이 고쳐서 적분을 한다.

EXAMPLE 9

$\int \frac{4x}{(x-1)^2(x+1)}dx$를 구하여라.

풀이 분자의 차수는 분모의 차수보다 작고 반복되는 인수와 다른 선형인수가 존재하므로

$$\frac{4x}{(x-1)^2(x+1)}=\frac{A_1}{x-1}+\frac{A_2}{(x-1)^2}+\frac{A_3}{(x+1)}$$

의 형태를 가진다. A_1, A_2, A_3의 값을 결정하기 위하여 $(x-1)^2(x+1)$을 이 방정식의 양변에 곱하여

$$4x=A_1(x-1)(x+1)+A_2(x+1)+A_3(x-1)^2 \tag{5.5}$$

를 얻는다. 식 (5.5)의 우변을 전개하여 정리를 하면

$$4x=(A_1+A_3)x^2+(A_2-2A_3)x+(-A_1+A_2+A_3) \tag{5.6}$$

이다. 식 (5.6)의 양변의 계수들이 서로 같아야 한다. 따라서

$$A_1+A_3=0$$

$$A_2-2A_3=4$$

$$-A_1+A_2+A_3=0$$

이 된다. 이를 풀면 $A_1=1$, $A_2=2$, $A_3=-1$을 얻는다. 그러므로

$$\int \frac{4x}{(x-1)^2(x+1)}dx = \int \left(\frac{1}{x-1} + \frac{2}{(x-1)^2} + \frac{-1}{x+1} \right) dx$$
$$= \ln|x-1| - \frac{2}{x-1} - \ln|x+1| + C$$

■

경우 3

분모 $S(x)$는 서로 다른 이차 인수(일차 인수로 분해되지 않는 이차 인수)를 갖는다. $S(x)$가 ax^2+bx+c를 가지면 아래의 부분분수

$$\frac{A_1x+A_2}{ax^2+bx+c}$$

를 이용하여 적분을 한다.

경우 4

분모 $S(x)$는 반복되는 이차 인수(일차 인수로 분해되지 않는 이치 인수)를 갖는다. $S(x)=(ax^2+bx+c)^2$로 표현되면 아래의 부분분수

$$\frac{R(x)}{S(x)} = \frac{A_1x+A_2}{(ax^2+bx+c)^2} + \frac{A_3x+A_4}{ax^2+bx+c}$$

와 같이 고쳐서 적분을 한다.

EXAMPLE 10

$\int \frac{x^2+3}{x(x^2+1)^2}dx$를 구하여라.

풀이 피적분함수를 부분분수식으로 고치면

$$\frac{x^2+3}{x(x^2+1)^2} = \frac{A_1}{x} + \frac{A_2x+A_3}{x^2+1} + \frac{A_4x+A_5}{(x^2+1)^2}$$

의 형태를 가진다. A_1, A_2, A_3, A_4, A_5의 값을 결정하기 위하여 $x(x^2+1)^2$을 이

방정식의 양변에 곱하여

$$x^2+3=A_1(x^2+1)^2+(A_2x+A_3)x(x^2+1)+(A_4x+A_5)x \tag{5.7}$$

를 얻는다. 식 (5.7)에서 $x=0$을 대입하면 $A_1=3$이므로 식 (5.7)에 대입하여 정리하면

$$-3x^4-5x^2=(A_2x+A_3)(x^3+x)+(A_4x^2+A_5x) \tag{5.8}$$

이므로 식 (5.8)의 우변을 x^3+x로 나누면 몫은 A_2x+A_3, 나머지가 $A_4x^2+A_5x$임을 알 수 있다. 또 식 (5.8)의 좌변을 x^3+x로 나누면 몫은 $-3x$이고, 나머지는 $-2x^2$이다. 따라서

$$\begin{aligned}-3x &= A_2x+A_3\\ -2x^2 &= A_4x^2+A_5x\end{aligned}$$

이므로 $A_2=-3$, $A_3=0$, $A_4=-2$, $A_5=0$ 이다. 따라서 구하는 적분은

$$\begin{aligned}\int\frac{x^2+3}{x(x^2+1)^2}dx &= \int\left(\frac{3}{x}+\frac{-3x}{x^2+1}+\frac{-2x}{(x^2+1)^2}\right)dx\\ &= 3\ln|x|-\frac{3}{2}\ln(x^2+1)+\frac{1}{x^2+1}+C\end{aligned}$$

■

TEST

연습문제 5.2

※ 1.~12. 치환적분법을 이용하여 다음 부정적분을 구하여라.

1. $\int (2x+2)(x^2+2x+1)dx$

2. $\int \frac{1}{(2x+1)^2}dx$

3. $\int \frac{x}{(x^2+3)^2}dx$

4. $\int (x-1)\sqrt{2x-x^2}\,dx$

5. $\int \frac{(x-1)}{\sqrt{2x-x^2}}dx$

6. $\int \sin x\, e^{\cos x}\,dx$

7. $\int \frac{\cos x}{\sin x+2}dx$

8. $\int \frac{\ln(\ln t)}{t\ln t}dt$

9. $\int \frac{\ln x}{x}dx$

10. $\int e^x\sqrt{9-e^x}\,dx$

11. $\int 3^{ex}dx$

12. $\int x^{-2}e^{\frac{1}{x}}\,dx$

※ 13.~16. 부분적분법을 이용하여 다음 부정적분을 구하여라.

13. $\int \ln x\, dx$

14. $\int (\ln x)^2\, dx$

15. $\int x^2\cos x\, dx$

16. $\int x e^{-x}\, dx$

17. 자연수 n에 대하여 $I_n = \int x^n e^x\, dx$라고 할 때, 다음 물음에 답하여라.

(1) $I_n = x^n e^x - n\, I_{n-1}$(단, $n \geq 2$)임을 보여라.

(2) I_2를 구하여라.

18. 미분가능한 함수 $f(x)$의 부정적분을 $F(x)$라고 할 때,

$$F(x) = xf(x) - x^2 e^x$$

인 관계가 있다. 다음 물음에 답하여라.

(1) 주어진 등식의 양변을 x에 대하여 미분하여 도함수 $f'(x)$를 구하여라.

(2) $f(0) = 1$일 때, 함수 $f(x)$를 구하여라.

※ 19.~23. 다음 부정적분을 구하여라.

19. $\displaystyle\int \frac{x^2+2x-1}{2x^3+3x^2-2x}dx$

20. $\displaystyle\int \frac{2x^2-x+4}{x^3+4x}dx$

21. $\displaystyle\int \frac{x+4}{x^2+2x+5}dx$

22. $\displaystyle\int \frac{3x^3}{x^2+4}dx$

23. $\displaystyle\int \frac{\sqrt{x+4}}{x}dx$

✔ **23번 Hint** $u = \sqrt{x+4}$로 치환하면 유리함수로 변형시킬 수 있다.

5.3 삼각적분

우리는 5.1절에서 삼각함수 미분의 역으로 삼각함수 적분공식을 얻었다. 여기서는 삼각함수 항등식을 이용하여 여러 삼각함수가 결합된 형태나, 사인(sine)과 코사인(cosine)의 거듭제곱함수 등과 같은 다양한 형태의 삼각함수 적분법을 공부한다. 이해를 돕기 위하여 유형별로 구분하여 적분법을 살펴보자.

먼저 $m \geq 0$, $n \geq 0$이 정수일 때 $\int \sin^m x \cos^n x\, dx$인 형태는 다음과 같이 세 가지 방법으로 나누어 적분할 수 있다.

$\int \sin^m x \cos^n x\, dx$의 적분법

(a) $\cos x$의 거듭제곱이 홀수($n = 2k+1$)이면, 한 개의 $\cos x$만 남겨 두고 나머지 인수들은 $\cos^2 x = 1 - \sin^2 x$를 이용하여 $\sin x$로 나타낸다.

$$\int \sin^m x \cos^{2k+1} x\, dx = \int \sin^m x (\cos^2 x)^k \cos x\, dx = \int \sin^m x (1 - \sin^2 x)^k \cos x\, dx$$

그런 다음 $u = \sin x$로 치환한다.

(b) $\sin x$의 거듭제곱이 홀수($m = 2k+1$)이면, 한 개의 $\sin x$만 남겨 두고 나머지 인수들은 $\sin^2 x = 1 - \cos^2 x$를 이용하여 $\cos x$로 나타낸다.

$$\int \sin^{2k+1} x \cos^n x\, dx = \int (\sin^2 x)^k \cos^n x \sin x\, dx = \int (1 - \cos^2 x)^k \cos^n x \sin x\, dx$$

그런 다음 $u = \cos x$로 치환한다.

(c) $\sin x$, $\cos x$의 거듭제곱이 모두 짝수이면, 반각공식

$$\sin^2 x = \frac{1 - \cos 2x}{2}, \quad \cos^2 x = \frac{1 + \cos 2x}{2}$$

를 사용한다. 때로는 항등식

$$\sin x \cos x = \frac{1}{2} \sin 2x$$

도 도움이 된다.

EXAMPLE 1

$\int \sin^2 x \cos^3 x \, dx$의 부정적분을 구하여라.

풀이

$\cos x$의 거듭제곱이 홀수이므로 공식 (a)에 의하여

$\cos^3 x = \cos^2 x \cos x = (1-\sin^2 x)\cos x$

로 변형한다. 그리고 $u = \sin x$로 치환하면, $du = \cos x \, dx$이고 따라서,

$$\begin{aligned}\int \sin^2 x \cos^3 x \, dx &= \int \sin^2 x (1-\sin^2 x)\cos x \, dx \\ &= \int u^2(1-u^2)\,du = \int (u^2-u^4)\,du \\ &= \frac{1}{3}u^3 - \frac{1}{5}u^5 + C \\ &= \frac{1}{3}\sin^3 x - \frac{1}{5}\sin^5 x + C\end{aligned}$$

■

EXAMPLE 2

$\int \sin^5 x \cos^2 x \, dx$의 부정적분을 구하여라.

풀이

$\sin x$의 거듭제곱이 홀수이므로 공식 (b)에 의하여

$$\sin^5 x = \sin^4 x \sin x = (1-\cos^2 x)^2 \sin x$$

로 변형한다. 그리고 $u = \cos x$로 치환하면, $du = -\sin x \, dx$이고 따라서,

$$\begin{aligned}\int \sin^5 x \cos^2 x \, dx &= \int (1-\cos^2 x)^2 \cos^2 x \sin x \, dx \\ &= \int (1-u^2)^2 u^2 (-du) \\ &= -\int (u^2 - 2u^4 + u^6)\,du \\ &= -\left(\frac{1}{3}u^3 - \frac{2}{5}u^5 + \frac{1}{7}u^7\right) + C \\ &= -\left(\frac{1}{3}\cos^3 x - \frac{2}{5}\cos^5 x + \frac{1}{7}\cos^7 x\right) + C\end{aligned}$$

■

EXAMPLE 3

$\int \sin^4 x\, dx$의 부정적분을 구하여라.

풀이 $\sin x$의 거듭제곱이 짝수이므로 공식 (c)에 의하여 반각공식

$$\sin^2 x = \frac{1-\cos 2x}{2}$$

를 이용한다. 그러면

$$\sin^4 x = (\sin^2 x)^2 = \left(\frac{1-\cos 2x}{2}\right)^2$$

이 된다. 따라서 주어진 적분은

$$\begin{aligned}\int \sin^4 x\, dx &= \int \left(\frac{1-\cos 2x}{2}\right)^2 dx \\ &= \frac{1}{4}\int (1-2\cos 2x+\cos^2 2x)\, dx\end{aligned}$$

가 된다. $\cos^2 2x$가 있으므로

$$\cos^2 2x = \frac{1+\cos 4x}{2}$$

를 사용한다. 그러면

$$\begin{aligned}\int \sin^4 x\, dx &= \frac{1}{4}\int \left[1-2\cos 2x+\frac{1}{2}(1+\cos 4x)\right] dx \\ &= \frac{1}{4}\int \left(\frac{3}{2}-2\cos 2x+\frac{1}{2}\cos 4x\right) dx \\ &= \frac{1}{4}\left(\frac{3}{2}x-\sin 2x+\frac{1}{8}\sin 4x\right)+C\end{aligned}$$

가 된다. ■

$\int \tan^m x \sec^n x\, dx$ 형태의 적분 계산도 앞에서와 같은 방법으로 구할 수 있다. 먼저 $\frac{d}{dx}(\tan x) = \sec^2 x$이고 $\frac{d}{dx}(\sec x) = \sec x \tan x$이므로 항등식 $\sec^2 x = 1+\tan^2 x$를 이용하여 두 가지 경우로 나누어 아래와 같이 계산한다.

$\int \tan^m x \sec^n x \, dx$의 적분법

(a) $\sec x$의 거듭제곱이 짝수$(n=2k,\ k \geq 2)$이면, $\sec^2 x$의 한 인수만 남겨 두고 $\sec^2 x = 1+\tan^2 x$를 이용하여 나머지 인수들을 $\tan x$로 나타낸다.

$$\begin{aligned}\int \tan^m x \sec^{2k} x \, dx &= \int \tan^m x \,(\sec^2 x)^{k-1} \sec^2 x \, dx \\ &= \int \tan^m x \,(1+\tan^2 x)^{k-1} \sec^2 x \, dx\end{aligned}$$

그런 다음 $u = \tan x$로 치환한다.

(b) $\tan x$의 거듭제곱이 홀수$(m=2k+1)$이면, $\sec x \tan x$의 한 인수만 남겨 두고 $\tan^2 x = \sec^2 x - 1$을 이용하여 나머지 인수들을 $\sec x$로 나타낸다.

$$\begin{aligned}\int \tan^{2k+1} x \sec^n x \, dx &= \int (\tan^2 x)^k \sec^{n-1} x \sec x \tan x \, dx \\ &= \int (\sec^2 x - 1)^k \sec^{n-1} x \sec x \tan x \, dx\end{aligned}$$

그런 다음 $u = \sec x$로 치환한다.

EXAMPLE 4

$\int \tan^6 x \sec^4 x \, dx$의 부정적분을 구하여라.

풀이

$\sec x$의 거듭제곱이 짝수이므로 위의 적분법 (a)에 의하여 $\sec^2 x$ 인수를 분리시키고 남은 $\sec^2 x$는 항등식 $\sec^2 x = 1+\tan^2 x$ 를 이용하여 $\tan x$로 나타낸다. 그런 다음 $u = \tan x$, $du = \sec^2 x \, dx$로 치환하여 다음과 같이 계산할 수 있다.

$$\begin{aligned}\int \tan^6 x \sec^4 x \, dx &= \int \tan^6 x \sec^2 x \sec^2 x \, dx \\ &= \int \tan^6 x \,(1+\tan^2 x) \sec^2 x \, dx \\ &= \int u^6 (1+u^2) du = \frac{u^7}{7} + \frac{u^9}{9} + C \\ &= \frac{\tan^7 x}{7} + \frac{\tan^9 x}{9} + C\end{aligned}$$

■

EXAMPLE 5

$\int \tan^5 x \sec^7 x\, dx$의 부정적분을 구하여라.

풀이

예제 4와 같이 $\sec^2 x$를 분리시키면 $\sec^5 x$가 남는데 이것은 $\tan x$로 쉽게 치환되지 않는다. 적분법 (b)를 이용하여 $\tan x \sec x$ 인수를 분리시키면 $\tan x$의 거듭제곱이 짝수이므로 항등식 $\tan^2 x = \sec^2 x - 1$을 이용하여 $\sec x$만을 포함하는 식으로 나타낼 수 있으며, 그런 다음 $u = \sec x$, $du = \sec x \tan x\, dx$로 치환하여 다음과 같이 계산할 수 있다.

$$\begin{aligned} \int \tan^5 x \sec^7 x\, dx &= \int \tan^4 x \sec^6 x \sec x \tan x\, dx \\ &= \int (\sec^2 x - 1)^2 \sec^6 x \sec x \tan x\, dx \\ &= \int (u^2 - 1)^2 u^6\, du = \frac{u^{11}}{11} - 2\frac{u^9}{9} + \frac{u^7}{7} + C \\ &= \frac{1}{11}\sec^{11} x - \frac{2}{9}\sec^9 x + \frac{1}{7}\sec^7 x + C \end{aligned}$$

■

때로는 이미 치환적분에서 다룬 삼각함수 부정적분 중에 다음과 같은 적분 결과가 필요할 경우가 있다.

$$\int \tan x\, dx = \ln|\sec x| + C, \quad \int \sec x\, dx = \ln|\sec x + \tan x| + C$$

EXAMPLE 6

$\int \tan^3 x\, dx$의 부정적분을 구하여라.

풀이

피적분 함수에 $\tan x$만 나오는 형태이므로, $\tan^2 x = \sec^2 x - 1$을 이용하여 $\tan^2 x$를 $\sec^2 x$를 포함하는 식으로 다시 써서 계산하면

$$\begin{aligned} \int \tan^3 x\, dx &= \int \tan x \tan^2 x\, dx = \int \tan x (\sec^2 x - 1)\, dx \\ &= \int \tan x \sec^2 x\, dx - \int \tan x\, dx \\ &= \frac{1}{2}\tan^2 x - \ln|\sec x| + C \end{aligned}$$

■

$\int \tan^m x \sec^n x\, dx$와 유사한 형태로 $\int \cot^m x \csc^n x\, dx$와 같은 형태의 적분은 항등식 $\csc^2 x = 1 + \cot^2 x$를 사용하여 앞에서 다룬 것과 유사한 경우로 나누어 구할 수 있다. 삼각적분의 마지막 형태로 삼각함수의 적분은 다음과 같은 항등식을 이용하여 적분할 수 있다.

(a) $\int \sin mx \sin nx\, dx$ (b) $\int \sin mx \cos nx\, dx$ (c) $\int \cos mx \cos nx\, dx$

위 세 가지 형태의 적분을 구하기 위하여 아래의 각각 대응하는 항등식을 사용한다.

① $\sin mx \sin nx = -\frac{1}{2}[\cos(m+n)x - \cos(m-n)x]$

② $\sin mx \cos nx = \frac{1}{2}[\sin(m+n)x + \sin(m-n)x]$

③ $\cos mx \cos nx = \frac{1}{2}[\cos(m+n)x + \cos(m-n)x]$

EXAMPLE 7

다음을 적분하여라.

(1) $\int \sin 4x \sin 2x\, dx$ (2) $\int \sin 3x \cos 4x\, dx$

풀이

(1)
$$\begin{aligned}\int \sin 4x \sin 2x\, dx &= -\frac{1}{2}\int (\cos 6x - \cos 2x)dx \\ &= -\frac{1}{2}\left(\frac{1}{6}\sin 6x - \frac{1}{2}\sin 2x\right) + C \\ &= \frac{1}{12}(3\sin 2x - \sin 6x) + C\end{aligned}$$

(2)
$$\begin{aligned}\int \sin 3x \cos 4x\, dx &= \frac{1}{2}\int (\sin 7x - \sin x)dx \\ &= \frac{1}{2}\left(-\frac{1}{7}\cos 7x + \cos x\right) + C \\ &= -\frac{1}{14}\cos 7x + \frac{1}{2}\cos x + C\end{aligned}$$

■

쉬어가기

원주율 π에 관하여

삼각함수의 연구에서 중요한 역할을 하는 것이 원주율 π이다. 이 π와 관련된 일상적인 이야기와 π값의 계산방법을 소개한다. 먼저 3월 14일은 일명 "화이트 데이"라고 한다. 이 날은 남자가 여자에게 캔디를 선물하는 날인데, 이는 상업주의가 만들어낸 "유사 기념일"이다. 이에 대한 신선한 반격으로 요즘은 3월 14일을 "파이(pi) 데이"라고 하는데, 먹거리 파이(pie)가 아닌 원주율 π를 뜻한다. 원주율 π의 계산법은 고대에는 원에 내접, 외접하는 정다각형의 변의 수를 늘려감으로써 계산하였는데, 이러한 방법으로 기원전 3세기 아르키메데스에 이르러서는 상당히 정밀한 π값 계산이 나오게 된다. 그레고리(Gregory, 1638~1675)는 무한급수를 써서 π를 처음으로 계산하였는데, 그는 역 tan 함수의 전개식

$$\tan^{-1}x = x - \frac{1}{3}x^3 + \frac{1}{5}x^5 - \frac{1}{7}x^7 + \cdots \quad (-1 \le x \le 1)$$

을 이끌어낸 뒤, 이것을 이용하여

$$\frac{\pi}{4} = 1 - \frac{1}{3} + \frac{1}{5} - \frac{1}{7} + \frac{1}{9} - \cdots$$

$$\frac{\pi}{6} = \frac{1}{\sqrt{3}}\left(1 - \frac{1}{3 \cdot 3} + \frac{1}{3^2 \cdot 5} - \frac{1}{3^3 \cdot 7} + \cdots\right)$$

를 발견하였다. 그러나 이 식들로는 소수 여러 자리를 계속 계산하는 데는 불편하였다. 그 뒤 π값을 구하는 식들은 여러 차례 개량되어 쉥크스(Shanks, 1812~1882)라는 사람은 평생 걸려 π를 소수 707 자리까지 계산하였는데, 1946년 컴퓨터로 계산해 보니 1분 이내에 끝이 나서, 쉥크스의 계산 중 528 자리에서 틀림이 발견되었다. 오늘날도 컴퓨터의 발전으로 π 값의 계산은 누군가에 의해서 계속되고 있으나, 실제로 π의 값으로서는 정밀공업에서도 3.1416이면 충분하며, 일상생활에서는 3.14나 22/7로 충분하다.

TEST

연습문제 5.3

※ 1.~13. 다음의 부정적분을 구하여라.

1. $\int \tan^4 x\, dx$

2. $\int \sec^4 x\, dx$

3. $\int \sec^3 x\, dx$

✔ **3번 Hint** $u = \sec x,\ dv = \sec^2 x$로 놓고 부분적분을 이용한다.

4. $\int \sec^2(3-4x)dx$

5. $\int \tan\frac{3}{4}x\, dx$

6. $\int (\sin x + \cos x)^2\, dx$

7. $\int \sin 4x \sin 2x\, dx$

8. $\int \sin 3x \cos 4x\, dx$

9. $\int \cos 3x \cos 5x\, dx$

10. $\int \sin^2 x \cos^2 x\, dx$

11. $\int \sin^3 x\, dx$

12. $\int \sin^3 x \cos^3 x\, dx$

13. $\int \cos x \cos 2x \cos 3x\, dx$

CHAPTER

06

정적분 및 응용

6.1 정적분의 정의와 성질

평면에서 곡선의 길이, 도형의 넓이나 공간에서 도형의 겉넓이, 부피 등을 구하는 방법(구분구적법)에 대한 연구는 고대 그리스 이래로 많은 학자들의 커다란 관심사였다. 여기서 사용된 방법인 구분구적법이 정적분의 기초 개념이 되며, 아래 그림을 통해 간난히 구분구적법을 이해해 본다.

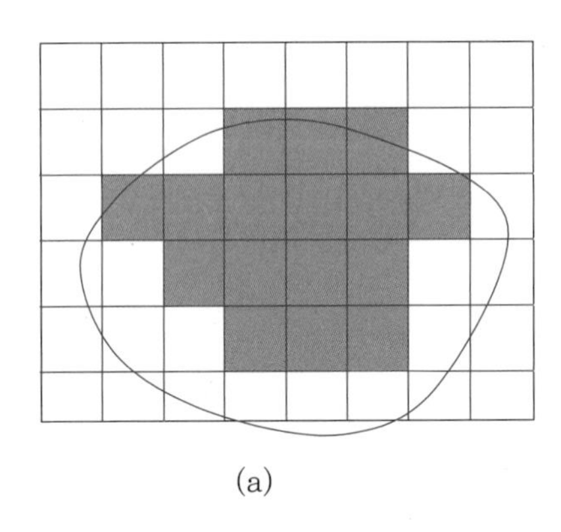

(a)

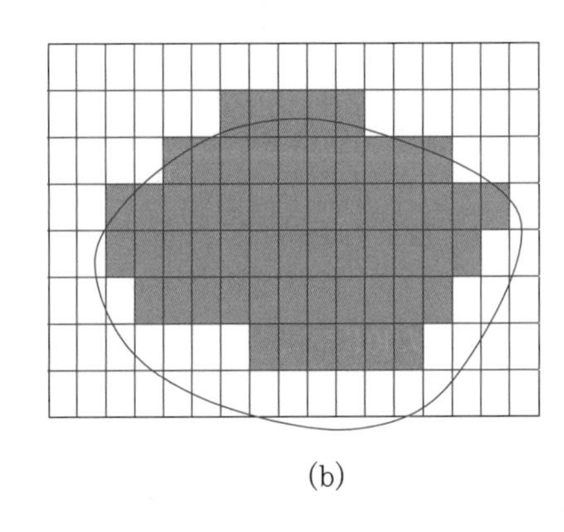

(b)

위의 두 그림은 곡선으로 둘러싸인 도형의 넓이를 직사각형에 의해 근사시킨 그림이다. 곡선 내부에 음영으로 처리된 직사각형의 넓이가 도형의 넓이에 더 가까운 것은 그림 (b)이다. 또한 고대에는 원의 넓이를 구하는 방법으로 오른쪽 그림과 같이 정다각형을 내접시키고 다각형의 넓이는 다시 삼각형의 넓이의 합을 구하여 원의 넓이에 근사시키는 방법을 사용하였다.

이러한 정다각형의 변의 수가 많을수록 그 넓이가 원의 넓이에 더욱 가까워진다는 것을 쉽게 알 수 있다. 이와 같이 어떤 도형의 넓이 또는 부피를 구할 때, 주어진 도형을 세분하여 그 도형의 넓이나 부피의 합으로 근삿값을 구한 뒤에 이 근삿값의 극한값으로 도형의 넓이 또는 부피를 구하는 방법을 **구분구적법**이라고 한다. 먼저 곡선으로 된 변을 갖는 영역의 넓이를 구하는 문제를 구분구적법을 활용하여 생각해 보자.

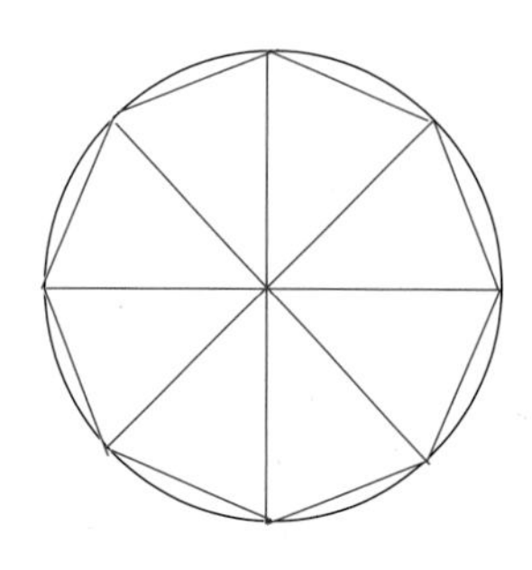

면적을 구하는 데 있어서 우리는 자주 많은 항들을 합하는 문제에 부딪치게 된다. 이러한 합을 표기하는 편리한 방법으로는 그리스 문자 Σ(시그마, sigma notation)를 이용하는 것이며, 다음의 공식들은 시그마 기호의 정의 및 적용되는 성질들이다.

(a) $\displaystyle\sum_{i=1}^{n} a_i = a_1 + a_2 + \cdots + a_{n-1} + a_n$ (b) $\displaystyle\sum_{i=1}^{n} c = nc$ (c는 상수)

(c) $\displaystyle\sum_{i=1}^{n} ca_i = c\sum_{i=1}^{n} a_i$ (c는 상수) (d) $\displaystyle\sum_{i=1}^{n}(a_i \pm b_i) = \sum_{i=1}^{n} a_i \pm \sum_{i=1}^{n} b_i$

또한 정적분의 정의를 이용하여 적분을 계산할 경우에 합을 계산하는 방법을 알 필요가 있다. 다음 공식들은 양의 정수들의 거듭제곱들의 합에 대한 공식이다.

(e) $\displaystyle\sum_{i=1}^{n} i = \frac{n(n+1)}{2}$ (f) $\displaystyle\sum_{i=1}^{n} i^2 = \frac{n(n+1)(2n+1)}{6}$

(g) $\displaystyle\sum_{i=1}^{n} i^3 = \left\{\frac{n(n+1)}{2}\right\}^2$

이제 그림 6.1(a)와 같이 곡선 $y = x^2$, x축 그리고 $x=1$로 둘러싸인 영역 S의 면적을 구분구적법의 개념을 활용하여 계산해 본다. 구하고자 하는 면적을 추정하는 방법은 그림 6.1(b)와 같이 구간 $[0, 1]$을 같은 길이를 갖는 n개의 부분구간들로

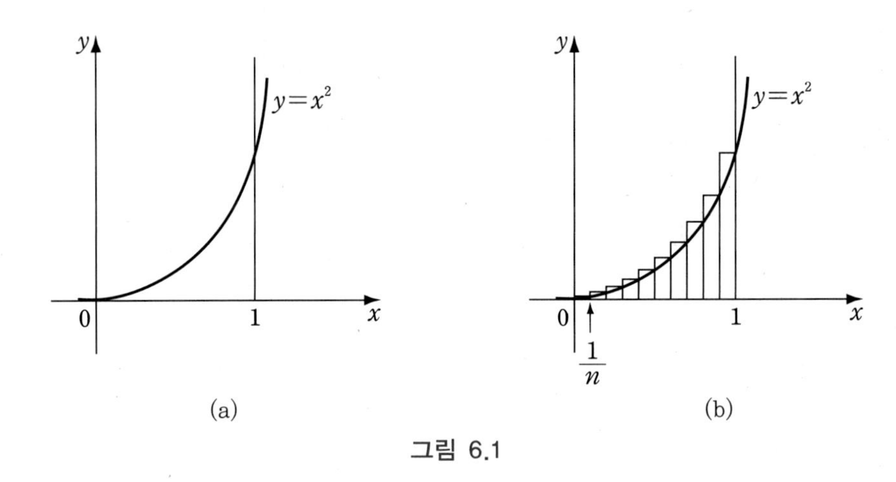

그림 6.1

분할하고, 밑변을 각 부분구간으로, 또 높이를 각 부분구간의 오른쪽 끝점에서 함수의 값으로 택한 직사각형들로 생각하는 것이다. n개의 직사각형들의 면적의 합을 S_n이라 하자. 각각의 직사각형은 가로가 $1/n$이고 세로가 점 $1/n$, $2/n$, $\cdots$, n/n에서 함수 $f(x)=x^2$의 함숫값이다. 즉, 세로는 $(1/n)^2$, $(2/n)^2$, $\cdots$, $(n/n)^2$이다. 따라서

$$
\begin{aligned}
S_n &= \frac{1}{n}\left(\frac{1}{n}\right)^2 + \frac{1}{n}\left(\frac{2}{n}\right)^2 + \cdots + \frac{1}{n}\left(\frac{n}{n}\right)^2 \\
&= \frac{1}{n}\left(\frac{1}{n}\right)^2 (1^2 + 2^2 + \cdots + n^2) \\
&= \left(\frac{1}{n}\right)^3 \sum_{i=1}^{n} i^2 \\
&= \left(\frac{1}{n}\right)^3 \frac{n(n+1)(2n+1)}{6} \\
&= \frac{(n+1)(2n+1)}{6n^2}
\end{aligned}
$$

이다. 만약 $n \to \infty$이면

$$\lim_{n\to\infty} S_n = \lim_{n\to\infty} \frac{(n+1)(2n+1)}{6n^2}$$

$$= \lim_{n\to\infty} \frac{1}{6}\left(\frac{n+1}{n}\right)\left(\frac{2n+1}{n}\right)$$

$$= \lim_{n\to\infty} \frac{1}{6}\left(1+\frac{1}{n}\right)\left(2+\frac{1}{n}\right)$$

$$= \frac{1}{6} \cdot 1 \cdot 2 = \frac{1}{3}$$

만약 $n=4$이면 $S_4 = 0.46875$이고 $n=8$이면 $S_8 = 0.3984375$이다. 마찬가지로 우리는 $S_{1000} \approx 0.33383$을 얻을 수 있다. 따라서 n이 증가할수록, S_n은 구하고자 하는 영역의 면적에 더욱더 가까운 근삿값이 된다는 것을 알 수 있다. 따라서 우리는 면적 A를 직사각형들의 면적의 합의 극한이라고 정의한다. 다시 말하면

$$A = \lim_{n\to\infty} S_n = \frac{1}{3}$$

이러한 구분구적법을 조금 더 일반적인 문제로 확장하여 그림 6.2와 같이 연속인 곡선 $y=f(x)$ $(f(x) \geqq 0)$와 직선 $x=a$ 및 $x=b$로 둘러싸인 영역 S의 면적을 구하여 보자.

앞에서와 같은 방법으로 구간 $[a, b]$를 균등하게 n 등분하여 구간의 양 끝점과 분점을 차례로

$$a = x_0 < x_1 < x_2 < \cdots < x_{n-1} < x_n = b$$

라 하면, 구간 $[a, b]$는 n 개의 부분구간으로 분할된다.

$$[x_0, x_1],\ [x_1,\ x_2],\ \cdots,\ [x_{n-1},\ x_n]$$

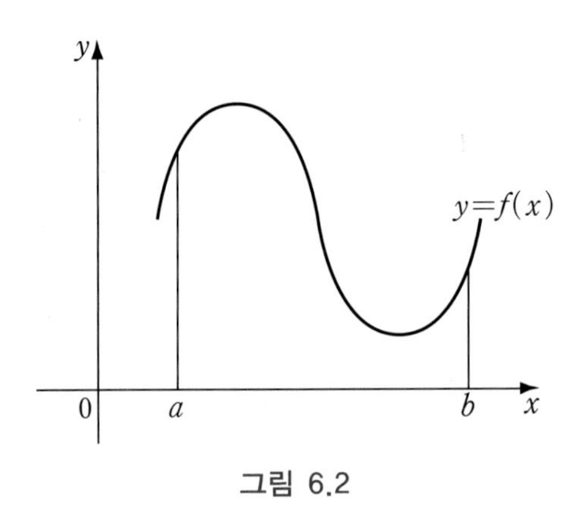

그림 6.2

이때 분할된 각 소구간의 길이를 Δx라 하면

$$\Delta x = \frac{b-a}{n}$$

이다. 그러면 그림 6.3과 같은 n 개의 직사각형을 얻는데, 각 직사각형의 밑변의 길이는 각 소구간의 길이가 되므로 Δx이고, 각 직사각형의 높이는 각 부분구간 $[x_{i-1},\ x_i]$에서 임의의 한 점 x_i^*를 택하여 밑변 Δx, 높이 $f(x_i^*)$를 갖는 직사각형 R_i를 만든다.

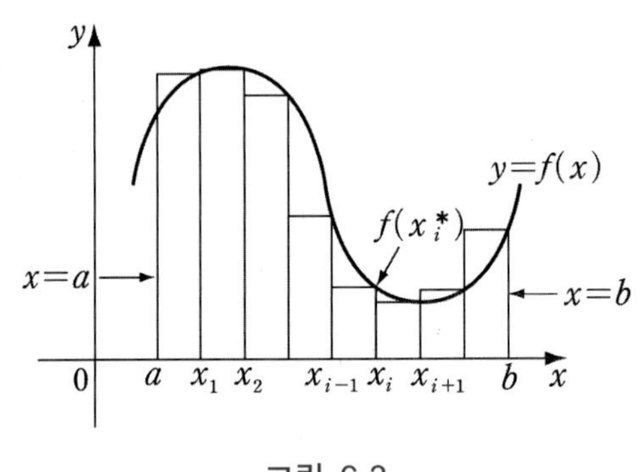

그림 6.3

i 번째 직사각형 R_i의 면적 A_i는

$$A_i = f(x_i^*)\Delta x$$

이므로 n개의 직사각형의 면적의 합은

$$\sum_{i=1}^{n} A_i = \sum_{i=1}^{n} f(x_i^*) \Delta x \tag{6.1}$$

이다. 이러한 직사각형의 합은 n이 증가하면 영역 S에 더 가까워질 것이다. 즉 직사각형들의 면적의 합인 식 (6.1)의 극한값을 S의 면적 A로 정의한다. 즉,

$$A = \lim_{n \to \infty} \sum_{i=1}^{n} f(x_i^*) \Delta x \tag{6.2}$$

우리는 앞에서 $f(x) \geq 0$인 경우에 대하여 다루었는데, $f(x) < 0$일 때도 직선 $x = a$ 및 $x = b$로 둘러싸인 영역 S의 면적을 다음과 같이 구할 수 있다. 먼저 $f(x_i^*) \Delta x < 0$이므로 S의 면적은

$$\lim_{n \to \infty} \sum_{i=1}^{n} f(x_i^*) \Delta x = -A$$

함수 $f(x)$가 필수적으로 양수의 값을 갖는 함수가 아닌 경우일지라도 이와 같은 형태의 극한문제가 일어난다. 이 극한값을 함수 $f(x)$의 a에서 b까지의 정적분이라 하고 다음과 같이 정의한다.

정리 6.1 **정적분의 정의**

임의의 연속함수 $y = f(x)$ 가 닫힌 구간 $[a, b]$ 에서 정의될 때, $f(x)$의 정적분(definite integral)은

$$\int_a^b f(x) dx = \lim_{n \to \infty} \sum_{i=1}^{n} f(x_i^*) \Delta x \tag{6.3}$$

(단, $\Delta x = \dfrac{b-a}{n}$, x_i^*는 부분구간 $[x_{i-1}, x_i]$에서 임의의 한 점)이다. 이때 a를 적분하한 그리고 b를 적분상한이라 한다.

식 (6.3)과 같이 정의된 정적분 $\int_a^b f(x) dx$를 구하는 것을 $f(x)$를 a에서 b까지 적분한다고 한다. 또 구간 $[a, b]$를 적분구간이라 하고, $f(x)$를 피적분함수, x를 적분변수라 한다.

참고 (1) 정적분 $\int_a^b f(x)\,dx$는 하나의 수이며 x와는 무관하다. 다시 말하면 정적분의 값은 피적분함수 $f(x)$와 적분구간 $[a, b]$에 의하여 정해지므로 x 대신 다른 문자를 사용하여 나타내어도 그 값은 변하지 않는다. 즉,

$$\int_a^b f(x)\,dx = \int_a^b f(r)\,dr = \int_a^b f(t)\,dt$$

(2) 식 (6.1)을 리만합이라고 하는데 이는 독일의 수학자 베른하르트 리만(Bernhard Riemann, 1826~1866)의 이름에서 유래한다. 그래서 리만합으로 정의되는 정적분을 리만적분이라고 한다.

(3) 정적분 $\int_a^b f(x)\,dx$는 면적을 나타낼 필요는 없다. 그러나 $f(x) \geq 0$인 함수들에 대한 정적분은 면적으로 이해될 수 있다.

EXAMPLE 1

정적분의 정의에 의하여 구간 $[0, 3]$에서 함수 $f(x) = x^3 - 6x$를 정적분 하여라.(단, 각 부분구간에서 오른쪽 끝점을 택한다.)

풀이 구간 $[0, 3]$을 n등분할 경우 각 부분구간의 길이는

$$\Delta x = \frac{b-a}{n} = \frac{3}{n}$$

이다. 따라서 $x_0 = 0$, $x_1 = \frac{3}{n}$, $x_2 = \frac{6}{n}$, $x_3 = \frac{9}{n}$이고 일반적으로 $x_i = \frac{3i}{n}$이다. 오른쪽 끝점을 이용하여 식 (6.3)을 적용하면 다음과 같이 쓸 수 있다.

$$\begin{aligned}\int_0^3 (x^3 - 6x)\,dx &= \lim_{n\to\infty} \sum_{i=1}^{n} f(x_i^*)\Delta x = \lim_{n\to\infty} \sum_{i=1}^{n} f\left(\frac{3i}{n}\right)\frac{3}{n} \\ &= \lim_{n\to\infty} \frac{3}{n} \sum_{i=1}^{n} \left[\left(\frac{3i}{n}\right)^3 - 6\left(\frac{3i}{n}\right)\right] \\ &= \lim_{n\to\infty} \frac{3}{n} \sum_{i=1}^{n} \left[\frac{27i^3}{n^3} - \frac{18i}{n}\right] \\ &= \lim_{n\to\infty} \left[\frac{81}{n^4} \sum_{i=1}^{n} i^3 - \frac{54}{n^2} \sum_{i=1}^{n} i\right]\end{aligned}$$

$$= \lim_{n\to\infty} \left\{ \frac{81}{n^4}\left[\frac{n(n+1)}{2}\right]^2 - \frac{54}{n^2}\frac{n(n+1)}{2} \right\}$$

$$= \lim_{n\to\infty} \left[\frac{81}{4}\left(1+\frac{1}{n}\right)^2 - 27\left(1+\frac{1}{n}\right)\right]$$

$$= \frac{81}{4} - 27 = -\frac{27}{4}$$

■

이제 우리는 정적분을 계산하는 데 도움을 주는 적분의 몇 가지 기본적인 성질을 살펴본다. 구체적인 증명은 연습문제로 남긴다.

정리 6.2 　　정적분의 성질

함수 $f(x)$와 $g(x)$는 주어진 적분구간(닫힌 구간)에서 연속함수라고 하자.

(a) $\int_a^a f(x)\,dx = 0$

(b) $\int_a^b f(x)\,dx = -\int_b^a f(x)\,dx$

(c) $\int_a^b c\,dx = c(b-a)$, (c는 임의의 상수)

(d) $\int_a^b [f(x) \pm g(x)]\,dx = \int_a^b f(x)\,dx \pm \int_a^b g(x)\,dx$

(e) $\int_a^b cf(x)\,dx = c\int_a^b f(x)\,dx$, ($c$는 임의의 상수)

(f) $\int_a^b f(x)\,dx = \int_a^c f(x)\,dx + \int_c^b f(x)\,dx$ 　 ($f(x) \geq 0$ 이고, $a < c < b$)

[정리 6.2]의 성질들은 $a<b$, $a=b$이거나 $a>b$인 어느 경우에도 성립한다. 함수의 크기와 적분의 크기를 비교하는 다음의 성질들은 단지 $a \leq b$인 경우에만 참이다.

정리 6.3 적분의 비교 성질

(a) 만일 $a \le x \le b$인 x에 대하여 $f(x) \ge 0$이면 $\int_a^b f(x)dx \ge 0$이다.

(b) 만일 $a \le x \le b$인 x에 대하여 $f(x) \ge g(x)$이면

$$\int_a^b f(x)dx \ge \int_a^b g(x)\,dx$$

이다.

(c) 만일 $a \le x \le b$인 x에 대하여 $m \le f(x) \le M$이면

$$m(b-a) \le \int_a^b f(x)\,dx \le M(b-a)$$

이다. (m: 최솟값, M: 최댓값)

EXAMPLE 2

[정리 6.3]의 (c)를 이용하여 $\int_1^4 \sqrt{x}\,dx$의 값을 추정하여라.

풀이 $f(x) = \sqrt{x}$는 증가함수이므로, 구간 $[1, 4]$ 위에서 그 최솟값은 $f(1) = 1$이며, 최댓값은 $f(4) = 2$이다. 따라서 [정리 6.3]의 (c)에 의하여

$$1(4-1) \le \int_1^4 \sqrt{x}\,dx \le 2\,(4-1) \text{이므로} \quad 3 \le \int_1^4 \sqrt{x}\,dx \le 6$$

이 된다. ■

TEST

연습문제 6.1

1. [정리 6.2]를 증명하여라.

※ 2.~3. 주어진 구간 위에서 극한을 정적분으로 표현하여라.

2. $\lim_{n\to\infty}\sum_{i=1}^{n} x_i \sin x_i \, \Delta x, \ \ [0, \pi]$

3. $\lim_{n\to\infty}\sum_{i=1}^{n} \sqrt{2x_i^* + (x_i^*)^2} \ \Delta x, \ \ [1, 8]$

※ 4.~6. 정적분의 정의를 이용하여 다음 적분을 계산하여라.

4. $\int_{-1}^{5}(1+3x)\,dx$

5. $\int_{0}^{2}(2-x^2)\,dx$

6. $\int_{1}^{3}x^3\,dx$

7. $\int_{a}^{b}x\,dx = \frac{b^2-a^2}{2}$ 임을 증명하여라.

※ 8.~9. 다음 정적분을 면적으로 해석함으로써 그 값을 계산하여라.

8. $\int_{0}^{3}\left(\frac{1}{2}x-1\right)dx$

9. $\int_{-1}^{2}|x|\,dx$

10. $\int_{0}^{9}f(x)\,dx = 37$이고, $\int_{0}^{9}g(x)\,dx = 16$일 때, $\int_{0}^{9}[2f(x)+3g(x)]\,dx$를 구하여라.

11. 다음의 정적분들이 존재하고, $a \leq b$ 라 가정할 때 다음을 증명하여라.

(1) $a \leqq x \leqq b$ 에서 $f(x) \geqq 0$이면 $\int_a^b f(x)\,dx \geqq 0$

(2) $a \leqq x \leqq b$ 에서 $f(x) \geqq g(x)$이면 $\int_a^b f(x)\,dx \geqq \int_a^b g(x)\,dx$

(3) $a \leqq x \leqq b$ 에서 $m \leqq f(x) \leqq M$이면 $m(b-a) \leqq \int_a^b f(x)\,dx \leqq M(b-a)$

(4) $\left|\int_a^b f(x)\,dx\right| \leqq \int_a^b |f(x)|\,dx$

※ 12.~13. 적분의 성질을 이용하여 적분값을 계산하지 않고 부등식이 성립함을 보여라.

12. $\int_0^{\frac{\pi}{4}} \sin^3 x\,dx \leq \int_0^{\frac{\pi}{4}} \sin^2 x\,dx$

13. $2 \leq \int_{-1}^{1} \sqrt{1+x^2}\,dx \leq 2\sqrt{2}$

쉬어가기

작은 수의 단위

10^{-1}(분, 分), 10^{-2}(리, 厘), 10^{-3}(모, 毛), 10^{-4}(사, 絲), 10^{-5}(홀, 忽), 10^{-6}(미, 微), 10^{-7}(섬, 纖), 10^{-8}(사, 沙), 10^{-9}(진, 塵), 10^{-10}(애, 埃), 10^{-13}(모호, 模糊), 10^{-16}(순식, 瞬息), 10^{-18}(찰나, 刹那), 10^{-20}(허공, 虛空), 10^{-21}(청정, 淸淨)

6.2 미적분학의 기본정리와 적분기법

우리는 6.1절에서 정적분의 정의에 의하여 주어진 함수를 정적분하는 계산법을 살펴보았다. 그러나 이러한 과정이 복잡한 피적분함수에 대하여 매우 어렵거나 지루하다는 것을 알았다. 뉴턴과 라이프니츠는 이러한 복잡한 적분 계산을 보다 간단히 할 수 있는 방법을 발견하였는데, 그 핵심은 미분법과 적분법이 서로 역과정임을 깨달은 것이다. 이 관계를 체계화한 것이 미적분학의 기본정리이며, 이 방법을 이용하면 면적과 적분을 합의 극한으로써 계산하지 않고 매우 쉬운 방법으로 계산할 수 있음을 알게 된다. 먼저 도함수와 적분 사이의 관계가 서로 역임을 보여주는 [미적분학의 기본정리 1]에 대해 알아보자.

정리 6.4 **미적분학의 기본정리 1**

함수 $f(x)$가 구간 $[a, b]$에서 연속이면,

$$g(x)=\int_a^x f(t)dt, \quad a\le x\le b \tag{6.4}$$

에 의하여 정의된 함수 $g(x)$는 구간 $[a, b]$ 위에서 연속이고 구간 (a, b) 위에서 미분가능하며, $g'(x)=f(x)$이다.

증명은 연습문제로 남겨 둔다. ■

[미적분학의 기본정리 1]에서 함수 $f(x)$는 구간 $[a, b]$ 위에서 연속인 함수이며 x는 a와 b 사이에서 움직인다. 함수 $g(x)$는 적분에서 변화하는 상한으로 나타나는 x에만 의존하고 있음을 알 수 있다. 만약 x가 고정된 수라고 한다면, 정적분 $\int_a^x f(t)dt$는 일정한 수가 된다. 또한 x를 변하게 한다면, 정적분 $\int_a^x f(t)dt$는 변하는 함수 $g(x)$로 표기되는 x의 함수가 될 것이다. 만일 함수 $f(x)$가 양숫값을 갖는 함수라면, 함수 $g(x)$는 a에서부터 x까지 함수 $f(x)$의 그래프 아래에 있는 영역의 면적으로 해석될 수 있다. 여기에서 x는 a에서 b까지 변한다[그림 6.4].

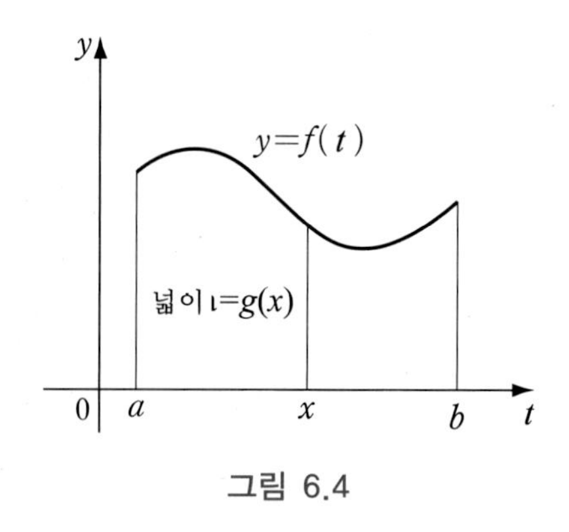

그림 6.4

EXAMPLE 1

만약 $f(t)=t$이고, $a=0$으로 하면, 6.1절의 연습문제 7을 이용함으로써, 우리는 다음과 같은 적분 결과를 얻는다.

$$g(x)=\int_a^x t\,dt=\frac{x^2}{2}$$

이제 적분의 결과식인 $g(x)=\frac{x^2}{2}$을 다시 미분하면 $g'(x)=x$이다. 따라서 $g'(x)=f(x)$이므로 이 경우는 $g(x)$가 식 (6.4)와 같이 $f(x)$의 적분으로 정의된다면, 함수 $g(x)$가 함수 $f(x)$의 역도함수임을 알 수 있다. 그러나 [정리 6.4]는 $f(x)$가 양숫값을 갖지 않는 경우에도 이 사실이 참임을 의미한다.

이 절의 서두에서 언급했던 정적분의 간단한 계산법은 [미적분학의 기본정리 1]로부터 얻어지는데, 만일 우리가 $f(x)$의 한 역도함수 $F(x)$를 안다면, 구간 $[a, b]$의 양 끝점들에서 $F(a)$와 $F(b)$의 값을 구해 그 두 값의 차가 정적분 $\int_a^b f(x)dx$의 값이 된다. 즉 6.1절의 식 (6.3)과 같이 복잡한 과정에 의해 정의된 정적분 $\int_a^b f(x)dx$는 단지 두 점 a와 b에서 $F(x)$의 값을 알면 구할 수 있다는 매우 놀랍고 간단한 방법이다. 이러한 방법을 제공하는 이론이 [미적분학의 기본정리 2]이며, 다음과 같다.

정리 6.5 미적분학의 기본정리 2

만일 함수 $f(x)$가 구간 $[a, b]$ 위에서 연속함수이면

$$\int_a^b f(x)dx = [F(x)]_a^b = F(b) - F(a) \tag{6.5}$$

이다. 여기에서 $F(x)$는 $f(x)$의 역도함수, 즉 $F'(x) = f(x)$ 를 만족한다.

증명 $G(x) = \int_a^x f(t)dt \ (a \leq x \leq b)$라 놓으면 $G'(x) = f(x)$이므로 $G(x)$는 $f(x)$의 부정적분의 하나이다. 따라서 $F(x)$가 $f(x)$의 한 부정적분이므로 상수 C만큼 차이가 나고, $F(x) = G(x) + C$ 라 할 수 있다. 한편

$$G(a) = \int_a^a f(x)dx = 0$$

이므로

$$\begin{aligned}\int_a^b f(t)dt &= G(b) = G(b) - G(a) \\ &= [F(b) - C] - [F(a) - C] \\ &= F(b) - F(a)\end{aligned}$$

■

EXAMPLE 2

다음 정적분을 구하여라.

(1) $\int_1^2 (2x+1)dx$ (2) $\int_{-2}^1 x^3 dx$

풀이 (1) 함수 $f(x) = 2x + 1$은 구간 $[1, 2]$에서 연속이며, 역도함수는 $F(x) = x^2 + x$ 임을 알 수 있다. 따라서 [정리 6.5]에 의하여

$$\int_1^2 (2x+1)dx = [x^2 + x]_1^2 = (2^2 + 2) - (1^2 + 1) = 4$$

(2) 함수 $f(x) = x^3$은 구간 $[-2, 1]$에서 연속이며, 역도함수는 $F(x) = \frac{x^4}{4}$ 이다. 따라서

$$\int_{-2}^1 x^3 dx = \left[\frac{x^4}{4}\right]_{-2}^1 = \frac{1}{4}(1)^4 - \frac{1}{4}(-2)^4 = -\frac{15}{4}$$

■

EXAMPLE 3

다음의 계산에서 무엇이 잘못되었는지 설명하여라.

$$\int_{-1}^{2}\frac{1}{x^2}\,dx=\left[\frac{x^{-1}}{-1}\right]_{-1}^{2}=-\frac{1}{2}-1=-\frac{3}{2}$$

풀이 먼저 계산 결과가 음수이나 $f(x)=\frac{1}{x^2}\geq 0$ 이며, [정리 6.5]에 의하여 이 계산은 잘못되었음을 알 수 있다. 그 이유는 [미적분학의 기본정리 2]가 연속함수들에 적용된다는 것인데, $f(x)=\frac{1}{x^2}$ 은 구간 $[-1, 2]$ 위에서 연속이 아니므로 [미적분학의 기본정리 2]는 여기에 적용될 수 없다. ■

우리는 5.2절에서 부정적분에 대한 적분법(치환법, 부분적분법)을 다루었다. 이러한 적분법은 정적분에도 적용되며, 마찬가지로 다양한 피적분함수에 대하여 정적분 값을 얻을 수 있게 한다. 먼저 정적분에서 치환법칙을 적용하는 방법을 살펴보자.

정적분에 대한 치환법칙

$g'(t)$가 구간 $[a,\ b]$ 위에서 연속함수이고 $f(x)$가 $x=g(t)$의 치역 위에서 연속함수이면

$$\int_{a}^{b}f(g(t))g'(t)\,dt=\int_{g(a)}^{g(b)}f(x)\,dx$$

가 성립한다.

정적분에서 치환법칙을 사용할 경우에 t와 dt뿐만 아니라 적분의 한계 등 모든 것을 새로운 변수 x의 항으로 대치하여야 한다는 것을 말해 주고 있다. 새로운 적분한계는 $t=a$와 $t=b$에 대응하는 x의 값이다.

EXAMPLE 4

정적분의 치환법칙을 이용하여 정적분 $\int_0^2 \left(\frac{x}{\sqrt{x^2+2}} \right) dx$ 를 구하여라.

풀이

$u = x^2 + 2$ 라 하면, $du = 2x\,dx$ 또는 $x\,dx = \frac{1}{2}du$ 이다. 치환에 의한 적분구간은 $x = 0$ 일 때 $u = 2$ 이고, $x = 2$ 일 때 $u = 6$ 이 된다. 따라서

$$\int_0^2 \frac{x}{\sqrt{x^2+2}} dx = \int_2^6 \frac{1}{2} \frac{1}{\sqrt{u}} du = \left[\frac{1}{2} \cdot 2u^{\frac{1}{2}} \right]_2^6$$

$$= \sqrt{6} - \sqrt{2}$$

■

다음의 정리는 정적분에 대한 치환적분법을 사용하여 대칭성을 갖고 있는 함수들의 적분계산을 쉽게 한다.

대칭함수의 정적분

(a) $f(x)$가 기함수[$f(-x) = -f(x)$]이면 $\int_{-a}^{a} f(x)\,dx = 0$

(b) $f(x)$가 우함수[$f(-x) = f(x)$]이면 $\int_{-a}^{a} f(x)\,dx = 2\int_0^a f(x)\,dx$

증명

적분을 다음과 같이 두 부분으로 나누자.

$$\int_{-a}^{a} f(x)\,dx = \int_{-a}^{0} f(x)\,dx + \int_0^a f(x)\,dx$$

$$= -\int_0^{-a} f(x)\,dx + \int_0^a f(x)\,dx$$

맨 우측의 첫 번째 적분에서 치환식 $u = -x$ 를 택하자. 그러면 $du = -dx$ 이고, 따라서 $x = -a$ 일 때, $u = a$ 이다. 그러므로

$$-\int_0^{-a} f(x)\,dx = -\int_0^a f(-u)(-du) = \int_0^a f(-u)\,du$$

이다. 따라서 적분식 $\int_{-a}^{a} f(x)\,dx$ 는 다음과 같이 변형된다.

$$\int_{-a}^{a} f(x)\,dx = \int_{0}^{a} f(-u)\,du + \int_{0}^{a} f(x)\,dx$$

(a) $f(x)$가 기함수이면, $f(-u) = -f(u)$ 이며, 따라서

$$\int_{-a}^{a} f(x)\,dx = -\int_{0}^{a} f(u)\,du + \int_{0}^{a} f(x)\,dx = 0$$

(b) $f(x)$가 우함수이면 $f(-u) = f(u)$ 이며, 따라서

$$\int_{-a}^{a} f(x)\,dx = \int_{0}^{a} f(u)\,du + \int_{0}^{a} f(x)\,dx = 2\int_{0}^{a} f(x)\,dx$$

■

EXAMPLE 5

다음을 구하여라.

(1) $\displaystyle\int_{-\pi}^{\pi} \sin x\,dx$ (2) $\displaystyle\int_{-\frac{\pi}{2}}^{\frac{\pi}{2}} \cos x\,dx$ (3) $\displaystyle\int_{-1}^{1} (2x^7 + x^5 + 5x^3 + x)\,dx$

풀이

(1) $\sin x$는 기함수이므로 $\displaystyle\int_{-\pi}^{\pi} \sin x\,dx = 0$

(2) $\cos x$는 우함수이므로 $\displaystyle\int_{-\frac{\pi}{2}}^{\frac{\pi}{2}} \cos x\,dx = 2\int_{0}^{\frac{\pi}{2}} \cos x\,dx = 2$

(3) $2x^7 + x^5 + 5x^3 + x$가 기함수이므로 $\displaystyle\int_{-1}^{1} (2x^7 + x^5 + 5x^3 + x)\,dx = 0$

■

다음은 정적분에 대해 부분적분법을 적용시켜 보자. 5.2절의 부분적분법에서 식 (5.1)에 [미적분학의 기본정리 2]를 결합하면 다음과 같은 식을 얻는다.

정적분에 대한 부분적분

두 함수 $f(x)$, $g(x)$가 미분가능하면,

$$\int_{a}^{b} f(x)g'(x)\,dx = [f(x)g(x)]_a^b - \int_{a}^{b} f'(x)g(x)\,dx$$

EXAMPLE 6

다음 정적분을 구하여라.

(1) $\int_0^1 x^2 e^{2x} dx$ (2) $\int_0^{\frac{\pi}{2}} x\cos x\, dx$

풀이

(1) $f(x)=x^2$, $g'(x)=e^{2x}$라 하면 $f'(x)=2x$, $g(x)=\frac{1}{2}e^{2x}$이므로

$$\begin{aligned}\int_0^1 x^2 e^{2x} dx &= \left[x^2\frac{1}{2}e^{2x}\right]_0^1 - \int_0^1 xe^{2x}dx \\ &= \frac{1}{2}e^2 - \left(\left[x\frac{1}{2}e^{2x}\right]_0^1 - \frac{1}{2}\int_0^1 e^{2x}dx\right) \\ &= \frac{1}{2}e^2 - \left(\frac{1}{2}e^2 - \left[\frac{1}{4}e^{2x}\right]_0^1\right) \\ &= \frac{1}{4}(e^2-1)\end{aligned}$$

(2) $f(x)=x$, $g'(x)=\cos x$라 하면 $f'(x)=1$, $g(x)=\sin x$이므로

$$\begin{aligned}\int_0^{\frac{\pi}{2}} x\cos x\, dx &= [x\sin x]_0^{\frac{\pi}{2}} - \int_0^{\frac{\pi}{2}} \sin x\, dx \\ &= \frac{\pi}{2} - [-\cos x]_0^{\frac{\pi}{2}} = \frac{\pi}{2} - 1\end{aligned}$$

■

정적분으로 정의된 x의 함수의 미분에 관하여 다음이 성립한다.

정리 6.6

(a) $\frac{d}{dx}\int_a^x f(t)dt = f(x)$

(b) $\frac{d}{dx}\int_x^{x+a} f(t)dt = f(x+a) - f(x)$

(c) $\frac{d}{dx}\int_{h(x)}^{g(x)} f(t)dt = f(g(x)) \cdot g'(x) - f(h(x)) \cdot h'(x)$

증명 $F'(t) = f(t)$라 하자.

(a) $$\frac{d}{dx}\int_a^x f(t)\,dt = \frac{d}{dx}[F(t)]_a^x = \frac{d}{dx}[F(x) - F(a)]$$
$$= \frac{d}{dx}F(x) - 0 = f(x)$$

(b) $$\frac{d}{dx}\int_x^{x+a} f(t)\,dt = \frac{d}{dx}[F(t)]_x^{x+a}$$
$$= \frac{d}{dx}[F(x+a) - F(x)]$$
$$= \frac{d}{dx}F(x+a) - \frac{d}{dx}F(x)$$
$$= F'(x+a) - F'(x)$$
$$= f(x+a) - f(x)$$

(c) $\int_{h(x)}^{g(x)} f(t)dt = [F(t)]_{h(x)}^{g(x)} = F(g(x)) - F(h(x))$ 를 이용하면

$$\frac{d}{dx}\int_{h(x)}^{g(x)} f(t)\,dt = \frac{d}{dx}F(g(x)) - \frac{d}{dx}F(h(x))$$
$$= F'(g(x)) \cdot g'(x) - F'(h(x)) \cdot h'(x)$$
$$= f(g(x)) \cdot g'(x) - f(h(x)) \cdot h'(x)$$

■

EXAMPLE 7

다음 함수를 x에 관하여 미분하여라.

(1) $y = \int_0^x (t^2 - 3)dt$ (2) $y = \int_0^{3x} t\sin t\,dt$

풀이 (1) [정리 6.6(a)]에 의해서

$$\frac{dy}{dx} = \frac{d}{dx}\int_0^x (t^2 - 3)\,dt = x^2 - 3$$

(2) [정리 6.6(c)]에 의해서

$$\frac{dy}{dx} = \frac{d}{dx}\int_0^{3x} t\sin t\,dt = 3x \cdot \sin 3x \cdot 3 = 9x \cdot \sin 3x$$

■

TEST

연습문제 6.2

1. 다음 적분을 구하여라.

(1) $\int_{-2}^{1}(t^2+1)\,dt$　(2) $\int_{0}^{\pi}\sin x\,dx$　(3) $\int_{0}^{\ln 2}(2-e^x)\,dx$

(4) $\int_{0}^{\frac{\pi}{2}}\sin^2\theta\,d\theta$　(5) $\int_{0}^{\frac{\pi}{4}}\cos x\,\cos 3x\,dx$

※ 2.~7. 다음 정적분을 구하여라.

2. $\int_{0}^{1}(x^4+x)^5(4x^3+1)\,dx$

3. $\int_{0}^{3}\sqrt{3x+4}\,dx$

4. $\int_{1}^{2}x\sqrt{x-1}\,dx$

5. $\int_{-a}^{a}x\sqrt{x^2+a^2}\,dx$

6. $\int_{-1}^{1}2xe^{x^2}dx$

7. $\int_{-1}^{1}\frac{e^x+2}{e^x}\,dx$

※ 8.~13. 다음 정적분을 구하여라.

8. $\int_{1}^{2}x^2\ln x\,dx$

9. $\int_{0}^{\frac{\pi}{2}}x^2\sin x\,dx$

10. $\int_{0}^{\frac{\pi}{2}}e^{-x}\sin x\,dx$

11. $\int_{0}^{1}te^{-t}dt$

12. $\int_{0}^{\frac{\pi}{2}}x\cos 2x\,dx$

13. $\int_{1}^{4}\ln\sqrt{t}\,dt$

14. 다음 함수를 x에 관하여 미분하여라.

(1) $y=\int_{x}^{1} 3t^2 dt$ (2) $y=\int_{x}^{x+2} (t+1)\,dt$

15. 만일 함수 f가 모든 실수 x에 대하여

$$\int_0^x f(t)\,dt = x\sin x + \int_0^x \frac{f(t)}{1+t^2}\,dt$$

를 만족하는 연속함수라고 한다면, $f(x)$에 대한 양함수 형식을 구하여라.

16. 만약 도함수 f'이 구간 $[a,\ b]$ 위에서 연속함수라면,

$$2\int_a^b f(x)f'(x)\,dx = [f(b)]^2 - [f(a)]^2$$

이 성립함을 보여라.

✔ Hint : $f(x)=u$로의 치환을 이용한다.

17. 만약 함수 f가 구간 $[0,\ 1]$ 위에서 연속함수라면,

$$\int_0^1 f(x)\,dx = \int_0^1 f(1-x)\,dx$$

가 성립함을 보여라.

✔ Hint : $1-x=u$로 치환하고 정적분의 성질을 이용한다.

쉬어가기

뉴턴과 라이프니츠

뉴턴(I. Newton, 1642~1727, 영국)

3대 수학자 중의 한 사람인 뉴턴은 갈릴레이가 작고한 해 크리스마스에 자작농의 유복자로 태어났다. 농사일보다 기계 모형을 고안하거나 실험을 하든가 문제 푸는 것을 더 즐겨하였기에 어머니가 대학에 가는 것을 허락했다. 그는 캠브리지 대학생 시절 페스트가 유행했기 때문에 휴교 한 2년(1665~1666) 동안 고향에서 대부분의 시간을 사색과 실험으로 보냈으며, 유명한 사과의 일화를 포함한 그의 업적의 대부분은 그때에 이루어졌다. 즉 미적분학과 만유인력 등 역학체계를 포함한 큰 업적을 완성했다.

뉴턴은 23세 때 일반화된 이항정리를 얻어 무한급수로 발전시켰으며, 미분법인 유율법을 발견하여 미적분법 성과를 1669년에 논문으로 발표하였다. 그는 광학에 관한 첫 실험을 하였으며, 그의 최고의 저서인 ≪프린키피아≫에는 완전한 역학계와 천체운동의 수학화가 나타난다. 그는 수학의 전 분야에서 가장 훌륭하다고 평가되며, 그 시대에 알려진 어려운 수학문제 중 풀지 못하는 것이 없었다고 한다. 라이프니츠는 "인류 역사상 뉴턴이 살았던 시대까지의 수학 중에서 뉴턴이 이룩한 업적이 반 이상이다."라고 말할 정도로 뉴턴은 많은 업적을 이룩하였다.

라이프니츠(G. W. Leibniz, 1646~1716, 독일)

라이프니츠는 근대과학의 기초를 다진 법학자이자, 철학자, 수학자이다. 정치, 외교 등 실무에도 종사하였으며, 수학은 그의 천재성을 발휘한 분야 중에 오직 한 분야에 불과하다. 그는 호이겐스에게서 수학을 배웠으며, 데카르트(R. Descartes, 1596~1650), 파스칼(B. Pascal, 1623~1662), 페르마(P. Fermat, 1601~1665) 등의 업적을 연구하여 미적분학의 기본정리를 발견하고, 많은 기호를 도입하여 미적분학의 기초를 다졌다. 계산기를 만들기도 한 그는 이진법을 연구하였는데, 신은 1로, 무는 0으로 나타내어 신은 무에서부터 모든 것을 창조하였다고 주장하였다. 그는 처음으로 행렬식을 사용하였고, 포락선 이론에 기초를 세운 두 논문 중 하나에서 처음으로 좌표와, 좌표축이란 용어를 썼으며, 함수라는 말도 처음 그가 사용하였다. 18세기 중 뉴턴의 미적분학의 표절 시비로 영국학파와 유럽학파가 격렬하게 대립하는 논쟁의 중심에 있기도 한 그였지만, 그는 기하학적이며 기호적으로 미적분학의 이론을 전개해 뉴턴과 차이를 보였다.

라이프니츠는 역사 편찬에 종사하는 한편, 종교분쟁을 해결하고, 학문의 발전을 위한 세계 아카데미를 계획했으며, 모든 학문을 통일시키기 위한 보편학, 보편기호학, 보편언어학을 세웠다.

6.3 정적분의 응용

6.3.1 넓이와 적분

(1) 좌표축과 곡선 사이의 넓이

함수 $y=f(x)$가 구간 $[a, b]$에서 연속이고, $f(x) \geq 0$일 때, $x=a$, $x=b$, 그리고 곡선 $y=f(x)$와 x축으로 둘러싸인 영역의 넓이 S는

$$S=\int_a^b f(x)\,dx$$

이다. 만약 함수 $y=f(x)$가 구간 $[a, b]$에서 연속이고 $f(x) \leq 0$일 때 $x=a$, $x=b$, 그리고 곡선 $y=f(x)$와 x축으로 둘러싸인 영역의 넓이 S는 소구간 안에 놓이는 사각형의 높이가 $-f(x)$이므로

$$S=-\int_a^b f(x)\,dx$$

이다. 따라서 일반적으로 함수 $y=f(x)$가 구간 $[a, b]$에서 연속이고, $x=a$, $x=b$, 그리고 곡선 $y=f(x)$와 x축으로 둘러싸인 영역의 넓이는 $f(x) \geq 0$인 구간과 $f(x) \leq 0$인 구간으로 나누어 구하면 되고, 이를 적분으로 나타내면 다음과 같이 쓸 수 있다[그림 6.5].

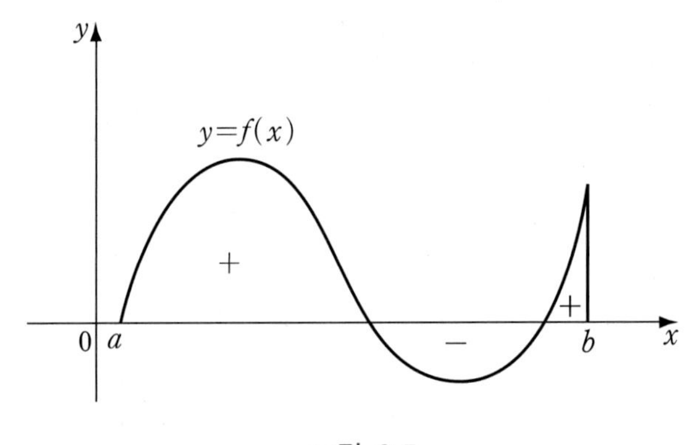

그림 6.5

정의 6.7

함수 $y=f(x)$가 구간 $[a, b]$에서 연속일 때, $x=a$, $x=b$, 그리고 곡선 $y=f(x)$와 x축으로 둘러싸인 영역의 넓이 S는

$$S=\int_a^b |f(x)|dx$$

이다.

EXAMPLE 1

다음 곡선 및 직선으로 둘러싸인 도형의 면적을 구하라.

$$y=|x^2-x-2|, \quad y=0, \quad x=3$$

풀이

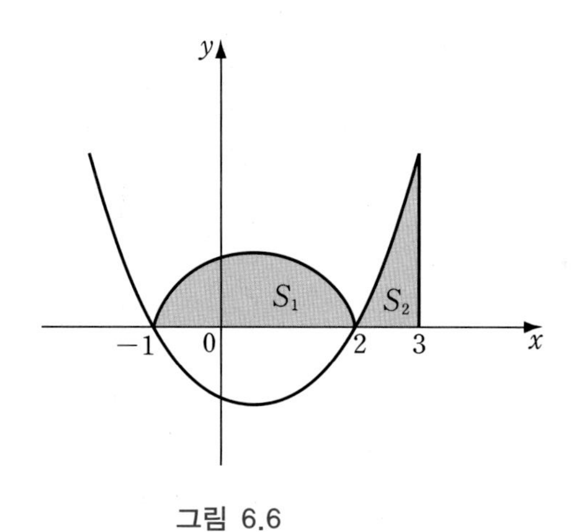

그림 6.6

구하려는 넓이는 그림 6.6에서 S_1+S_2이다. 따라서

$$\begin{aligned} S &= \int_{-1}^{3} |x^2-x-2|\, dx \\ &= \int_{-1}^{2} -(x^2-x-2)\, dx + \int_{2}^{3} (x^2-x-2)\, dx \\ &= \frac{9}{2}+\frac{11}{6}=\frac{19}{3} \end{aligned}$$

■

(2) 두 곡선 사이의 넓이

닫힌 구간 $[a, b]$에서 $f(x) \geq g(x)$이고 연속인 두 함수 $y=f(x)$, $y=g(x)$와 $x=a$, $x=b$로 둘러싸인 영역의 넓이를 구해보자[그림 6.7(a)].

분할점 $x_0, x_1, \cdots, x_n$이

$$a=x_0 < x_1 < x_2 < \cdots < x_{n-1} < x_n = b$$

를 만족하도록 구간 $[a, b]$를 균등하게 n개의 부분구간

$$[x_0, x_1],\ [x_1,\ x_2], \cdots, [x_{n-1},\ x_n]$$

으로 분할하여 두 곡선으로 둘러싸인 부분에 대한 직사각형을 만들어 보자. 그러면 소구간 $[x_{i-1,} x_i]$ 안의 임의의 점 x_i^*에 대하여 소구간에서 직사각형의 높이는 $f(x_i^*)-g(x_i^*)$이고 밑변의 길이는 $\Delta x = \dfrac{b-a}{n}$ 이다. 따라서 직사각형의 넓이는 $S_i \doteq [f(x_i^*)-g(x_i^*)]\Delta x$이다. 그러므로 $y=f(x)$, $y=g(x)$와 $x=a$, $x=b$로 둘러싸인 영역의 넓이는

$$\begin{aligned} S &= \lim_{n\to\infty} \sum_{i=1}^{n} S_i \\ &= \lim_{n\to\infty} \sum_{i=1}^{n} [f(x_i^*)-g(x_i^*)]\Delta x \\ &= \int_a^b [f(x)-g(x)]\,dx \end{aligned}$$

이므로 다음과 같이 쓸 수 있다.

정의 6.8

구간 $[a, b]$에서 $f(x) \geq g(x)$이고 연속인 두 함수 $y=f(x)$, $y=g(x)$의 그래프와 $x=a$, $x=b$로 둘러싸인 영역의 넓이는

$$S=\int_a^b [f(x)-g(x)]\,dx$$

이다.

한편 x의 어떤 값에 대하여 $f(x) \geq g(x)$이지만, x의 다른 값에 대해서는 $f(x) \leq g(x)$인 경우에 곡선 $y = f(x)$와 $y = g(x)$ 사이에 있는 영역의 넓이를 구하려면 그림 6.7(b)에서와 같이 주어진 영역을 구간별로 나누고 그들 각각의 넓이를 구한다. 그 다음에 전체 영역의 넓이는 구간별 영역의 합이 되도록 정의한다. 그런데,

$$|f(x) - g(x)| = \begin{cases} f(x) \geq g(x)\text{일 때 } f(x) - g(x) \\ g(x) \geq f(x)\text{일 때 } g(x) - f(x) \end{cases}$$

이므로 영역의 넓이는 다음과 같이 쓸 수 있다.

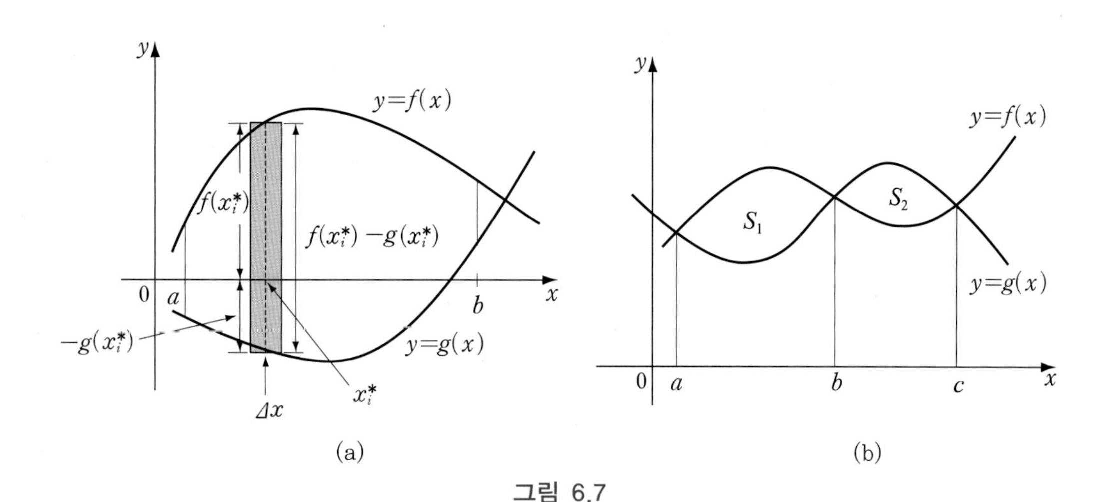

그림 6.7

정의 6.9

구간 $[a, b]$에서 연속인 두 함수 $y = f(x)$, $y = g(x)$의 그래프와 $x = a$ 및 $x = b$로 둘러싸인 영역의 넓이는

$$S = \int_a^b |f(x) - g(x)| \, dx$$

이다.

EXAMPLE 2

두 곡선 $y=x^2+1$, $y=x$와 $x=0$, $x=1$로 둘러싸인 영역의 넓이를 구하여라.

풀이

주어진 구간 $[0,1]$에서 $x^2+1 \geq x$이므로 [정의 6.8]에 의하여

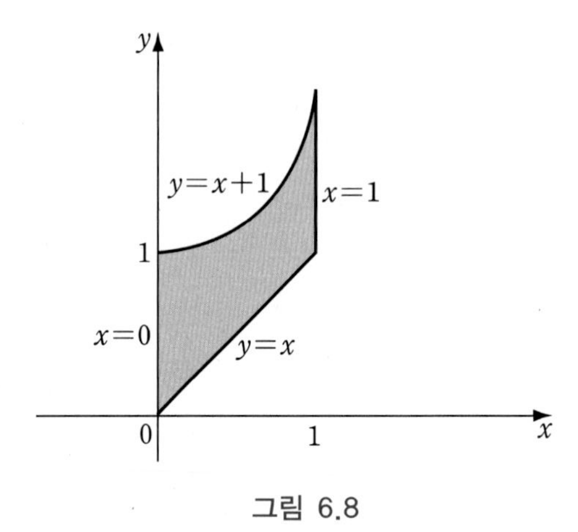

그림 6.8

$$S=\int_0^1[(x^2+1)-x]\,dx=\int_0^1(x^2-x+1)\,dx$$
$$=\left[\frac{x^3}{3}-\frac{x^2}{2}+x\right]_0^1=\frac{5}{6}$$

■

EXAMPLE 3

두 곡선 $y=\sin x$, $y=\cos x$와 직선 $x=0$ 및 $x=\frac{\pi}{2}$로 둘러싸인 영역의 넓이를 구하여라.

풀이

$\sin x$와 $\cos x$는 $0 \leq x \leq \frac{\pi}{2}$에서 $x=\frac{\pi}{4}$일 때 두 곡선은 교점을 갖는다. 특히 주어진 구간 $\left[0, \frac{\pi}{2}\right]$에서 $0 \leq x \leq \frac{\pi}{4}$일 때 $\sin x \leq \cos x$이고 $\frac{\pi}{4} \leq x \leq \frac{\pi}{2}$일 때 $\sin x \geq \cos x$ 이다. 따라서 구하는 영역의 넓이는 [정의 6.9]에 의하여

$$S=\int_0^{\frac{\pi}{2}}|\cos x-\sin x|\,dx$$

$$= \int_0^{\frac{\pi}{4}} (\cos x - \sin x)\, dx + \int_{\frac{\pi}{4}}^{\frac{\pi}{2}} (\sin x - \cos x)\, dx$$

$$= [\sin x + \cos x]_0^{\frac{\pi}{4}} + [-\cos x - \sin x]_{\frac{\pi}{4}}^{\frac{\pi}{2}}$$

$$= 2\sqrt{2} - 2$$

■

[정의 6.7], [정의 6.9]와 유사하게 y축 위의 구간 $[c, d]$에서 연속인 곡선 $x = g(y)$와 y축 및 두 직선 $y = c$, $y = d$로 둘러싸인 영역의 넓이 S는 다음과 같다.

$$S = \int_c^d |x|\, dy = \int_c^d |g(y)|\, dy$$

또한, y축 위의 구간 $[c, d]$에서 연속인 두 함수 $x = g(y)$, $x = h(y)$의 그래프와 $y = c$ 및 $y = d$로 둘러싸인 영역의 넓이 S는 다음과 같다.

$$S = \int_c^d |g(y) - h(y)|\, dy$$

EXAMPLE 4

곡선 $y = \sqrt{x}$와 y축 및 직선 $y = 1$로 둘러싸인 영역의 넓이를 구하여라.

$y = \sqrt{x}$에서 $x = y^2\ (y \geq 0)$이고, 구간 $[0, 1]$에서 $y^2 \geq 0$이므로 구하는 영역의 넓이는

$$S = \int_0^1 y^2\, dy = \left[\frac{y^3}{3}\right]_0^1 = \frac{1}{3}$$

■

TEST

연습문제 6.3.1

1. 곡선 $y=x(x-2)(x-3)$과 x축으로 둘러싸인 도형의 넓이를 구하여라.

2. 곡선 $y=x^2$과 $y=8-x^2$으로 둘러싸인 영역의 넓이를 구하여라.

3. 곡선 $x=y^2-9$와 $x=0$, $y=4$로 둘러싸인 도형의 넓이를 구하여라.

4. 곡선 $y=\sqrt{x-1}$과 $x-3y+1=0$으로 둘러싸인 영역의 넓이를 구하여라.

5. 다음 곡선들로 둘러싸인 도형의 넓이를 구하여라.
   (1) $x=y^2$, $x-y=2$
   (2) $y^2=4+x$, $x+2y=4$

6. $y=x^2-x$와 $y=cx$로 둘러싸인 도형의 넓이를 x축에 의하여 2등분이 되도록 c의 값을 구하여라.

7. $y=\ln x$와 원점을 지나며 $y=\ln x$에 접한 접선과 x축이 만드는 영역의 넓이를 구하여라.

※ 8.~10. 주어진 곡선으로 둘러싸인 영역의 넓이를 구하여라.

8. $y=x^2-4x$, $y=2x$

9. $y=4x^2$, $y=x^2+3$

10. $y^2=x$, $x-2y=3$

6.3.2 회전체의 부피

이제 닫힌 구간 $[a, b]$에서 음이 아니고 연속이며 열린 구간 (a, b)에서 미분가능한 함수 $y=f(x)$를 x축을 중심으로 회전한 회전체의 넓이를 구하는 방법을 살펴본다. 이를 위하여 분할점 x_0, x_1, $\cdots$, x_n이

$$a=x_0 < x_1 < x_2 < \cdots < x_{n-1} < x_n = b$$

를 만족하도록 구간 $[a, b]$를 균등하게 n개의 부분구간

$$[x_0, x_1], [x_1, x_2], \cdots, [x_{n-1}, x_n]$$

으로 분할하여 각 소구간 $[x_{i-1}, x_i]$에서 원기둥을 만들어보자.

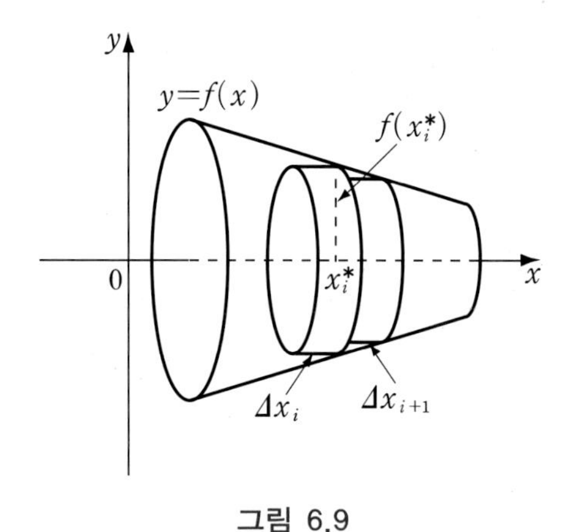

그림 6.9

소구간 $[x_{i-1}, x_i]$ 내의 임의의 점 x_i^*에 대해서 i번째 소구간에서 만들어지는 원기둥은 밑면의 면적이 $A(x_i^*)=\pi[f(x_i^*)]^2$이고 높이가 $\Delta x=\dfrac{b-a}{n}$이다. 따라서 i번째 원기둥의 부피는

$$V_i = A(x_i^*)\Delta x = \pi[f(x_i^*)]^2 \Delta x$$

이다. 이와 같이 $y=f(x)$를 $x=a$, $x=b$ 사이에서 x축을 중심으로 회전한 회전체의 부피는 아래와 같이 구할 수 있다.

$$V = \lim_{n\to\infty}\sum_{i=1}^{n} V_i = \lim_{n\to\infty}\sum_{i=1}^{n} A(x_i^*)\Delta x = \int_a^b A(x)dx$$

즉,

$$V = \lim_{n\to\infty} \sum_{i=1}^{n} \pi [f(x_i^*)]^2 \Delta x = \int_a^b \pi [f(x)]^2 \, dx$$

같은 방법으로 닫힌 구간 $[a, b]$에서 음이고 연속이며 열린 구간 (a, b)에서 미분가능한 함수 $y=f(x)$를 x축을 중심으로 회전한 회전체의 부피는 $[f(x)]^2=[-f(x)]^2$이므로 함수 $y=f(x)$가 음이 아닌 경우와 동일한 결과를 얻는다.

정리 6.10

닫힌 구간 $[a, b]$에서 연속이며 열린 구간 (a, b)에서 미분가능한 함수 $y=f(x)$를 x축을 중심으로 회전한 회전체의 부피는

$$V = \int_a^b \pi [f(x)]^2 \, dx$$

이다.

EXAMPLE 1

곡선 $y=\sqrt{x}$와 직선 $y=0$, $x=1$로 둘러싸인 영역을 x축을 중심으로 회전시켰을 때 생기는 회전체의 부피를 구하여라.

풀이 [정리 6.10]에 의하여

$$V = \int_0^1 A(x) \, dx = \int_0^1 \pi x \, dx = \frac{\pi}{2}$$

■

또한 닫힌 구간 $[c, d]$에서 연속인 함수 $x=g(y)$ 부분을 y축을 중심으로 회전한 회전체의 부피는 동일한 방법에 의하여

$$V = \int_c^d A(y) \, dy = \int_c^d \pi [g(y)]^2 \, dy$$

이다.

EXAMPLE 2

$y = x^2$과 $y = 9$로 둘러싸인 부분을 y축을 중심으로 회전한 회전체의 부피를 구하여라.

풀이

$$V = \pi \int_0^9 x^2 dy = \pi \int_0^9 y\, dy = \pi \left[\frac{1}{2} y^2 \right]_0^9 = \frac{81}{2} \pi$$

■

닫힌 구간 $[a,\ b]$에서 $y = f(x)$, $y = g(x)$, $x = a$와 $x = b$(단, $f(x) \geq g(x)$)로 둘러싸인 영역을 x축을 중심으로 회전한 회전체의 부피는 아래와 같이 구할 수 있다.

$$\begin{aligned} V &= \int_a^b \pi [f(x)]^2 dx - \int_a^b \pi [g(x)]^2 dx \\ &= \pi \int_a^b ([f(x)]^2 - [g(x)]^2)\, dx \end{aligned}$$

EXAMPLE 3

$y = x^2$과 $y = 9$로 둘러싸인 부분을 x축을 중심으로 회전한 회전체의 부피를 구하여라.

풀이

$$V = \pi \int_{-3}^{3} ([f(x)]^2 - [g(x)]^2)\, dx = \pi \int_{-3}^{3} [9^2 - (x^2)^2]\, dx = \frac{1944}{5} \pi$$

■

EXAMPLE 4

$y = x^2$과 $y = x$로 둘러싸인 부분을 x축을 중심으로 회전한 회전체의 부피를 구하여라.

곡선 $y = x^2$과 직선 $y = x$는 점 $(0, 0)$과 점 $(1, 1)$에서 만난다. 곡선과 직선 사이의 영역, 회전체, 그리고 x축에 수직인 절단면은 안쪽 반지름이 x^2, 바깥쪽 반지름이 x이다. 또한 $x \geq x^2 (0 \leq x \leq 1)$ 이므로

$$\begin{aligned} V &= \pi \int_0^1 (x^2 - x^4) dx \\ &= \pi \left[\frac{x^3}{3} - \frac{x^5}{5} \right]_0^1 = \frac{2}{15} \pi \end{aligned}$$

■

EXAMPLE 5

$y=x^2$과 $y=x$로 둘러싸인 부분을 y축을 중심으로 회전한 회전체의 부피를 구하여라.

풀이 y축에 수직인 한 절단면의 안쪽 반지름은 y이고 바깥쪽 반지름은 $\sqrt{y}$ 이다. 따라서

$$V = \pi\int_0^1 (y-y^2)dy = \pi\left[\frac{y^2}{2}-\frac{y^3}{3}\right]_0^1 = \frac{\pi}{6}$$

■

쉬어가기

케플러가 구한 술 항아리의 부피

케플러(J. Kepler, 1571~1630)는 우리에게 천문학자로 널리 알려져 있으나, 그는 수학자이기도 하다. 수학사에서 그는 적분학을 처음으로 연구한 사람으로 알려져 있다. 독일의 다뉴브 강변에 있는 린츠 지방은 포도주 산지로 유명하였다. 1612년은 다른 어느 해보다도 포도주가 풍작이었는데, 그곳에서 머물고 있었던 케플러가 포도주 몇 항아리를 사려고 했다.

그런데 당시에 포도주를 파는 상인들이 항아리에 든 포도주의 양을 재는 방법이 매우 어설펐다. 즉, 눈금이 그어진 막대기를 꺼내어 눈금이 표시된 자국으로 술의 양을 측정하여 그 값을 받았던 것이다.

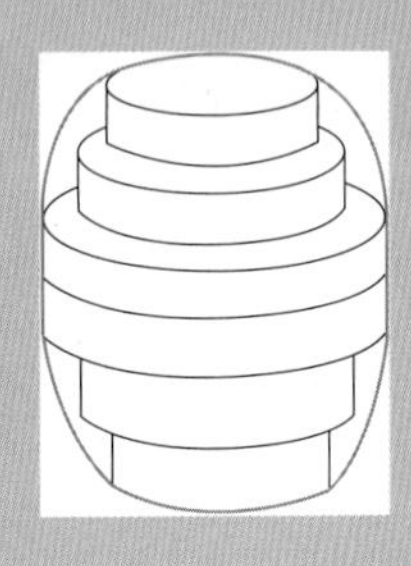

그런데 당시의 술 항아리는 원기둥 모양이 아니고, 요즘의 술 항아리처럼 배가 볼록한 것이어서 상인들의 측정방법이 매우 불합리한 것이었다. 그래서 케플러는 술 항아리의 부피를 정확히 측정하기 위하여 그림과 같이 항아리를 잘고 가늘게 구분한 도형으로 바꾸어 그 조각의 부피를 합하여 술 항아리의 부피를 측정하였다. 케플러의 이 방법은 오늘날의 구분구적법과 같음을 알 수 있다.

TEST

연습문제 6.3.2

※ 1.~6. 주어진 곡선으로 둘러싸인 부분을 주어진 축의 둘레로 회전시킬 때 생기는 회전체의 부피를 구하여라.

1. $y=x^2,\ y=x\ ;\ y=1$

2. $y=x^2$, x축, $x=1\ ;\ y$축

3. $y=2x,\ x=2$, x축 ; x축

4. $y=x^3$, x축, $x=1,\ x=2$; x축

5. $y=2\sqrt{x}\ ,\ y=x$; x축

6. $y=x^2-2x,\ y=x$; x축

7. 다음 함수들로 둘러싸인 영역을 x축을 중심으로 회전한 회전체의 부피를 구하여라.

(1) $y=1-|x|,\ y=0$

(2) $y=e^x-1,\ y=0,\ x=1$

8. 다음 두 함수로 둘러싸인 영역을 y축을 중심으로 회전한 회전체의 부피를 구하여라.

(1) $y=x^2,\ y=x+2$

(2) $x^2+y^2=3\ (y\geq 0),\ y=\frac{1}{2}x^2$

6.3.3 곡선의 길이

닫힌 구간 $[a, b]$에서 연속인 도함수 $f'(x)$를 갖는 함수 $y=f(x)$의 곡선의 길이를 구하는 방법을 살펴보자. 분할점 $x_0,\ x_1,\ \cdots,\ x_n$ 이

$$a=x_0 < x_1 < x_2 < \cdots < x_{n-1} < x_n = b$$

를 만족하도록 구간 $[a,\ b]$를 균등하게 n개의 부분구간

$$[x_0,\ x_1],\ [x_1,\ x_2],\ \cdots,\ [x_{n-1},\ x_n]$$

으로 분할하자. 이때 곡선 위의 각 경계점을 $P_0, P_1, \cdots, P_n$이라 하자. 그러면 각 점 P_i는 $(x_i, f(x_i))$를 나타낸다. 그리고 곡선 위의 이웃하는 두 점 $P_{i-1},\ P_i$를 잇는 선분을 긋고, i번째 소구간의 길이를 $\Delta x_i = \Delta x = \dfrac{b-a}{n}$, 그리고 $\Delta y_i = f(x_i) - f(x_{i-1})$이라 하자.

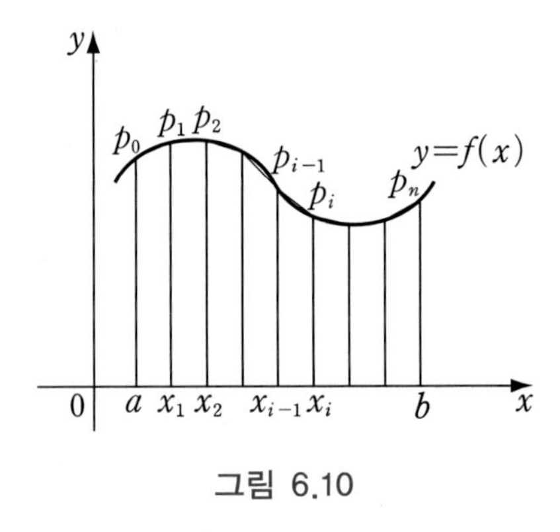

그림 6.10

그러면 선분의 길이 $|\overline{P_{i-1}P_i}|$는 피타고라스 정리에 의하여

$$|\overline{P_{i-1}P_i}| = \sqrt{(\Delta x_i)^2 + (\Delta y_i)^2}$$

이다. 한편 Δx_i는 소구간의 길이이므로 $\Delta x_i \geq 0$ 이고, 또한 $f(x)$가 $[a, b]$에서 연속이고, (a, b)에서 미분가능하므로 $f(x)$가 $[x_{i-1},\ x_i]$에서 연속이고, $(x_{i-1},\ x_i)$에서 미분가능하다. 그러므로 평균값 정리에 의하여

$$\Delta y_i = f(x_i) - f(x_{i-1}) = f'(x_i^*)(x_i - x_{i-1}) = f'(x_i^*)\Delta x_i$$

를 만족하는 x_i^* 가 $(x_{i-1},\ x_i)$ 내에 존재한다. 따라서 이러한 x_i^*에 대하여

$$|\overline{P_{i-1} P_i}| = \sqrt{(\Delta x_i)^2 + (f'(x_i^*)\Delta x_i)^2} = \sqrt{1+[f'(x_i^*)]^2}\, \Delta x_i$$

이다. 그러므로 전체 선분의 길이는

$$\sum_{i=1}^{n} |\overline{P_{i-1} P_i}| = \sum_{i=1}^{n} \sqrt{1+[f'(x_i^*)]^2}\, \Delta x_i$$

이고, 또한 $f'(x)$가 연속이면 $1+[f'(x)]^2$도 역시 $[a, b]$에서 연속이므로 $1+[f'(x)]^2$은 $[a, b]$에서 연속이고 적분가능하다. 더욱이 소구간의 개수 n을 충분히 크게 하면 선분들의 길이의 합은 곡선의 길이에 한없이 근접하게 된다. 그러므로 다음과 같은 곡선의 길이에 대한 공식을 얻을 수 있다.

$$\begin{aligned} L &= \lim_{n\to\infty} \sum_{i=1}^{n} |\overline{P_{i-1}P_i}| \\ &= \lim_{n\to\infty} \sum_{i=1}^{n} \sqrt{1+[f'(x_i^*)^2]}\, \Delta x_i \\ &= \int_a^b \sqrt{1+[f'(x)]^2}\, dx \end{aligned}$$

정의 6.11

f'이 $[a, b]$에서 연속이면, 곡선 $y=f(x)$, $a \leqq x \leqq b$ 의 길이는

$$L = \int_a^b \sqrt{1+[f'(x)]^2}\, dx$$

이다.

EXAMPLE 1

(1, 1)에서 (4, 8)까지 곡선 $y^2 = x^3$의 길이를 구하여라.

풀이

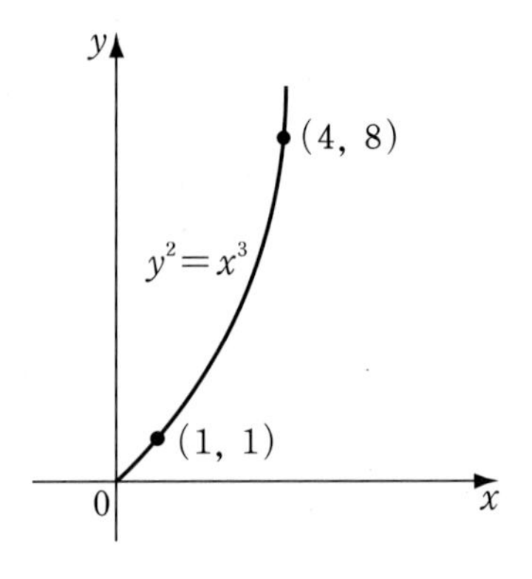

그림 6.11

$$y=x^{\frac{3}{2}}\text{이고 } \frac{dy}{dx}=\frac{3}{2}x^{\frac{1}{2}}$$

이므로

$$L=\int_1^4\sqrt{1+[f'(x)]^2}\,dx=\int_1^4\sqrt{1+\frac{9}{4}x}\,dx$$

이다. 여기서 $u=1+\dfrac{9}{4}x$라 두면 $du=\dfrac{9}{4}dx$이고 $x=1$일 때 $u=\dfrac{13}{4}$이고, $x=4$일 때 $u=10$이므로

$$\begin{aligned}L&=\frac{4}{9}\int_{\frac{13}{4}}^{10}\sqrt{u}\,du=\frac{4}{9}\left[\frac{2}{3}u^{\frac{3}{2}}\right]_{\frac{13}{4}}^{10}=\frac{8}{27}\left[10^{\frac{3}{2}}-\left(\frac{13}{4}\right)^{\frac{3}{2}}\right]\\&=\frac{80\sqrt{10}-13\sqrt{13}}{27}\end{aligned}$$

■

같은 방법으로 닫힌 구간 $[c, d]$에서 연속인 도함수 $g'(y)$를 갖는 함수 $x=g(y)$의 곡선의 길이는

$$L=\int_c^d\sqrt{1+[g'(y)]^2}\,dy$$

이다.

EXAMPLE 2

$(0,0)$에서 $(2,1)$까지 곡선 $x=2y^{3/2}$의 길이를 구하여라.

풀이

$$\frac{dx}{dy}=2\left(\frac{3}{2}\right)y^{1/2}=3y^{1/2}$$

이므로

$$L=\int_0^1 \sqrt{1+[g'(y)]^2}\,dy=\int_0^1 \sqrt{1+9y}\,dy$$

이다. 여기서 $u=1+9y$라 두면 $du=9\,dx$이고, $y=0$일 때 $u=1$이고 $y=1$일 때 $u=9$이므로

$$L=\frac{1}{9}\int_1^{10} \sqrt{u}\,du=\frac{1}{9}\left[\frac{2}{3}u^{\frac{3}{2}}\right]_1^{10}=\frac{2}{27}(10\sqrt{10}-1)$$

■

또한 닫힌 구간 $[a, b]$에서 $y=f(x)$가 연속이고 열린 구간 (a, b)에서 미분가능이면, 이 구간 안에서의 곡선의 길이를 나타내는 함수 $s(x)$를 다음과 같이 정의한다.

$$s(x)=\int_a^x \sqrt{1+[f'(t)]^2}\,dt$$

더욱이 곡선의 길이함수는 미분가능하고, 따라서 곡선 길이의 미분은 다음과 같이 표현할 수 있다.

정리 6.12

닫힌 구간 $[a, b]$에서 $y=f(x)$가 연속이고 열린 구간 (a, b)에서 미분가능이라 하자. 이때 곡선의 길이 함수 $s(x)$를 앞에서와 같이 정의하면, 곡선 길이의 미분 ds는 다음과 같이 나타낼 수 있다.

(a) $ds=\sqrt{1+[f'(x)]^2}\,dx$ (b) $(ds)^2=(dx)^2+(dy)^2$

증명

(a) $s'(x)=\dfrac{d}{dx}\displaystyle\int_a^x \sqrt{1+[f'(t)]^2}\,dt=\sqrt{1+[f'(x)]^2}$ 이므로

$$ds = s'(x)dx = \sqrt{1+[f'(x)]^2}\, dx$$

(b) (a)의 양변을 제곱하면

$$\begin{aligned}(ds)^2 &= [\sqrt{1+[f'(x)]^2}\, dx]^2 \\ &= (1+[f'(x)]^2)(dx)^2 \\ &= (dx)^2 + ([f'(x)]dx)^2 \\ &= (dx)^2 + (dy)^2\end{aligned}$$

이다.

[정리 6.11]과 같이 양함수 형태로 주어진 곡선의 길이를 구하는 방법 외에도 곡선이 매개변수방정식 $x = f(t)$, $y = g(t)$ $(\alpha \leq t \leq \beta)$로 주어지는 경우 곡선의 길이는 다음과 같이 구한다.

정리 6.13

곡선 C가 매개변수방정식 $x = f(t)$, $y = g(t)$ $(\alpha \leq t \leq \beta)$로 표현되고, f', g'이 $[\alpha, \beta]$에서 연속이고 t가 α에서 β로 증가할 때, C가 꼭 한 번 가로지른다면 C의 길이는

$$L = \int_\alpha^\beta \sqrt{\left(\frac{dx}{dt}\right)^2 + \left(\frac{dy}{dt}\right)^2}\, dt$$

이다.

TEST

연습문제 6.3.3

1. $x=2$부터 $x=3$까지 곡선 $y=x^2-\frac{1}{8}\ln x$의 길이를 구하여라.

2. $x=1$부터 $x=\sqrt{3}$까지 곡선 $y=\ln x$의 길이를 구하여라.

3. $x=0$부터 $x=\frac{4}{3}$까지 곡선 $y=x^{\frac{3}{2}}$의 길이를 구하여라.

4. $x=-1$부터 $x=1$까지 곡선 $y=\frac{1}{2}(e^x+e^{-x})$의 길이를 구하여라.

5. 매개방정식 $x=a(t-\sin t)$, $y=a(1-\cos t)$, $0\le t\le 2\pi$, $(a>0)$로 주어진 곡선 길이를 구하여라.

6. 매개방정식 $x=4\sin\theta$, $y=4\cos\theta$, $0\le\theta\le\frac{\pi}{2}$로 주어진 곡선의 길이를 구하여라.

7. 매개방정식 $x=r\cos t$, $y=r\sin t$, $0\le t\le 2\pi$로 주어진 곡선의 길이를 구하여라.

8. 매개방정식 $x=e^t-t$, $y=4e^{t/2}$, $0\le t\le 3$으로 주어진 곡선의 길이를 구하여라.

CHAPTER

07

벡터함수

7.1 벡터함수와 공간곡선

지금까지 우리가 다룬 함수는 실수를 함숫값으로 갖는 함수(실숫값 함수라 부른다)였다. 이 장에서는 공간에서 움직이는 물체의 자취를 나타내는 공간곡선을 손쉽게 표현할 수 있는 벡터함수를 다룰 것이다. 우리는 이미 2장에서 벡터의 기본성질과 연산에 관한 정의 및 성질 등을 배웠는데, 이러한 이론들을 기반으로 벡터함수를 다루게 될 것이다.

벡터함수는 그 정의역이 실수의 집합이고, 치역이 벡터의 집합인 함수이다. 특히 이 장에서 공부할 벡터함수는 일반적인 벡터함수라기보다 3차원 벡터함수를 위주로 공부할 것이다. 이것은 벡터 $\mathbf{r}$의 정의역에 있는 모든 수 t에 대하여 3차원 벡터 $\mathbf{r}(t)$를 대응시키는 함수를 의미한다.

$f(t)$, $g(t)$, $h(t)$가 벡터 $\mathbf{r}(t)$의 성분이라면 f, g, h는 벡터 $\mathbf{r}$의 성분함수라 불리는 실숫값 함수이고, 이것을

$$\mathbf{r}(t)=(f(t),\, g(t),\, h(t))=f(t)\mathbf{i}+g(t)\mathbf{j}+h(t)\mathbf{k}$$

로 쓸 수 있다.

EXAMPLE 1

벡터함수 $\mathbf{r}(t) = \left(\ln t, \sqrt{1-t}, t^4 \right)$의 정의역을 구하여라.

풀이 벡터함수 $\mathbf{r}(t)$의 정의역은 $\mathbf{r}(t)$에 관한 식이 정의되는 t의 모든 값으로 이루어진다. 식 $\ln t$, $\sqrt{1-t}$, t^4은 모두 $t > 0$과 $1-t \geq 0$일 때 정의된다. 따라서 벡터함수 $\mathbf{r}(t)$의 정의역은 구간 $(0, 1)$이다. ■

벡터함수 $\mathbf{r}(t)$의 극한은 다음과 같이 성분함수들의 극한을 취함으로써 정의된다.

정의 7.1

$\mathbf{r}(t) = (f(t), g(t), h(t))$일 때, $t = t_0$에서 각 성분함수의 극한이 존재하면

$$\lim_{t \to t_0} \mathbf{r}(t) = \left(\lim_{t \to t_0} f(t), \lim_{t \to t_0} g(t), \lim_{t \to t_0} h(t) \right)$$

이다.

EXAMPLE 2

벡터함수 $\mathbf{r}(t) = \left(\ln t, \sqrt{1-t}, t^4 \right)$일 때 $\lim_{t \to 1} \mathbf{r}(t)$를 구하여라.

풀이 $t \to 1$일 때 $\mathbf{r}(t)$의 극한값은

$$\begin{aligned} \lim_{t \to 1} \mathbf{r}(t) &= \left(\lim_{t \to 1} \ln t, \lim_{t \to 1} \sqrt{1-t}, \lim_{t \to 1} t^4 \right) \\ &= (0, 0, 1) \end{aligned}$$

■

벡터함수에 대한 극한의 정의에 따라 추가적인 성질은 다음과 같으며, 증명은 연습문제로 남긴다.

정리 7.2

$\mathbf{r}(t)$와 $\mathbf{s}(t)$가 $t \to a$일 때, 극한값을 가지는 벡터함수들이고 c가 상수이면, 다음 성질이 성립한다.

(a) $\lim_{t \to a}[\mathbf{r}(t)+\mathbf{s}(t)] = \lim_{t \to a}\mathbf{r}(t) + \lim_{t \to a}\mathbf{s}(t)$

(b) $\lim_{t \to a} c\mathbf{r}(t) = c\lim_{t \to a}\mathbf{r}(t)$

(c) $\lim_{t \to a}[\mathbf{r}(t) \cdot \mathbf{s}(t)] = \lim_{t \to a}\mathbf{r}(t) \cdot \lim_{t \to a}\mathbf{s}(t)$

(d) $\lim_{t \to a}[\mathbf{r}(t) \times \mathbf{s}(t)] = \lim_{t \to a}\mathbf{r}(t) \times \lim_{t \to a}\mathbf{s}(t)$

정리 7.3

$\mathbf{r}(t) = (f(t), g(t), h(t))$일 때, $t = t_0$에서 연속되기 위한 필요충분조건은 함수 $f(t)$, $g(t)$, $h(t)$ 모두가 $t = t_0$에서 연속인 것이다. 즉,

$$\lim_{t \to t_0}\mathbf{r}(t) = \mathbf{r}(t_0)$$

EXAMPLE 3

벡터함수 $\mathbf{r}(t) = (\ln t, \sqrt{1-t}, t^4)$일 때 $t = 0$에서 연속성을 조사하여라.

풀이

예제 1에 의해서 $\mathbf{r}(t) = (\ln t, \sqrt{1-t}, t^4)$의 정의역은 $(0, 1)$임을 알고 있다. 따라서 $t = 0$은 정의역 내의 점이 아니므로 $t = 0$에서 연속이 아니나, 구간 $(0, 1)$ 내의 임의의 한 점 a, 즉 $0 < a < 1$를 잡으면

$$\lim_{t \to a}\mathbf{r}(t) = \left(\lim_{t \to a}\ln t, \lim_{t \to a}\sqrt{1-t}, \lim_{t \to a}t^4\right) = (\ln a, \sqrt{1-a}, a^4) = \mathbf{r}(a)$$

이므로 정의역 내에서 $\mathbf{r}(t)$는 연속함수이다. ■

이 절의 서두에서 언급한 것처럼 움직이는 입자의 공간상의 궤적을 나타내는 공간곡선과 벡터함수 사이에는 밀접한 관련이 있다. $f(t)$, $g(t)$, $h(t)$를 구간 I에서 정의된 연속함수라 가정하자. 이때, $t \in I$에 대하여

$$x = f(t),\ y = g(t),\ z = h(t) \tag{7.1}$$

일 때, 이 조건을 만족하는 공간의 모든 점 $(x,\ y,\ z)$의 집합 C를 **공간곡선**이라 부르고 식 (7.1)을 C의 매개변수방정식, t를 매개변수라 한다. C는 시각 t에서 그 위치가 $(f(t),\ g(t),\ h(t))$인 점에 의하여 그려지는 것으로 생각할 수 있다. 이제 벡터함수 $\mathbf{r}(t) = (f(t),\ g(t),\ h(t))$를 생각하면, C위의 점 $P(f(t),\ g(t),\ h(t))$의 위치벡터이다. 따라서 임의의 연속벡터함수 $\mathbf{r}(t)$는 그림 7.1에서와 같이 움직이는 벡터 $\mathbf{r}(t)$의 끝점에 의하여 그려지는 공간곡선 C를 정의한다.

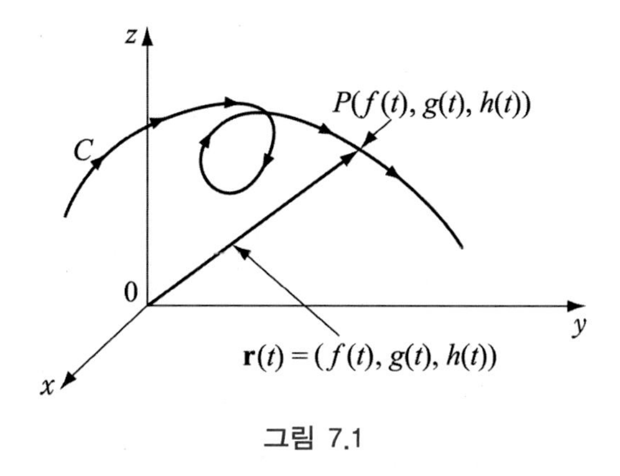

그림 7.1

EXAMPLE 4

벡터함수가 $\mathbf{r}(t) = (\cos t,\ \sin t,\ t)$일 때, 이 벡터함수가 나타내는 곡선을 그려라.

풀이 이 곡선의 매개변수방정식은

$$x = \cos t,\ y = \sin t,\ z = t$$

이다. $x^2 + y^2 = \cos^2 t + \sin^2 t = 1$ 이므로, 주어진 곡선은 원주면 $x^2 + y^2 = 1$ 위에 놓여 있다. 점 (x, y, z)는 점 $(x, y, 0)$ 바로 위에 있으며, xy평면에서 원 $x^2 + y^2 = 1$ 주위를 반시계 방향으로 움직인다. 그림 7.2는 이 곡선을 나타낸 것으로 "**나선** 혹은 **원형나선**(circular helix)"이라 한다.

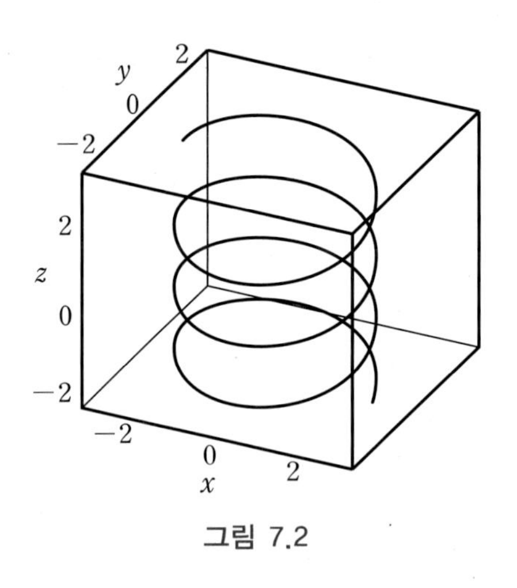

그림 7.2

공간곡선 가운데 간단한 직선을 표현하는 방법에 대하여 알아보자. 평면에서는 직선 위에 있는 한 점과 기울기를 알면 직선의 방정식이 결정되지만, 공간에서 직선은 그 위에 있는 한 점과 직선의 방향을 나타내는 방향벡터에 의하여 결정된다. 공간에서 직선 L이 점 $P_0(x_0, y_0, z_0)$를 지나고 벡터 $\mathbf{v} = (v_1, v_2, v_3)$에 평행할 때, L은 벡터 $\overrightarrow{P_0P}$가 $\mathbf{v}$와 평행하게 되는 모든 점 $P(x, y, z)$의 집합이다[그림 7.3].

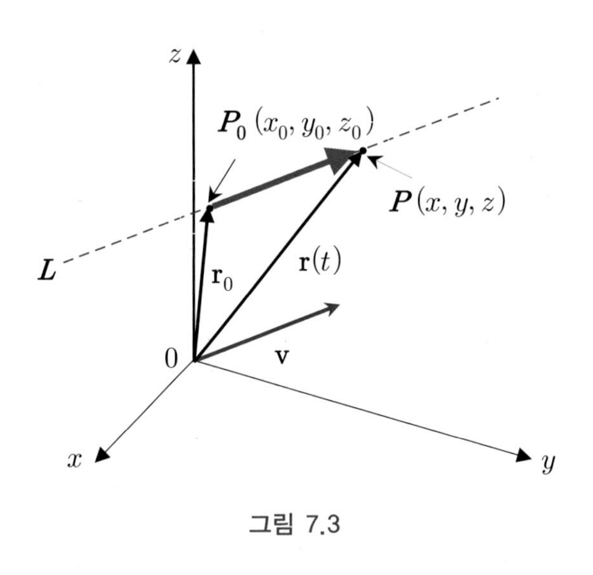

그림 7.3

즉, 스칼라인 매개변수 t에 대하여 $\overrightarrow{P_0P} = t\mathbf{v}$이다. 이때 t는 정의역이 $(-\infty, \infty)$이고 직선 위를 움직이는 점 P의 위치에 따라 결정된다. 식 $\overrightarrow{P_0P} = t\mathbf{v}$를 벡터의 성분을 써서 나타내면,

$$(x-x_0)\mathbf{i}+(y-y_0)\mathbf{j}+(z-z_0)\mathbf{k}=t(v_1\mathbf{i}+v_2\mathbf{j}+v_3\mathbf{k})$$

정리하면,

$$x\mathbf{i}+y\mathbf{j}+z\mathbf{k}=x_0\mathbf{i}+y_0\mathbf{j}+z_0\mathbf{k}+t(v_1\mathbf{i}+v_2\mathbf{j}+v_3\mathbf{k}) \tag{7.2}$$

직선상의 점 $P(x,y,z)$와 $P_0(x_0,y_0,z_0)$의 위치벡터를 각각 $\mathbf{r}(t)$와 $\mathbf{r}_0$라 하면, 식 (7.2)는 공간에서 직선의 벡터방정식을 다음과 같은 벡터형식으로 표현한다.

직선의 벡터방정식

$P_0(x_0,y_0,z_0)$를 지나 벡터 $\mathbf{v}$에 평행한 직선의 벡터방정식 L은

$$\mathbf{r}(t)=\mathbf{r}_0+t\mathbf{v} \quad (-\infty<t<\infty)$$

여기서 $\mathbf{r}$과 $\mathbf{r}_0$는 L상의 점 $P(x,y,z)$와 $P_0(x_0,y_0,z_0)$의 위치벡터이다.

벡터의 상등에 의하여 식 (7.2)의 양변은 대응하는 성분끼리 같아야 하므로 다음과 같은 직선의 매개변수방정식을 얻는다.

직선의 매개변수방정식

$P_0(x_0,y_0,z_0)$를 지나 벡터 $\mathbf{v}=(v_1,v_2,v_3)$에 평행한 직선의 매개변수방정식은

$$x=x_0+tv_1,\ y=y_0+tv_2,\ z=z_0+tv_3 \quad (-\infty<t<\infty) \tag{7.3}$$

이다.

EXAMPLE 5

점 $(1,2,3)$을 지나고, 방향벡터 $\mathbf{v}=(2,-1,3)$에 평행한 직선의 매개변수방정식을 구하여라.

풀이 식 (7.4)에 의하여

$$x=1+2t,\ y=2-t,\ z=3+3t \quad (-\infty<t<\infty)$$

■

TEST

연습문제 7.1

1. 벡터함수 $\mathbf{r}(t) = \left(t^2,\ \sqrt{t-1}\,,\ \sqrt{6-t}\,\right)$의 정의역을 구하여라.

※ 2.~4. 다음 극한값을 구하여라.

2. $\lim\limits_{t \to \frac{\pi}{4}} (\cos t,\ \sin t,\ t)$

3. $\lim\limits_{t \to 0^+} (\cos t,\ \sin t,\ t \ln t)$

4. $\lim\limits_{t \to 1} \left(\sqrt{t+3}\,,\ \dfrac{t-1}{t^2-1},\ \dfrac{\tan t}{t} \right)$

5. [정리 7.2]를 증명하여라.

6. 두 점 $P(-3, 2, -3)$, $Q(1, -1, 4)$를 지나는 직선의 매개변수방정식을 구하여라.

7. 점 $P(2, 3, 4)$를 지나고, 방향벡터 $\mathbf{v} = (1, 4, 0)$에 평행한 직선의 매개변수방정식을 구하여라.

7.2 벡터함수의 미분과 적분

벡터함수는 움직이는 물체의 궤적을 표현하는 방법으로서 적합함을 알았다. 물체의 궤적을 공간곡선으로 나타낼 때, 특정 시간 t에서 입자의 위치벡터를 $\mathbf{r}(t)=\mathbf{r}(t)=f(t)\mathbf{i}+g(t)\mathbf{j}+h(t)\mathbf{k}$라 하자. 그리고 $f(t)$, $g(t)$, $h(t)$를 t의 미분가능한 함수라고 하자. 그때 시간 t와 $t+\Delta t$에서 입자의 위치들의 차는

$$\Delta\mathbf{r} = \mathbf{r}(t+\Delta t)-\mathbf{r}(t)$$

이다[그림 7.4]. 성분함수로 표현하면,

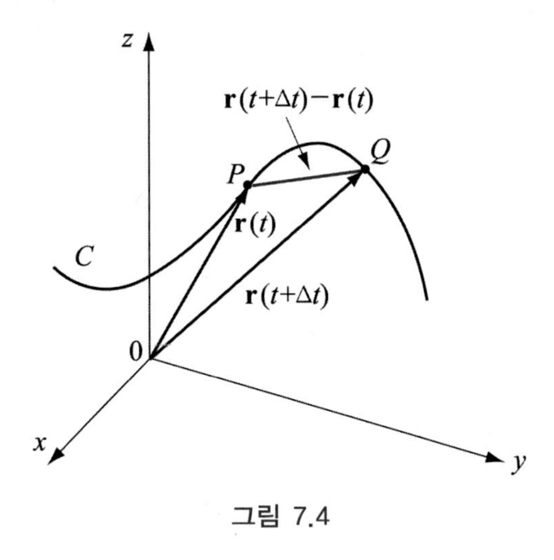

그림 7.4

$$\begin{aligned}\Delta\mathbf{r} &= \mathbf{r}(t+\Delta t)-\mathbf{r}(t)\\ &=[f(t+\Delta t)\mathbf{i}+g(t+\Delta t)\mathbf{j}+h(t+\Delta t)\mathbf{k}]\\ &\quad-[f(t)\mathbf{i}+g(t)\mathbf{j}+h(t)\mathbf{k}]\\ &=[f(t+\Delta t)-f(t)]\mathbf{i}+[g(t+\Delta t)-g(t)]\,\mathbf{j}\\ &\quad+[h(t+\Delta t)-h(t)]\,\mathbf{k}\end{aligned}$$

Δt가 0에 접근할 때, 다음의 세 가지 경우가 동시에 성립한다. 첫째, Q는 곡선을 따라 P로 접근한다. 둘째, 할선 PQ는 P에서 접하는 하나의 극한점에 접근한다. 셋째, $\Delta\mathbf{r}/\Delta t$의 극한은

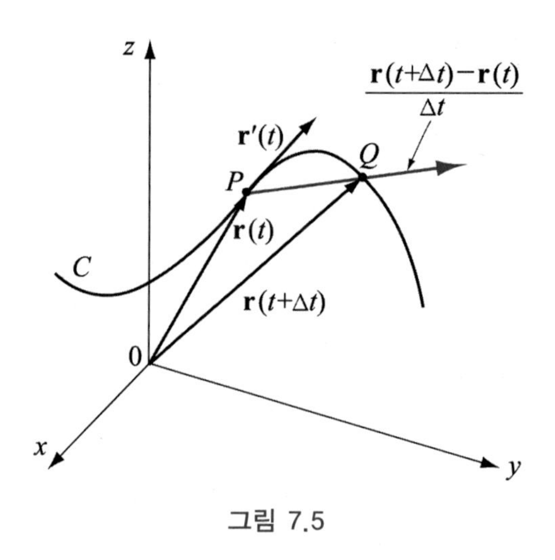

그림 7.5

$$\lim_{\Delta t\to 0}\frac{\Delta\mathbf{r}}{\Delta t}=\left[\lim_{\Delta t\to 0}\frac{f(t+\Delta t)-f(t)}{\Delta t}\right]\mathbf{i}+\left[\lim_{\Delta t\to 0}\frac{g(t+\Delta t)-g(t)}{\Delta t}\right]\mathbf{j}$$
$$+\left[\lim_{\Delta t\to 0}\frac{h(t+\Delta t)-h(t)}{\Delta t}\right]\mathbf{k}$$
$$=\left[\frac{df}{dt}\right]\mathbf{i}+\left[\frac{dg}{dt}\right]\mathbf{j}+\left[\frac{dh}{dt}\right]\mathbf{k}$$

에 접근한다[그림 7.5]. 그러므로 벡터함수의 미분을 다음과 같이 정의한다.

정의 7.4

벡터함수 $\mathbf{r}(t)=f(t)\mathbf{i}+g(t)\mathbf{j}+h(t)\mathbf{k}$의 성분함수 $f(t)$, $g(t)$, $h(t)$가 t에서 미분가능한 함수라 하자. 그러면 벡터함수 $\mathbf{r}(t)$의 미분은

$$\mathbf{r}'(t)=\frac{d\mathbf{r}}{dt}=\lim_{\Delta t\to 0}\frac{\mathbf{r}(t+\Delta t)-\mathbf{r}(t)}{\Delta t}=\frac{df}{dt}\mathbf{i}+\frac{dg}{dt}\mathbf{j}+\frac{dh}{dt}\mathbf{k}$$

이다.

정의역의 모든 점에서 미분가능할 때 벡터함수 $\mathbf{r}(t)$를 **미분가능하다고** 한다. 벡터함수 미분의 정의에서 벡터함수 $\mathbf{r}(t)=f(t)\mathbf{i}+g(t)\mathbf{j}+h(t)\mathbf{k}$가 미분가능할 필요충분조건이 성분함수 $f(t)$, $g(t)$, $h(t)$의 미분가능임을 알 수 있다.

EXAMPLE 1

$t=0$에서 $\mathbf{r}(t)=\left(1+t^3,\ te^{-t},\ \sin 2t\right)$의 도함수를 구하여라.

풀이 [정리 7.4]에 의해

$$\mathbf{r}'(t)\big|_{t=0}=\left(3t^2,\ (1-t)e^{-t},\ 2\cos 2t\right)\Big|_{t=0}=(0,\ 1,\ 2)$$

이다.

■

EXAMPLE 2

$\mathbf{r}(t)=\left(1+t^3,\ te^{-t},\ \sin 2t\right)$의 이계도함수를 구하여라.

풀이 $\mathbf{r}''(t)=(\mathbf{r}')'(t)$이므로

$$\mathbf{r}''(t)=\left(6t,\ (t-2)e^{-t},\ -4\sin 2t\right)$$

이다.

■

그리고 정의역의 모든 t에 대하여 $\mathbf{r}'(t)\neq\mathbf{0}$이면 $\mathbf{r}(t)$에 의하여 표현된 곡선을 **매끄럽다**(smooth)고 한다. 그림 7.5에서와 같이 영벡터가 아닌 $\mathbf{r}'(t)$를 그 점에서 그 곡선에 대한 **접선벡터**(tangent vector)라 하고, 한 점에서 곡선에 대한 접선은 그 점을 지나고 벡터 $\mathbf{r}'(t)$에 평행한 직선으로 정의한다. 그림 7.5에서 우리는 움직이는 입자의 운동 궤적을 곡선으로 나타내었고, 곡선의 특정 시간 t에서 미분인 $\mathbf{r}'(t)$는 입자의 속도를 의미한다. 그것은 운동 진행 방향을 따라 시간에 대한 위치의 변화율을 나타낸다. 따라서 움직이는 물체를 벡터함수로 표현하였을 때, 벡터함수의 미분을 이용하여 물체의 속도, 가속도 등을 구할 수 있다. 즉,

$$\mathbf{r}(t)=(f(t),\ g(t),\ h(t))$$

에서 $f(t)$, $g(t)$, $h(t)$를 시간 t의 함수로써 운동하는 물체의 각 방향에서의 위치를 나타낸다고 하고, 또 이 함수가 각각 이계도함수를 갖는다고 하면 다음과 같이 속도, 속력, 방향, 가속도 등을 정의할 수 있다.

정의 7.5

벡터함수 $\mathbf{r}(t)=(f(t),\ g(t),\ h(t))$를 공간의 매끄러운 곡선을 따라서 움직이는 한 입자의 위치벡터라 할 때

(a) 속도는 위치벡터의 미분 : $\mathbf{v}(t)=\dfrac{d\mathbf{r}}{dt}$

(b) 속력은 속도의 크기 : 속력 $=|\mathbf{v}(t)|$

(c) 가속도는 속도의 미분 : $\mathbf{a}(t)=\dfrac{d\mathbf{v}}{dt}=\dfrac{d^2\mathbf{r}}{dt^2}$

벡터함수 미분은 성분별로 계산할 수 있으므로 벡터함수의 미분법칙은 다음과 같다. 증명은 연습문제로 남긴다.

정리 7.6

$\mathbf{r}(t)$와 $\mathbf{s}(t)$를 t의 미분가능한 벡터함수, $\mathbf{C}$를 상수벡터, k, l을 스칼라, f를 임의의 미분가능한 실함수라 하자.

(a) $\dfrac{d\mathbf{C}}{dt}=\mathbf{0}$ (상수함수법칙)

(b) $\dfrac{d}{dt}[k\mathbf{r}(t)\pm l\mathbf{s}(t)]=k\,\mathbf{r}'(t)\pm l\,\mathbf{s}'(t)$ (미분의 선형성)

(c) $\dfrac{d}{dt}[\mathbf{r}(t)\cdot\mathbf{s}(t)]=\mathbf{r}'(t)\cdot\mathbf{s}(t)+\mathbf{r}(t)\cdot\mathbf{s}'(t)$ (내적법칙)

(d) $\dfrac{d}{dt}[\mathbf{r}(t)\times\mathbf{s}(t)]=\mathbf{r}'(t)\times\mathbf{s}(t)+\mathbf{r}(t)\times\mathbf{s}'(t)$ (외적법칙)

(e) $\dfrac{d}{dt}[\mathbf{r}(f(t))]=f'(t)\,\mathbf{r}'(f(t))$ (연쇄법칙)

이제 벡터함수의 적분을 살펴보자. 벡터함수의 적분은 결과가 벡터인 것을 제외하고 실수함수의 적분과 같은 방법으로 정의된다. 먼저 벡터함수의 부정적분을 정의하기 위하여 미분가능한 벡터함수 $\mathbf{R}(t)=(F(t),\ G(t),\ H(t))$를 생각하자. 벡터함수 $\mathbf{R}(t)$가 정의역에서 벡터함수 $\mathbf{r}(t)=(f(t),\ g(t),\ h(t))$의 원시함수라 함은 정의역의

각 점에서 $\frac{d\mathbf{R}}{dt}=\mathbf{r}(t)$ 를 만족하는 것이다. 만일 $\mathbf{R}(t)$이 정의역에서 $\mathbf{r}(t)$의 부정적분이면 각 점에서 성분별로 계산해 봄으로써 정의역에서 $\mathbf{r}(t)$의 모든 부정적분은 적당한 상수벡터 $\mathbf{C}$에 대해서 $\mathbf{R}(t)+\mathbf{C}$의 형태임을 보일 수 있다. 즉, $\mathbf{r}(t)$의 부정적분을 성분으로 나타내면 다음과 같이 정의한다.

정의 7.7

$\mathbf{r}(t)=(f(t),\ g(t),\ h(t))$의 모든 역도함수들의 집합을 t에 관한 $\mathbf{r}(t)$의 부정적분이라 하고 $\int \mathbf{r}(t)\,dt$라 쓴다. $\mathbf{R}(t)=(F(t),\ G(t),\ H(t))$가 $\mathbf{r}(t)$의 임의의 원시함수이면

$$\begin{aligned}\int \mathbf{r}(t)dt &= \left(\int f(t)\,dt,\ \int g(t)\,dt,\ \int h(t)\,dt\right)\\ &= \left(F(t)+C_1,\ G(t)+C_2,\ H(t)+C_3\right)\\ &= \mathbf{R}(t)+\mathbf{C}\ ,\quad \text{여기서 } \mathbf{C}=\left(C_1, C_2, C_3\right)\end{aligned}$$

이다.

EXAMPLE 3

$\mathbf{r}(t)=(2\cos t,\ \sin t,\ 2t)$의 부정적분을 구하여라.

풀이 [정의 7.7]에 의해서

$$\begin{aligned}\int \mathbf{r}(t)dt &= \left(\int 2\cos t\,dt,\ \int \sin t\,dt,\ \int 2t\,dt\right)\\ &= \left(2\sin t,\ -\cos t,\ t^2\right)+\mathbf{C}\end{aligned}$$

이다. 여기서 $\mathbf{C}$는 적분의 상수벡터이다.

■

연속벡터함수 $\mathbf{r}(t)=(f(t),\ g(t),\ h(t))$의 정적분 $\int_a^b \mathbf{r}(t)\,dt$는 각 성분함수의 정적분으로 다음과 같이 정의한다.

정의 7.8

$$\int_a^b \mathbf{r}(t)\,dt = \left(\int_a^b f(t)\,dt,\ \int_a^b g(t)\,dt,\ \int_a^b h(t)\,dt\right)$$

우리는 물리적으로 물체의 움직인 거리는 측정된 시간에서 속력을 적분함으로써 구할 수 있음을 안다. 따라서 움직이는 물체의 궤적을 공간곡선으로 나타내는 벡터 함수 $\mathbf{r}(t)=(f(t), g(t), h(t))$가 시간 $t=c$에서 $t=d$까지 정의된 함수라 하면 이 물체가 움직인 거리 s는

$$s=\int_c^d |\mathbf{r}'(t)|\,dt=\int_c^d |\mathbf{v}(t)|\,dt$$

로 주어지며, 이것은 공간곡선 $\mathbf{r}(t)$의 $t=c$에서 $t=d$까지 곡선의 길이를 얻는 식으로도 쓰인다.

EXAMPLE 4

벡터함수 $\mathbf{r}(t)=(\cos t,\ \sin t,\ t)$의 종점이 그리는 곡선에 대해서 $t=0$부터 $t=2\pi$까지의 곡선의 길이를 구하여라.

풀이

$t=0$부터 $t=2\pi$까지의 곡선의 길이는

$$\begin{aligned} s &= \int_0^{2\pi} |\mathbf{r}'(t)|\,dt = \int_0^{2\pi} \sqrt{(-\sin t)^2+(\cos t)^2+(1)^2}\,dt \\ &= \int_0^{2\pi} \sqrt{2}\,dt = 2\pi\sqrt{2} \end{aligned}$$

이다.

EXAMPLE 5

$\mathbf{r}(t) = (2\cos t,\ \sin t,\ 2t)$일 때 $\int_0^{\frac{\pi}{2}} \mathbf{r}(t)\,dt$를 구하여라.

풀이 예제 3에 의해

$$\int \mathbf{r}(t)dt = (2\sin t,\ -\cos t,\ t^2) + \mathbf{C}$$

이므로

$$\int_0^{\frac{\pi}{2}} \mathbf{r}(t)dt = \left[(2\sin t, -\cos t, t^2)\right]_0^{\frac{\pi}{2}} = \left(2, 1, \frac{\pi^2}{4}\right)$$

이다. ■

쉬어가기

뉴턴의 아이디어와 인공위성

뉴턴은 가상실험을 통하여 지구 궤도에 인공위성을 올려놓을 수 있음을 설명하였다. 실제로 지구의 자전과 함께 지구 궤도를 돌고 있는 지구정지 위성은 일정한 고도에서 지구 표면의 특정 지점을 고정적으로 관찰한다. 1965년 지구정지 통신위성이 대서양에 쏘아 올려졌고, 그 후 다른 위성들도 쏘아 올려져 이제는 세계 곳곳의 뉴스를 시청하고 지구 반대쪽의 사람과 통화는 물론 인터넷 화상 대화까지 가능해졌다.

뉴턴의 가상실험에서는 산꼭대기의 대포알을 수평으로 쏘면 지구가 둥글기 때문에 대포알은 더 멀리 간다. 따라서 만일 산이 대기권보다 더 높다고 가정하면 충분한 속도로 발사된 대포알은 지구에 떨어지지 않고 계속하여 지구 둘레를 도는 운동을 하게 될 것이다. 실제로는 대포 대신 강력한 로켓이 사용되고 있다.

_이정례, ≪수학의 오솔길≫ 중에서

TEST

연습문제 7.2

1. 벡터함수 $\mathbf{r}(t)=\left(\ln(4-t^2),\ \sqrt{1+t}\ ,\ -4e^{3t}\right)$의 정의역을 구하여라.

2. $t=\pi$에서 $\mathbf{r}(t)=(t\cos t,\ t\sin t,\ t)$의 도함수를 구하여라.

3. $\mathbf{r}(t)=(2\cos t,\ \sin t,\ t)$의 이계도함수를 구하여라.

4. 벡터함수 $\mathbf{r}(t)=\left(3\cos t,\ 3\sin t,\ t^2\right)$이고, $0\le t\le 4\pi$일 때 다음을 구하여라.
   (1) 속도와 가속도벡터를 구하여라.
   (2) 임의의 시간 t에서 속력을 구하여라.
   (3) 가속도가 속도와 수직일 때의 시간을 구하여라.

5. $\mathbf{r}(t)=(2t,\ 3\sin t,\ 3\cos t),\quad a\le t\le b$ 의 곡선의 길이를 구하여라.

6. $\mathbf{r}(t)=\left(6t,\ 3\sqrt{2}\,t^2,\ 2t^3\right),\quad 0\le t\le 1$의 곡선의 길이를 구하여라.

7. $\mathbf{r}(t)=\left(t,\ t^2,\ t^3\right)$일 때 $\int_0^1 \mathbf{r}(t)\,dt$를 구하여라.

8. $\mathbf{r}'(t)=\left(t^2,\ 4t^3,\ -t^2\right)$이고 $\mathbf{r}(0)=(0,\ 1\ ,0)$일 때 $\mathbf{r}(t)$를 구하여라.

CHAPTER

08

편미분

지금까지 미적분을 다루면서 독립변수가 한 개인 일변수함수 만을 다루었으나, 이 장에서는 독립변수가 두 개 이상인 다변수함수의 미분법을 배우게 된다. 실제에 있어서 자연과학은 둘 또는 그 이상의 변수들에 의존하게 된다. 3장에서 배운 미분법의 기본 개념들을 다변수함수들로 확장시켜 보자.

8.1 이변수함수

8.1.1 이변수함수의 정의 및 극한

이변수함수는 일변수함수가 직선상의 점들의 집합을 정의역으로 하는 것과 달리 평면의 점들의 집합을 정의역으로 하고, 그 각각의 원소에 대응하여 유일한 값을 주는 함수이다. 즉 다음과 같이 정의할 수 있다.

정의 8.1

$D \subset R^2$ 이고, D 안의 순서쌍 (x, y) 각각에 대하여 f가 유일한 실숫값을 지정할 때, 그 값을 $f(x, y)$라 쓰고, f 를 이변수함수라 한다. 집합 D는 f의 정의역이고, 그 치역은 f가 취하는 값의 집합인

$$\{f(x, y) \mid (x, y) \in D\}$$

이다.

일반적으로 점 (x, y)에서 f에 의하여 취해지는 값을 분명하게 표시하기 위하여 $z=f(x, y)$로 쓴다. 변수 x와 y는 독립변수이고 z는 종속변수이다. 이변수함수는 정의역이 R^2의 부분집합이고, 치역이 R의 부분집합인 함수이다[그림 8.1].

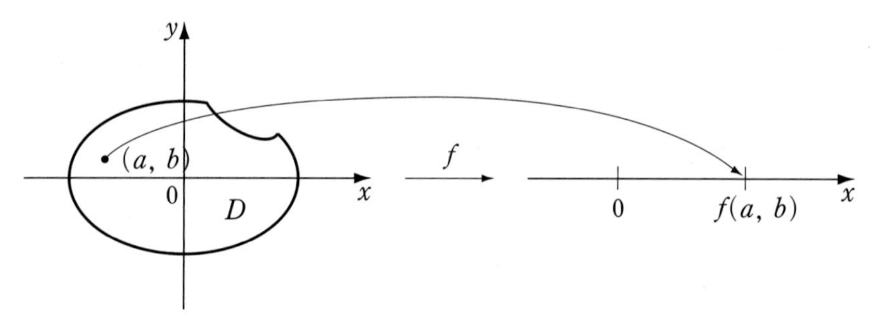

그림 8.1

EXAMPLE 1

다음의 두 함수는 이변수함수의 예이다.

(1) $f(x, y)=\sqrt{9-x^2-y^2}$ (2) $g(x, y)=x\ln(y^2-x)$

예제 1에서의 f, g처럼 이변수함수의 정의역에 대한 특별한 언급이 없으면 정의역은 주어진 식이 정의되는 모든 순서쌍 (x, y)들의 집합으로 이해해야 한다.

EXAMPLE 2

$f(x, y)=\sqrt{9-x^2-y^2}$ 의 정의역을 구하여라.

풀이 $\sqrt{9-x^2-y^2}$ 은 $9-x^2-y^2 \geq 0$일 때 정의된다. 따라서 정의역은

$$D=\{(x, y) \mid x^2+y^2 \leq 9\}$$

이다. 이 점들은 원점을 중심으로 하고 반지름이 3인 원판이다. ■

이제는 이변수함수의 극한과 연속에 대하여 살펴보자.

정의 8.2

f를 이변수함수, D를 f의 정의역이라 하자. $(a, b) \in D$에 대하여 D 위의 점 (x, y)가 (a, b)에 충분히 가까워질 때, 그 함숫값 $f(x, y)$가 항상 일정한 값 L에 다가가면, $f(x, y)$는 (a, b)에서 극한값 L을 갖는다고 하고,

$$\lim_{(x, y) \to (a, b)} f(x, y) = L \text{ 또는 } (x, y) \to (a, b) \text{일 때, } f(x, y) \to L$$

와 같이 나타낸다.

[정의 8.2]에서 이변수함수의 극한의 정의는 일변수함수의 극한의 정의와 차이가 있다. 일변수함수에서는 x가 a에 접근하는 경로가 a의 왼쪽과 오른쪽으로 두 가지이며 $\lim_{x \to a^-} f(x) \neq \lim_{x \to a^+} f(x)$이면 $\lim_{x \to a} f(x)$는 존재하지 않는다는 것을 알고 있다. 그러나 이변수함수의 경우는 점 (a, b)에 접근하는 경로가 무수히 많다[그림 8.2].

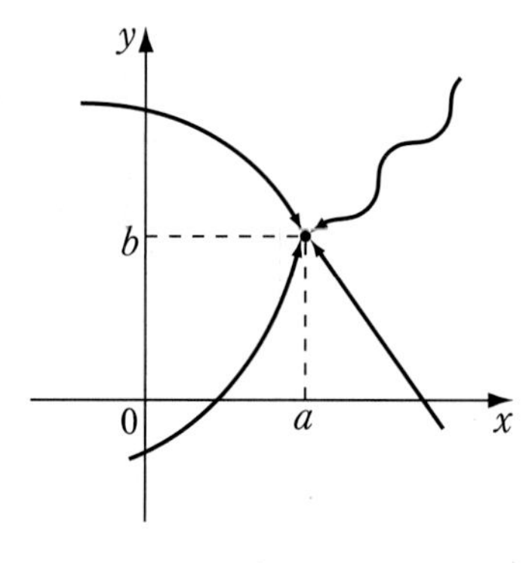

그림 8.2

정의에서 극한이 존재한다는 것은 (x, y)를 (a, b)에 접근시키는 방법에는 상관없이 $f(x, y)$는 같은 극한을 가져야 한다. 그러므로 $f(x, y)$가 다른 극한을 가지는 두 개의 서로 다른 경로가 발견된다면 $\lim_{(x,y) \to (a,b)} f(x, y)$는 존재하지 않는다.

EXAMPLE 3

다음 이변수함수의 극한값을 구하여라.

(1) $\lim_{(x,y) \to (0,0)} (x^2 y^3 + 3x - 2)$ (2) $\lim_{(x,y) \to (0,0)} \frac{xy}{x^2 + y^2}$

풀이

(1) $\lim_{(x,y)\to(0,0)} (x^2y^3+3x-2) = -2$

(2) 먼저 x축을 따라 $(x,y)\to(0,0)$으로 접근해 보자. 그러면 $y=0$이고

$$f(x,0)=\frac{0}{x^2}=0$$

이다. 따라서 $f(x,y)\to 0$이고 다음으로 y 축을 따라 접근시켜 보자. 그러면 $x=0$ 이고

$$f(0,y)=\frac{0}{y^2}=0$$

이다. 따라서 $f(x,y)\to 0$이다. 그런데 x 축과 y 축을 따라 접근한 극한에서는 0이라는 동일한 극한값을 얻었지만 주어진 극한이 0이라는 것은 아니다. 직선 $y=x$ 를 따라 $(0,0)$에 접근시켜 보자.

$$f(x,x)=\frac{x^2}{x^2+x^2}=\frac{1}{2}$$

이므로 $f(x,y)\to\frac{1}{2}$이다. 경로에 따라 다른 극한을 가지므로 주어진 극한은 존재하지 않는다.

■

이변수함수의 경우도 일변수함수와 같은 극한의 성질들을 갖는다.

정리 8.3

$\lim_{(x,y)\to(a,b)} f(x,y)=L_1$이고 $\lim_{(x,y)\to(a,b)} g(x,y)=L_2$일 때, 다음 식이 성립한다.

(a) $\lim_{(x,y)\to(a,b)} [f(x,y)\pm g(x,y)]=L_1\pm L_2$

(b) $\lim_{(x,y)\to(a,b)} [f(x,y)\cdot g(x,y)]=L_1\cdot L_2$

(c) $\lim_{(x,y)\to(a,b)} [kf(x,y)]=kL_1$ (k는 상수)

(d) $\lim_{(x,y)\to(a,b)} \frac{f(x,y)}{g(x,y)}=\frac{L_1}{L_2}$ (단, $L_2\neq 0$)

8.1.2 이변수함수의 연속

일변수 연속함수들의 극한값 계산은 직접 값을 대입함으로써 얻을 수 있다. 이변수 연속함수의 극한값 역시 직접 값을 대입함으로써 정의될 수 있다.

정의 8.4

만일 $\lim_{(x,y)\to(a,b)} f(x,y)=f(a,b)$이면, 이변수함수 $f(x,y)$는 (a,b)에서 연속(continuous)이라 한다. 만약 D에 속하는 모든 점 (a,b)에서 $f(x,y)$가 연속이면, $f(x,y)$는 D에서 연속이라고 한다.

연속의 정의는 직관적으로 점 (x,y)가 조금 변하면 $f(x,y)$의 값도 조금 변한다는 것이다. 이것은 연속함수의 곡면은 구멍이나 갈라진 틈이 없다는 것을 뜻한다. [정리 8.3]을 이용하면 연속함수들의 합, 차, 곱, 분수식들은 그들의 정의역 위에서 연속함수임을 알 수 있다.

EXAMPLE 4

함수 $f(x,y)=\dfrac{x^2-y^2}{x^2+y^2}$이 연속인 점들을 구하여라.

함수 $f(x,y)$는 $(0,0)$에서 불연속이다. 왜냐하면 원점에서 정의되지 않기 때문이다. $f(x,y)$는 유리함수이므로 정의역

$$D=\{(x,y)\mid(x,y)\neq(0,0)\}$$

에서 연속이다.

■

EXAMPLE 5

$$f(x,y)=\begin{cases} \dfrac{x^2-y^2}{x^2+y^2}, & (x,y)\neq(0,0) \\ 0, & (x,y)=(0,0) \end{cases}$$ 은 점 $(0,0)$에서 연속인가?

풀이 $f(x,y)$는 $(0,0)$일 때 0으로 정의되었다. 그러나 $\lim_{(x,y)\to(0,0)} f(x,y)$가 존재하지 않으므로 불연속이다.

■

TEST

연습문제 8.1

※ 1.~2. 주어진 이변수함수의 정의역을 구하여라.

1. $f(x, y)=\dfrac{\sqrt{x+y+1}}{x-1}$

2. $f(x, y)=x\ln(y^2-x)$

3. 이변수함수 $f(x, y)=e^{x^2-y}$ 일 때

(1) $f(2,4)$의 값을 구하여라.

(2) $f(x, y)$의 정의역을 구하여라.

※ 4.~6. 다음 극한을 구하여라. 만약 극한이 존재하지 않으면, 그 이유를 설명하여라.

4. $\displaystyle\lim_{(x,y)\to(3,2)}(x^3+4xy^2-5xy)$

5. $\displaystyle\lim_{(x,y)\to(0,0)}\frac{x^2}{x^2+y^2}$

6. $\displaystyle\lim_{(x,y)\to(3,1)}e^{-xy}\sin\frac{\pi y}{2}$

7. $f(x, y)=\begin{cases}\dfrac{xy}{x^2+y^2}, & (x,y)\neq(0,0)\\ 0, & (x,y)=(0,0)\end{cases}$ 은 원점에서 연속인가?

8.2 편도함수

3장에서는 일변수함수 $y=f(x)$에 대한 도함수를 다루었으나, 이 절에서는 이변수함수 $z=f(x,y)$에 대한 도함수를 어떻게 구하는지 그 방법에 대해서 알아보자. 편도함수는 이변수함수의 독립변수 중 하나를 상수로 취하고 다른 한 변수에 관해 미분하여 얻는 도함수이다. 즉, $z=f(x,y)$가 주어진 이변수함수일 때, 독립변수 x,y 중에 만약 y를 상수 b로 고정시키면 $z=f(x,y)$는 $z=f(x,b)$가 되고, 이는 x에 대한 일변수함수가 된다. 따라서 $x=a$에서 미분계수를 생각할 수 있는데, 그 미분계수를 $f_x(a,b)$라 쓰고, $x=a$에서 **편미분계수**(partial differential coefficient)라 한다. 같은 방법으로 $x=a$로 고정시키면 $z=f(x,y)$는 y만의 함수 $z=f(a,y)$가 되므로 $y=b$일 때 편미분계수는 $f_y(a,b)$가 된다. 그러므로 $z=f(x,y)$의 편미분계수는 다음과 같이 정의한다.

정의 8.5

(a) $\lim_{h\to 0}\frac{f(a+h,b)-f(a,b)}{h}=f_x(a,b)$ ($x=a$에서 편미분계수)

(b) $\lim_{h\to 0}\frac{f(a,b+h)-f(a,b)}{h}=f_y(a,b)$ ($y=b$에서 편미분계수)

그리고 [정의 8.5(a)]와 같이 $f_x(a,b)$가 존재할 때 점 (a,b)에서 x에 대하여 편미분가능이라 하고 [정의 8.5(b)]와 같이 $f_y(a,b)$가 존재할 때, 점 (a,b)에서 y에 대하여 편미분가능이라 한다. 또한 정의역 내의 모든 점에서 편미분계수가 존재하면 그 영역에서 **편미분가능**(partial differentiable)이라 한다. 만약 [정의 8.5]에서 편미분계수가 고정된 점 (a,b)가 아니고 변하게 되면 f_x와 f_y는 이변수함수가 되고, 이를 다음과 같이 정의한다.

정의 8.6

(a) $\lim_{h\to 0}\frac{f(x+h,y)-f(x,y)}{h}=f_x(x,y)$ (x에 대한 편도함수)

(b) $\lim_{h\to 0}\frac{f(x,y+h)-f(x,y)}{h}=f_y(x,y)$ (y에 대한 편도함수)

[정의 8.6(a)]를 f의 x에 대한 **편도함수**라 하고,

$$\frac{\partial f}{\partial x},\ f_x(x,y),\ f_x$$

등으로 나타낸다. 마찬가지로 [정의 8.6(b)]를 f의 y에 대한 편도함수라 하며,

$$\frac{\partial f}{\partial y},\ f_y(x,y),\ f_y$$

등으로 나타낸다.

$f(x,y)$의 편도함수를 구하는 방법은

(1) f_x 를 구하기 위해서 y 를 상수로 취급하여 x 에 관해서 미분한다.

(2) f_y 를 구하기 위해서 x 를 상수로 취급하여 y 에 관해서 미분한다.

EXAMPLE 1

$f(x,y)=x^3+x^2y^3-2y^2$ 일 때,

(1) f_x 와 f_y 를 구하여라.

(2) $f_x(2,1)$과 $f_y(2,1)$을 구하여라.

풀이 (1) f_x 는 y 를 상수로 취급하고 x 에 관해서 미분하면,

$$f_x(x,y)=3x^2+2xy^3$$

이고, f_y 는 x 를 상수로 취급하여 y 에 관해서 미분하여

$$f_y(x,y)=3x^2y^2-4y$$

를 얻는다.

(2)
$$f_x(2,1)=f_x(x,y)|_{(2,1)}=3\cdot 2^2+2\cdot 2\cdot 1^3=16$$
$$f_y(2,1)=f_y(x,y)|_{(2,1)}=3\cdot 2^2\cdot 1^2-4\cdot 1=8$$

■

EXAMPLE 2

$f(x, y) = x^2y^3 + \sin 3y$ 일 때, f_x 와 f_y 를 구하여라.

풀이 $f_x(x, y) = 2xy^3$, $f_y(x, y) = 3x^2y^2 + 3\cos 3y$

편도함수에서도 일변수함수의 도함수와 같은 합, 차, 곱, 몫에 관한 공식이 성립한다.

편도함수에 관한 성질

f와 g가 편미분가능한 이변수함수일 때 다음과 같은 성질이 성립된다.

(a) $(f \pm g)_x = f_x \pm g_x,\ (f \pm g)_y = f_y \pm g_y$

(b) $(f \cdot g)_x = f_x \cdot g + f \cdot g_x,\ (f \cdot g)_y = f_y \cdot g + f \cdot g_y$

(c) $\left(\dfrac{f}{g}\right)_x = \dfrac{f_x \cdot g - f \cdot g_x}{g^2},\ \left(\dfrac{f}{g}\right)_y = \dfrac{f_y \cdot g - f \cdot g_y}{g^2}$

EXAMPLE 3

$f(x, y) = \tan x \sin xy^2$ 일 때, f_x와 f_y를 구하여라.

풀이 [편도함수에 관한 성질 (b)]에 의하여

$$f_x(x, y) = \sec^2 x \sin xy^2 + y^2 \tan x \cos xy^2,$$
$$f_y(x, y) = 2xy \tan x \cos xy^2$$

EXAMPLE 4

$f(x, y) = \dfrac{2}{x + e^{xy}}$ 일 때, f_y를 구하여라.

풀이 [편도함수에 관한 성질 (c)]에 의하여

$$f_y(x,y)=\frac{(2)_y(x+e^{xy})-2(x+e^{xy})_y}{(x+e^{xy})^2}=-\frac{2xe^{xy}}{(x+e^{xy})^2}$$

■

이제 편도함수의 기하학적 해석을 위해 곡면 S(f 의 그래프)를 나타내는 방정식 $z=f(x,y)$를 생각하자. 만약 $f(a,b)=c$이면, 점 $P(a,b,c)$는 S 위에 놓여 있다. 수직면 $y=b$는 곡선 C_1에서 S와 만난다고 하자. 마찬가지로 수직면 $x=a$는 곡선 C_2에서 S와 만난다고 하자. 그러면 두 곡선 C_1과 C_2는 점 P를 통과한다[그림 8.3].

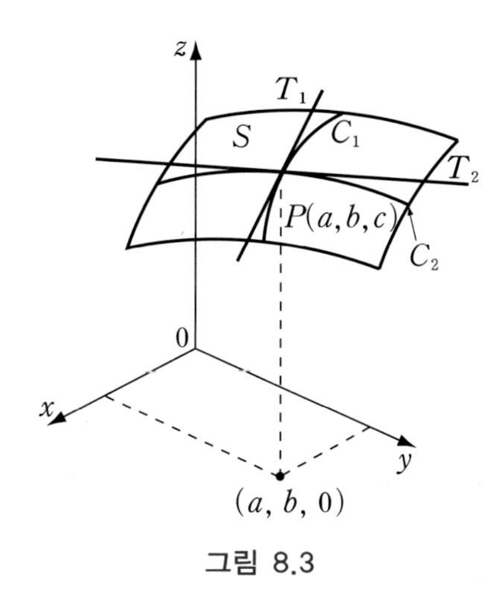

그림 8.3

곡선 C_1은 $y=b$일 때 얻어진 것으로 $g_1(x)=f(x,b)$와 같이 표현되는 그래프이다. 따라서 점 P에서 이 곡선의 접선 T_1의 기울기는 $g_1{}'(a)=f_x(a,b)$이다. 곡선 C_2는 $g_2(y)=f(a,y)$의 그래프이며, P에서 이 곡선의 접선 T_2의 기울기는 $g_2{}'(b)=f_y(a,b)$이다. 그러므로 편도함수 $f_x(a,b)$와 $f_y(a,b)$는 기하학적으로 평면 $y=b$와 $x=a$에서 곡면 S 위의 자취 C_1과 C_2에 대한 점 $P(a,b,c)$에서 접선의 기울기로 해석할 수 있다.

EXAMPLE 5

$f(x,y)=4-x^2-2y^2$과 평면 $y=1$의 교선인 곡선의 $(1,1)$에서 접선의 기울기를 구하여라.

풀이 $f_x(x,y)=-2x$ 이므로 $(1,1)$에서 접선의 기울기는 $f_x(1,1)=-2$ 이다. ■

함수 $z=f(x,y)$의 편도함수 $\frac{\partial f}{\partial x}$, $\frac{\partial f}{\partial y}$도 x, y의 함수이므로 이를 다시 편미분할 수 있다. 만약 $\frac{\partial f}{\partial x}$, $\frac{\partial f}{\partial y}$가 편미분가능할 때, 다음과 같은 미분을 이계편도함수라 한다.

$$\frac{\partial}{\partial x}\left(\frac{\partial f}{\partial x}\right)=\frac{\partial^2 f}{\partial x^2}=f_{xx}(x,y),$$

$$\frac{\partial}{\partial y}\left(\frac{\partial f}{\partial x}\right)=\frac{\partial^2 f}{\partial y\partial x}=f_{xy}(x,y),$$

$$\frac{\partial}{\partial y}\left(\frac{\partial f}{\partial y}\right)=\frac{\partial^2 f}{\partial y^2}=f_{yy}(x,y),$$

$$\frac{\partial}{\partial x}\left(\frac{\partial f}{\partial y}\right)=\frac{\partial^2 f}{\partial x\partial y}=f_{yx}(x,y)$$

같은 방법으로 그 이상의 편도함수를 구할 수 있다.

EXAMPLE 6

$f(x,y)=e^{x\ln y}$ 일 때, 이계편도함수를 구하여라.

풀이 $f_x(x,y)=\ln y\, e^{x\ln y}$, $f_y(x,y)=\frac{x e^{x\ln y}}{y}$ 이므로

$$f_{xx}(x,y)=(\ln y)^2 e^{x\ln y},\qquad f_{xy}(x,y)=\frac{(1+x\ln y)e^{x\ln y}}{y},$$

$$f_{yx}(x,y)=\frac{(1+x\ln y)e^{x\ln y}}{y},\qquad f_{yy}(x,y)=\frac{(x^2-x)e^{x\ln y}}{y^2}$$

이다. ■

TEST

연습문제 8.2

※ 1.~5. 다음 함수의 $\dfrac{\partial f}{\partial x}$, $\dfrac{\partial f}{\partial y}$를 구하여라.

1. $f(x,y)=e^x\ln(x^2+y^2+1)$

2. $f(x,y)=e^x\cos y$

3. $f(x,y)=x^2-xy+y^2$

4. $f(x,y)=\dfrac{1}{x+y}$

5. $f(x,y)=\ln|\sec xy+\tan xy|$

6. $f(x,y)=x^2+y^2+x^2y$일 때,

(1) 수직평면 $x=1$과 만나는 교선의 $(1,2)$에서 접선의 기울기를 구하여라.

(2) 수직평면 $y=2$와 만나는 교선의 $(1,2)$에서 접선의 기울기를 구하여라.

※ 7.~8. 다음 함수들의 이계편도함수를 구하여라.

7. $f(x,y)=3x^3-5xy^3$

8. $f(x,y)=\dfrac{x}{x+y}$

8.3 연쇄법칙

일변수함수에 대한 연쇄법칙은 합성함수의 미분법에 대한 법칙을 제공함을 배웠다. 만약 $y=f(x)$이고 $x=g(t)$이며 f와 g가 미분가능한 함수이면 y는 t에 관하여 간접적으로 미분가능함수이고

$$\frac{dy}{dt}=\frac{dy}{dx}\frac{dx}{dt}$$

이다. 여기서는 이변수함수의 여러 가지 변형된 형태의 연쇄법칙을 배우고 그들 각각은 합성함수의 미분법에 대한 법칙을 제공한다. 먼저, $z=f(x,y)$의 각각의 변수 x, y가 변수 t의 함수인 경우이다. 이것은 z가 t의 간접적인 함수임을 의미한다. 즉,

$$z=f(x(t),y(t))$$

이다.

연쇄법칙 1

$z=f(x,y)$가 연속인 편도함수 f_x 와 f_y 를 갖고, $x=x(t)$, $y=y(t)$는 t에 관한 미분가능함수일 때, 합성함수 $z=f(x(t),y(t))$는 t 에 관한 미분가능함수이고

$$\frac{dz}{dt}=\frac{\partial f}{\partial x}\frac{dx}{dt}+\frac{\partial f}{\partial y}\frac{dy}{dt}$$

이다.

다음 그림은 식 (8.2)의 공식을 기억하는 데 도움이 된다.

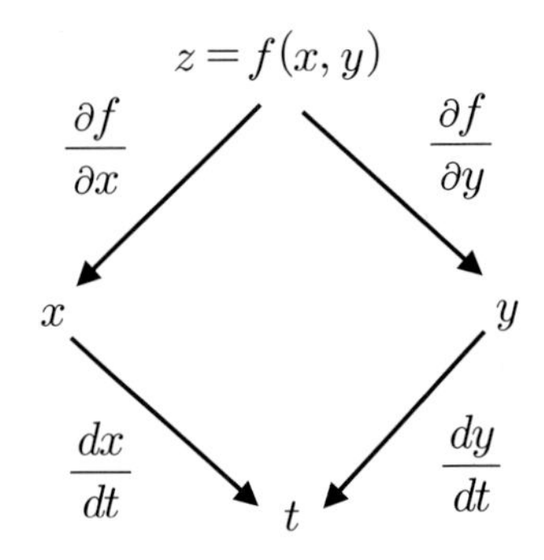

$\dfrac{dz}{dt}$를 구하는 경로는 두 경로가 있고, 이들을 차례로 곱하여 더하면 [연쇄법칙 1]을 얻을 수 있다. 여기서 독립변수가 하나일 때 $\dfrac{d}{dt}$로 표기함을 주의해야 한다.

EXAMPLE 1

$f(x,y)=xy$이고 $x=\cos t$, $y=\sin t$일 때 $\dfrac{df}{dt}$를 구하여라.

풀이

$$f_x=\frac{\partial f}{\partial x}=y=\sin t\ ,\ f_y=\frac{\partial f}{\partial y}=x=\cos t$$

이고,

$$\frac{dx}{dt}=-\sin t\ ,\ \frac{dy}{dt}=\cos t$$

이므로, [연쇄법칙 1]에 의하여

$$\frac{df}{dt}=\frac{\partial f}{\partial x}\frac{dx}{dt}+\frac{\partial f}{\partial y}\frac{dy}{dt}=\sin t(-\sin t)+\cos t(\cos t)=\cos 2t$$

이다.

이제는 $z=f(x,y)$의 각각의 변수 x, y가 변수 s와 t의 이변수함수인 경우를 생각해 보자. 이것은 z가 간접적으로 s와 t의 이변수함수임을 의미하며

$$z=f(x(s,t),\ y(s,t))$$

이다.

연쇄법칙 2

$z=f(x,y)$가 연속인 편도함수 f_x와 f_y를 갖고, $x=x(s,t)$, $y=y(s,t)$는 s와 t에 관하여 편미분가능함수일 때, 합성함수 $z=f(x(s,t),y(s,t))$는 s와 t에 관하여 편미분가능함수이고,

$$\frac{\partial f}{\partial s}=\frac{\partial f}{\partial x}\frac{\partial x}{\partial s}+\frac{\partial f}{\partial y}\frac{\partial y}{\partial s} \tag{8.2}$$

$$\frac{\partial f}{\partial t}=\frac{\partial f}{\partial x}\frac{\partial x}{\partial t}+\frac{\partial f}{\partial y}\frac{\partial y}{\partial t} \tag{8.3}$$

이다.

식 (8.2)와 (8.3)을 기억하기 위한 그림은 다음과 같다.

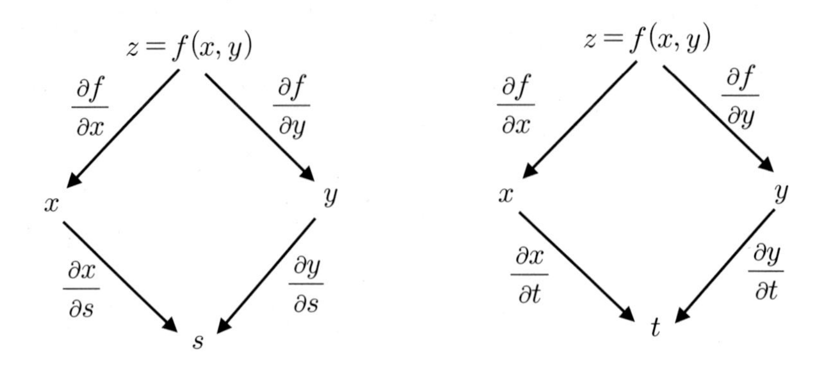

EXAMPLE 2

$f(x,y)=x^2+y^2$이고, $x=s+e^t$, $y=\ln t$일 때, $\frac{\partial f}{\partial s}$와 $\frac{\partial f}{\partial t}$를 구하여라.

풀이

$$\frac{\partial f}{\partial x}=2x=2(s+e^t),\quad \frac{\partial f}{\partial y}=2y=2\ln t$$

이고,

$$\frac{\partial x}{\partial s}=1,\quad \frac{\partial x}{\partial t}=e^t,\quad \frac{\partial y}{\partial s}=0,\quad \frac{\partial y}{\partial t}=\frac{1}{t}$$

이므로, [연쇄법칙 2]에 의하여

$$\frac{\partial f}{\partial s}=\frac{\partial f}{\partial x}\frac{\partial x}{\partial s}+\frac{\partial f}{\partial y}\frac{\partial y}{\partial s}=2(s+e^t)$$

$$\frac{\partial f}{\partial t}=\frac{\partial f}{\partial x}\frac{\partial x}{\partial t}+\frac{\partial f}{\partial y}\frac{\partial y}{\partial t}=2(s\,e^t+e^{2t})+\frac{\ln t^2}{t}$$

이다.

TEST

연습문제 8.3

※ 1.~4. 다음과 같은 방법으로 $\frac{dz}{dt}$를 구하여라.

(a) z를 t에 관한 함수로 고친 다음 미분하여라.

(b) 연쇄법칙을 이용하여 구하여라.

1. $z=x^2+y^2,\ x=e^t\cos t,\ y=e^t\sin t$

2. $z=xe^y+y\sin x,\ x=t,\ y=t^2$

3. $z=x^2e^y+y\sin x,\ x=\sin t,\ y=t^3$

4. $z=x\cos y,\ x=\sin t,\ y=t^2$

5. $x=\sin 2t,\ y=\cos t$ 이고 $z=x^2y+3xy^4$ 일 때, $t=0$에서 $\frac{dz}{dt}$를 구하여라.

※ 6.~8. 다음 함수들의 $\frac{\partial z}{\partial s}$와 $\frac{\partial z}{\partial t}$를 구하여라.

6. $z=e^x\sin y,\ x=st^2,\ y=s^2t$

7. $z=x\ln y,\ x=s^2+t^2,\ y=s^2-t^2$

8. $z=x^2+xy+y^2,\ x=s+t,\ y=st$

쉬어가기

최소제곱법

최소제곱법은 1805년 르장드르(Adrien Marie Legendre, 1752~1833)에 의하여 발견된 후 19세기 수리통계학의 밑바탕을 이루게 된다. 통계학사에서의 최소제곱법은 18세기 미적분학이 수학에서 차지하였던 그것과 과히 견줄 수 있는 비중을 갖는다. 또한 최소제곱법은 수학분야에서 미적분법이 그랬던 것과 같이 한 개인에 의해 전적으로 개발된 것이라고 보기보다는 여러 사람들에 의한 많은 연구들이 어떤 특정 개인에 의하여 결실을 맺은 것으로 생각될 수 있다.

프랑스의 수학자 르장드르는 1805년 〈혜성 궤도의 결정을 위한 새로운 방법〉이라는 연구결과를 내 놓았다. 80쪽인 이 연구결과물 중 여덟 쪽에 걸친 "최소제곱법에 대하여"라는 부록에서 그는 최소제곱법을 다음과 같이 설명하였다.

관측치 $a_i, b_i, c_i, f_i, \cdots$ 와 미지의 상수 x, y, z가 $E_i = a_i + b_i x + c_i y + f_i z + \cdots$ 라는 방정식의 계를 이룬다고 하자. 여기서 E_i는 오차항을 나타낸다. 미지의 상수 $x, y, z, \cdots$ 를 가장 정확히 결정하기 위하여 오차제곱의 합을 최소화하는 것보다 더 일반적인 방법은 없다. 이런 방식으로 미지상수에 대한 해를 얻기 위해서는 오차제곱의 합을 $x, y, z, \cdots$ 로 편미분하여 풀면 된다.

르장드르는 이 방법에 대한 수치 예로서 자오선에 관한 1795년 프랑스의 측정자료를 사용하였는데, 이 예에서는 관측 개체가 다섯이었고 미지 상수는 모두 세 개였다. 새로운 연구 결과라고 하더라도 관련학계가 그 가치를 인정하고 수용하는 데 오랜 세월을 필요로 하는 경우가 흔한데 그렇지 않은 경우도 가끔 있다. 르장드르의 이 '새로운 방법'은 후자의 경우로서 불과 10년 내에 전 유럽의 천문학계와 측지학계에 퍼져 나갔다. 이 사실은 당시의 학계가 이 문제의 해결을 위해 상당한 노력을 경주하고 있었다는 것을 의미한다. 르장드르는 1792년부터 자오선 측정에 관한 일련의 측지학 연구에 관여했는데, 여기서 그는 **절댓값** 오차의 합을 최소화하는 대신 오차제곱 합의 최소화 원칙(기준)을 채택한 결과, 최소제곱법이라는 편리한 해법을 발견하게 된 것이다.

CHAPTER 09

중적분

9.1 이중적분

9.1.1 이중적분의 정의와 성질

일변수함수 $f(x)$가 구간 $[a, b]$ 위에서 정의된 함수일 때, 구간 $[a, b]$를

$$a = x_0 < x_1 < \cdots < x_i < \cdots < x_{n-1} < x_n = b$$

에 의해 n개의 소구간으로 균등하게 분할하고, 각 소구간 $[x_{i-1}, x_i]$ 내의 임의의 한 점을 x_i^*라 하자. 그러면 i번째 소구간 $[x_{i-1}, x_i]$의 길이를 $\Delta x_i = \dfrac{b-a}{n}$로 표시할 때, 리만합

$$f(x_1^*)\Delta x_1 + f(x_2^*)\Delta x_2 + \cdots + f(x_n^*)\Delta x_n = \sum_{i=1}^{n} f(x_i^*)\Delta x_i$$

는 소구간에서의 사각형의 합이 되고, n을 한없이 크게 하여 리만합의 값이 유한한 어떤 특정값으로 수렴할 때 구간 $[a, b]$ 위에서 $f(x)$는 **적분가능**(integrable)이라 하고 정적분을

$$\lim_{n \to \infty} \sum_{i=1}^{n} f(x_i^*)\Delta x = \int_a^b f(x)\,dx$$

로 정의하였다.

두 개의 독립변수를 갖는 이변수함수 $f(x, y)$의 적분도 일변수함수의 적분의 정의를 확장하여 다음과 같이 정의할 수 있다.

이변수함수 $f(x,y)$가 유계인 폐영역 $D(\subset R^2)$에서 정의되어 있다고 하자. 영역 D를 아래 그림 9.1과 같이 가로 세로로 m개 n개씩 구분하여 mn개의 소영역 $D_{11}, D_{12}, D_{13}, \cdots, D_{mn}$ 으로 분할하고

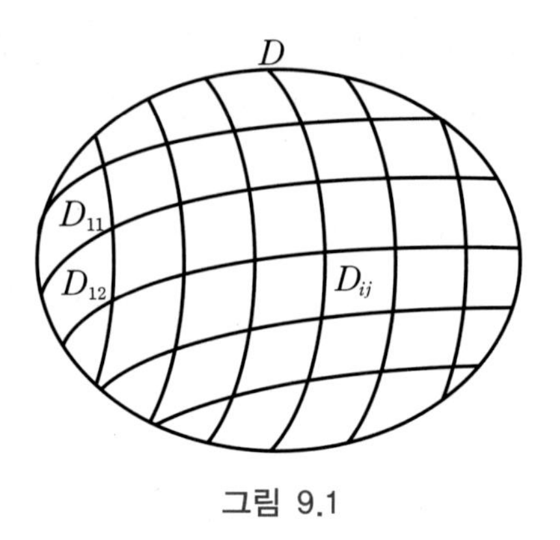

그림 9.1

D_{ij}의 넓이를 $\triangle A_{ij}$ 라 하자. 각 소영역 내의 한 점

$$(x_{11}^*,\ y_{11}^*), \cdots, (x_{ij}^*,\ y_{ij}^*),\ \cdots, (x_{mn}^*,\ y_{mn}^*)$$

를 택하면 점$(x_{ij}^*,\ y_{ij}^*)$에서의 함숫값 $f(x_{ij}^*,\ y_{ij}^*)$와 $\triangle A_{ij}$의 곱의 이중리만합

$$S_{mn} = \sum_{i=1}^{m}\sum_{j=1}^{n} f(x_{ij}^*,\ y_{ij}^*)\triangle A_{ij}$$

를 얻게 되고, 여기서 $m, n \to \infty$이면, 즉 영역 D를 점점 더 세분하여 $\triangle A_{ij} \to 0$이 되게 할 때, S_{mn}의 일정한 극한값이 존재하면 $f(x,y)$는 영역 D에서 **적분가능**이라 한다. 그리고 극한값을

$$\iint_D f(x,y)\,dA = \iint_D f(x,y)\,dx\,dy = \lim_{m,n \to \infty}\sum_{i=1}^{m}\sum_{j=1}^{n} f(x_{ij}^*, y_{ij}^*)\triangle A_{ij}$$

로 표시하며,

$$\iint_D f(x,y)\,dA \quad \text{또는} \quad \iint_D f(x,y)\,dx\,dy$$

을 영역 D에서의 $f(x,y)$의 **이중적분**(double integral)이라 한다.

일변수함수의 정적분은 평면에서의 넓이를 나타내는 것과 같이 이변수함수의 이중적분은 입체의 부피를 나타낸다고 볼 수 있다.

여기서 이중적분의 기하학적 의미를 알아보면 영역 D 위에서 정의된 함수가 $f(x,y) \geq 0$이면 $z = f(x,y)$의 그래프는 일반적으로 D 위쪽에 놓이는 곡면이 되고, 이중적분 $\iint_D f(x,y)\,dA$는 밑면이 D이고 $z = f(x,y)$를 위쪽의 경계로 하는 수직기둥의 부피를 나타낸다.

이중적분의 기본성질들은 일변수함수의 정적분의 기본성질들과 매우 유사하여 이러한 성질들의 증명은 명백하므로 증명 없이 기술만 한다.

이중적분의 기본성질

(a) $\iint_D kf(x,y)\,dA = k\iint_D f(x,y)\,dA$ (k는 상수)

(b) $\iint_D [f(x,y) \pm g(x,y)]\,dA = \iint_D f(x,y)\,dA \pm \iint_D g(x,y)\,dA$ (복호동순)

(c) D 위에서 $f(x,y) \geq 0$ 이면 $\iint_D f(x,y)\,dA \geq 0$

(d) D 위의 모든 (x,y)에 대해 $f(x,y) \geq g(x,y)$ 이면,

$$\iint_D f(x,y)\,dA \geq \iint_D g(x,y)\,dA$$

(e) $D = D_1 \cup D_2$ 이고 $D_1 \cap D_2 = \varnothing$ 이면,

$$\iint_D f(x,y)\,dA = \iint_{D_1} f(x,y)\,dA + \iint_{D_2} f(x,y)\,dA$$

9.1.2 이중적분의 계산

다음은 이변수함수가 정의된 적분영역의 형태에 따라 이중적분을 계산하는 방법에 대하여 논한다.

(Ⅰ) 푸비니(Fubini) 정리

그림 9.2처럼 적분영역이 $D_1 = \{(x,y) | a \leq x \leq b, c \leq y \leq d\}$이고, 함수 $f(x,y)$가 영역 D_1 위에서 정의되고 연속이면, D_1은 직사각형 형태이므로 모든 x 또는 y에 대해 아래위 범위가 일정하므로 다음 식이 성립한다.

$$\iint_{D_1} f(x,y)\,dA = \int_c^d \left(\int_a^b f(x,y)\,dx \right) dy = \int_a^b \left(\int_c^d f(x,y)\,dy \right) dx$$

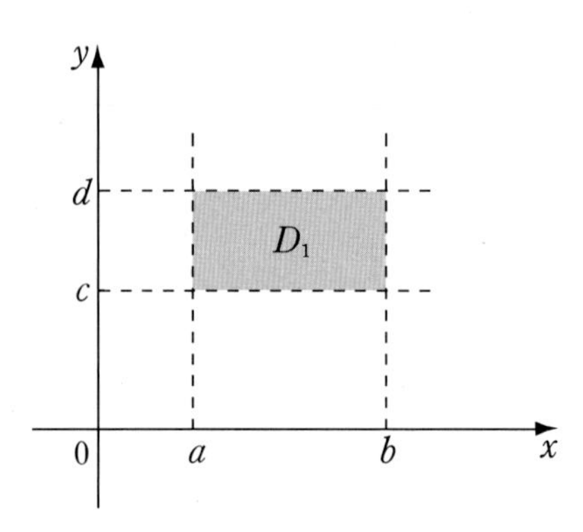

그림 9.2

EXAMPLE 1

영역 $D = \{(x,y) | 1 \leq x \leq 3, -1 \leq y \leq 2\}$이고, $f(x,y) = xy$ 일 때, $\iint_D f(x,y)\,dA$를 계산하여라.

풀이

$$\int_1^3 \int_{-1}^2 xy\,dy\,dx = \int_1^3 x \left[\frac{1}{2} y^2 \right]_{y=-1}^{y=2} dx$$

$$= \int_1^3 \frac{3}{2} x\,dx = \frac{3}{4} \left[x^2 \right]_1^3 = 6$$

이다. 또다른 방법으로 적분순서를 바꾸어 계산하면

$$\int_{-1}^{2}\int_{1}^{3} xy\,dx\,dy = \int_{-1}^{2} y\left[\frac{1}{2}x^2\right]_{x=1}^{x=3} dy$$
$$= \int_{-1}^{2} 4y\,dy = \left[2y^2\right]_{-1}^{2} = 6$$

■

예제 1에서 x에 관하여 적분한 후, y에 관하여 적분한 값과 순서를 바꾸어 적분한 값이 같음을 알 수 있다.

이러한 이변수함수 $f(x,y)$에서 y를 상수로 보고 x에 관하여 적분하면 $\int_a^b f(x,y)\,dx$는 y의 함수가 된다. 이 과정을 y에 관한 편적분이라 하며 이 결과를 y에 관하여 다시 정적분한다. 이와 같은 적분

$$\int_c^d \int_a^b f(x,y)\,dx\,dy$$

를 **반복적분**(iterated integral)이라 부른다.

참고 $f(x,y)$가 x만의 함수와 y만의 함수의 곱이면, 즉

$$f(x,y) = g(x)h(y)$$

이고, 영역 $D = \{(x,y) | a \leqq x \leqq b,\ c \leqq y \leqq d\}$상에서 다음 식이 성립한다.

$$\iint_D f(x,y)\,dA = \iint_D g(x)h(y)\,dA = \int_a^b g(x)dx \int_c^d h(y)dy$$

(Ⅱ) 그림 9.3처럼 영역이
$D_2 = \{(x,y) | a \leqq x \leqq b,\ g_1(x) \leqq y \leqq g_2(x)\}$이고,

함수 $f(x,y)$가 영역 D_2 위에서 정의되고 연속이면, 우선 x를 고정시키고 $f(x,y)$를 y만의 함수라고 생각하여 y에 대해 먼저 적분한 후 x에 대해 적분한다.

$$\iint_{D_2} f(x,y)\,dA = \int_a^b \left(\int_{g_1(x)}^{g_2(x)} f(x,y)\,dy \right) dx$$

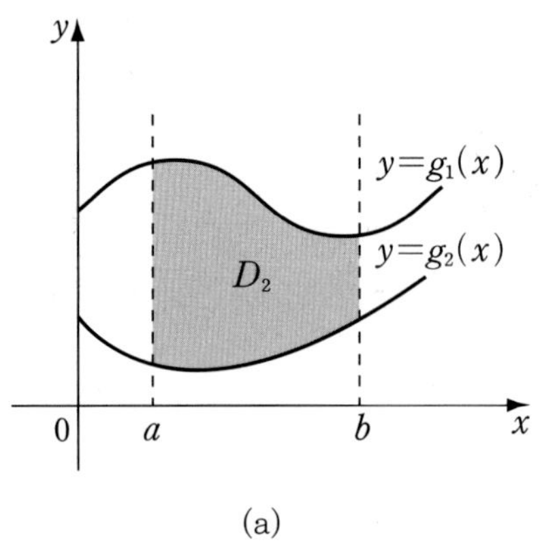

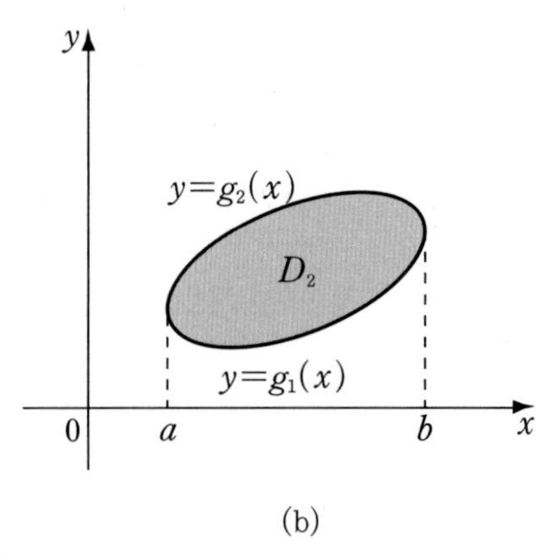

그림 9.3

EXAMPLE 2

영역 $D=\{(x,y)\mid 0\leqq x\leqq 2, 1-x\leqq y\leqq 1+x\}$이고,
$f(x,y)=4-x-y$일 때, $\iint_D f(x,y)\,dA$를 계산하여라.

풀이

영역이 $D=\{(x,y)\mid 0\leqq x\leqq 2, 1-x\leqq y\leqq 1+x\}$이므로,

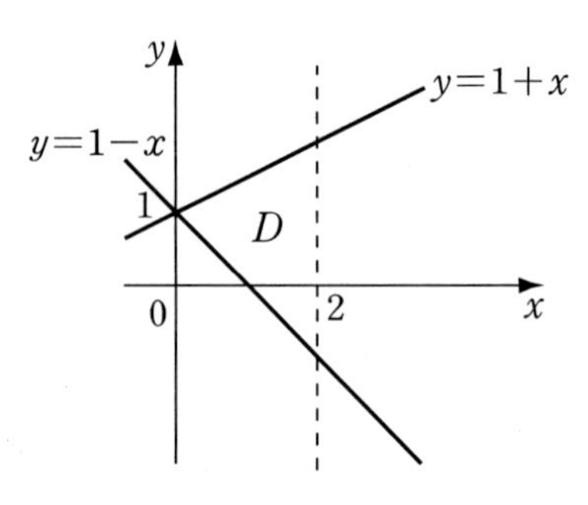

$$\int_0^2\int_{1-x}^{1+x}(4-x-y)\,dy\,dx=\int_0^2\left[4y-xy-\frac{1}{2}y^2\right]_{y=1-x}^{y=1+x}dx$$
$$=\int_0^2(6x-2x^2)\,dx$$
$$=\left[3x^2-\frac{2}{3}x^3\right]_0^2=\frac{20}{3}$$

■

(Ⅲ) 그림 9.4처럼 영역이

$D_3 = \{(x, y) \mid c \leqq y \leqq d,\ h_1(y) \leqq x \leqq h_2(y)\}$ 이고,

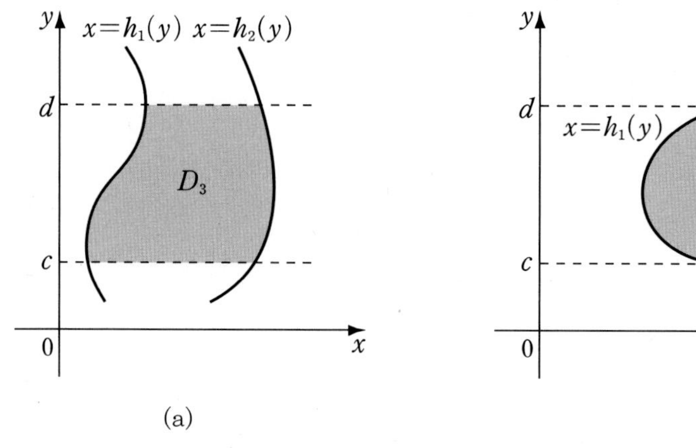

그림 9.4

함수 $f(x, y)$가 영역 D_3 위에서 정의되고 연속이면, 우선 y를 고정시키고 $f(x, y)$를 x만의 함수라고 생각하여 x에 대해 먼저 적분한 후 y에 대해 적분한다.

$$\iint_{D_3} f(x, y)\, dA = \int_c^d \int_{h_1(y)}^{h_2(y)} f(x, y)\, dx\, dy$$

EXAMPLE 3

영역 $D = \{(x,y) \mid x \geqq 0,\ y \geqq 0,\ x+y \leqq 1\}$이고,
$f(x, y) = 1 - x - y$일 때, $\iint_D f(x, y)\, dA$를 계산하여라.

풀이

주어진 영역 D는 그림과 같으므로,

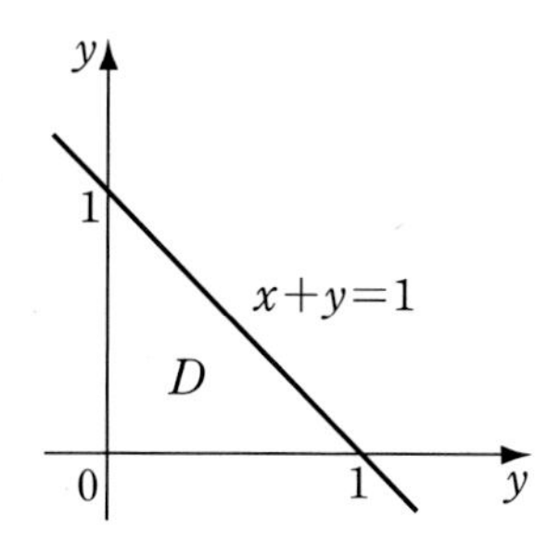

영역 $D = \{(x, y) \mid 0 \leqq y \leqq 1, 0 \leqq x \leqq 1-y\}$로 다시 나타낼 수 있다. 따라서 구하려는 적분은 다음과 같다.

$$\begin{aligned}\iint_D (1-x-y)\,dx\,dy &= \int_0^1 \int_0^{1-y} (1-x-y)\,dx\,dy \\ &= \int_0^1 \left[x - \frac{1}{2}x^2 - xy\right]_{x=0}^{x=1-y} dy \\ &= \int_0^1 \left(\frac{1}{2} - y + \frac{1}{2}y^2\right) dy \\ &= \left[\frac{1}{2}y - \frac{1}{2}y^2 + \frac{1}{6}y^3\right]_0^1 = \frac{1}{6}\end{aligned}$$

■

특별히 영역 D 위에서 함수 $f(x, y) = 1$일 때의 적분은 이중적분의 정의로부터 $S_{mn} = \sum_{i=1}^{m}\sum_{j=1}^{n} \triangle A_{ij}$ 의 극한값이다. 즉 영역 D의 넓이이므로 따라서

$$D\text{의 넓이} = \iint_D 1\,dA$$

이다.

EXAMPLE 4

직선 $y = x-1$과 포물선 $y^2 = 2x+6$으로 둘러싸인 영역 D의 넓이를 구하여라.

풀이 주어진 영역이 $D = \left\{(x, y) \mid -2 \leqq y \leqq 4, \frac{y^2}{2} - 3 \leqq x \leqq y+1\right\}$이므로

$$\begin{aligned}\iint_D 1\,dA = \int_{-2}^4 \int_{\frac{y^2}{2}-3}^{y+1} dx\,dy &= \int_{-2}^4 [x]_{x=\frac{y^2}{2}-3}^{x=y+1} dy \\ &= \int_{-2}^4 \left(-\frac{y^2}{2} + y + 4\right) dy \\ &= \left[-\frac{y^3}{6} + \frac{1}{2}y^2 + 4y\right]_{-2}^4 = 18\end{aligned}$$

이다.

■

TEST

연습문제 9.1

※ 1.~3. 다음 반복적분을 계산하여라.

1. $\int_0^3 \int_1^2 x^2 y \, dy \, dx$

2. $\int_1^2 \int_0^3 x^2 y \, dx \, dy$

3. $\int_0^\pi \int_0^1 x \cos(xy) dx \, dy$

※ 4.~5. 다음 적분의 순서를 바꾸어 나타내어라.

4. $\int_0^1 \int_{\sqrt{y}}^1 f(x,y) \, dx \, dy$

5. $\int_0^4 \int_0^{2-\frac{1}{2}x} f(x,y) \, dy \, dx$

※ 6.~7. 다음 적분의 값을 구하여라.

6. $\int_0^{\sqrt{\pi}} \int_x^{\sqrt{\pi}} \cos(y^2) \, dy \, dx$

7. $\int_0^1 \int_y^1 \frac{\sin x}{x} dx \, dy$

8. 영역 D는 제1사분면에서 $y = x$, $x = 1$로 둘러싸인 영역일 때, 이중적분 $\iint_D (3 - x - y) \, dy \, dx$ 를 구하여라.

9. 영역 $x = 0$, $x = 3$, $y = 0$, $y = 2$와 포물선 $x^2 + y^2 + z = 9$에 의해 둘러싸인 입체의 부피를 구하여라.

9.2 극좌표계에서의 이중적분

9.2.1 극좌표의 정의와 성질

평면 위의 임의의 한 점 P의 위치를 표시하기 위하여 주로 직교좌표를 이용하여 많이 나타내지만 원과 같은 곡선은 극좌표로 표현하는 것이 편리할 때가 있다.

그림 9.5와 같이 원점 O와 수평축이라는 극축(polar axis)을 잡고 평면상의 한 점을 P라 한다. 여기서 원점 O에서 P까지의 거리를 r, 극축에서 직선 OP까지 이르는 각 θ(radian)를 편각이라 할 때, 점 P를 r과 θ에 의하여 나타내는 좌표계를 **극좌표계**(polar coordinate system)라 하며 극좌표는 r과 θ로 정의한다.

좌표가 (r, θ)인 것을 $P(r, \theta)$로 나타내고 이것을 점 P의 **극좌표**(polar coordinate)라고 부른다. 이때 θ는 극축으로부터 시계 반대 방향으로 잰 각은 양이고, 시계 방향으로 잰 각은 음이 된다. 따라서 편각 θ는 유일하지 않다.

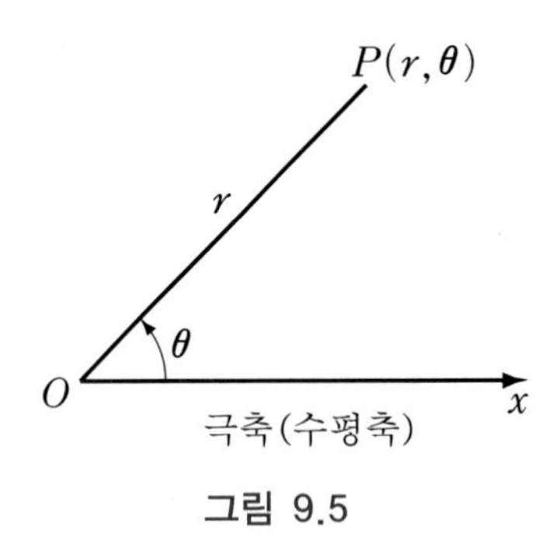

그림 9.5

평면 위의 임의의 직교좌표 한 점 $P(x, y)$를 극좌표 $P(r, \theta)$로 어떻게 나타내겠는가? 그림 9.6에서와 같이 원점으로부터 직교좌표 $P(x, y)$까지의 거리 r과 x축 양의 방향으로부터의 각 θ를 구하여 순서쌍 $P(r, \theta)$로 나타내면 된다. 따라서 직교좌표 $P(x, y)$와 극좌표 $P(r, \theta)$ 사이에는 다음과 같은 관계식이 성립한다.

$$x = r\cos\theta, \qquad y = r\sin\theta$$

$$x^2 + y^2 = r^2, \qquad \frac{y}{x} = \tan\theta \quad (x \neq 0)$$

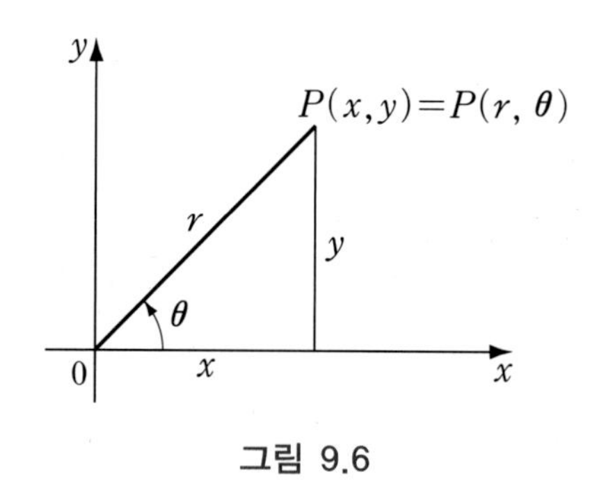

그림 9.6

평면 위의 한 점이 직교좌표계에서는 유일한 좌표로 표시되나 극좌표계에서는 편각을 표현하는 방법에 따라 여러 가지 형태의 좌표로 표시될 수 있다. 또한 반지름 r은 거리이므로 양수이지만 r에 음수를 사용하여 극좌표로 표현하는 것이 편리할 때도 있다. 점 (r, θ)와 점 $(-r, \theta)$는 원점 O를 지나는 같은 직선 위에 놓여 있고 $(-r, \theta)$는 (r, θ)의 반지름을 π만큼 회전시켜 원점 O에서 r만큼의 거리에 있는 점의 극좌표이다. 즉 $(-r, \theta)$는 $(r, \theta+\pi)$와 같은 점을 나타낸다.

예를 들면, 극좌표 $\left(2, \dfrac{\pi}{4}\right)$는 그림 9.7에서와 같이 $\left(2, \dfrac{\pi}{4}+2\pi\right)$, $\left(2, \dfrac{\pi}{4}-2\pi\right)$, $\left(2, \dfrac{\pi}{4}\pm 4\pi\right)$ 등으로 같은 점을 나타낼 수 있다. 한편 반지름 2를 음수 -2를 사용하여 나타내면 $\left(2, \dfrac{\pi}{4}\right)$를 π만큼 회전하여 얻게 되는 점의 극좌표 $\left(-2, \dfrac{5\pi}{4}\right)$이다 [그림 9.8].

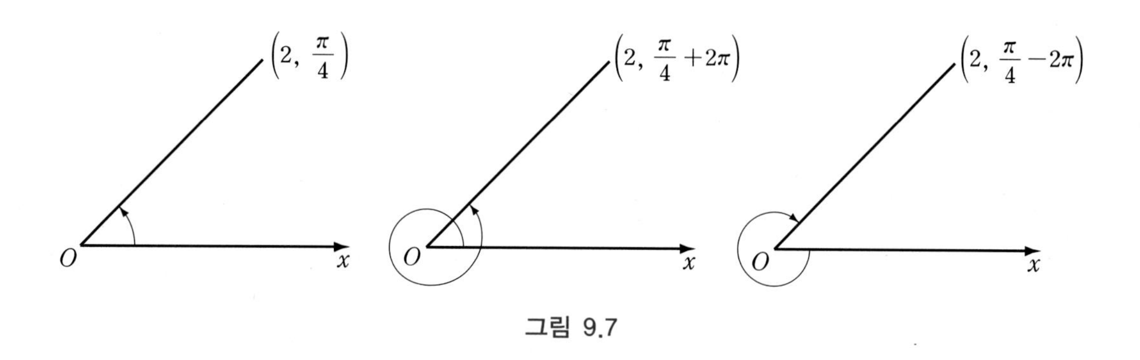

그림 9.7

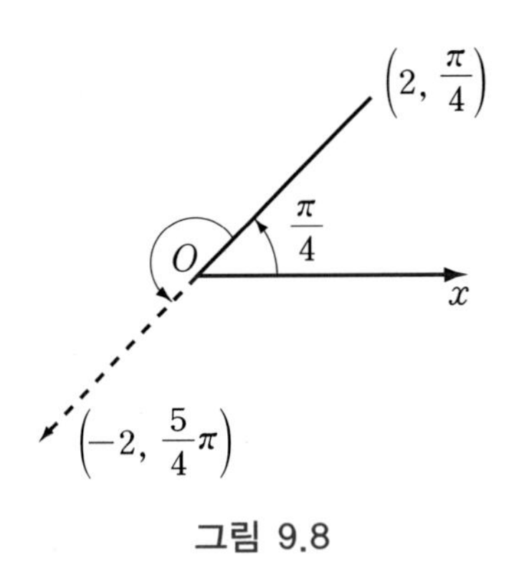

그림 9.8

EXAMPLE 1

극좌표 $\left(1, \frac{\pi}{3}\right)$를 모든 형태의 극좌표로 나타내어라.

풀이 반지름 $r=1$ 에 대한 편각이 $\frac{\pi}{3}$ 이므로 가능한 편각은 $\frac{\pi}{3}$, $\frac{\pi}{3} \pm 2\pi$, $\frac{\pi}{3} \pm 4\pi, \cdots$ 이고, 반지름 $r=-1$ 에 대한 가능한 편각은 $\frac{4\pi}{3}$, $\frac{4\pi}{3} \pm 2\pi$, $\frac{4\pi}{3} \pm 4\pi, \cdots$ 이다. 따라서 모든 형태의 극좌표는 $n=0, 1, 2, \cdots$ 에 대해서 $\left(1, \frac{\pi}{3} \pm 2n\pi\right)$ 또는 $\left(-1, \frac{4\pi}{3} \pm 2n\pi\right)$이다. ■

EXAMPLE 2

(1) 극좌표 $\left(1, \frac{\pi}{3}\right)$를 직교좌표로, (2) 직교좌표 $(1, -1)$을 극좌표로 각각 나타내어라.

풀이 (1) 극좌표 $\left(1, \frac{\pi}{3}\right)$에서 $r=1$, $\theta = \frac{\pi}{3}$ 이므로

$$x = 1 \cdot \cos\frac{\pi}{3} = \frac{1}{2}, \quad y = 1 \cdot \sin\frac{\pi}{3} = \frac{\sqrt{3}}{2}$$

이다.

따라서 직교좌표는 $\left(\frac{1}{2}, \frac{\sqrt{3}}{2}\right)$이다.

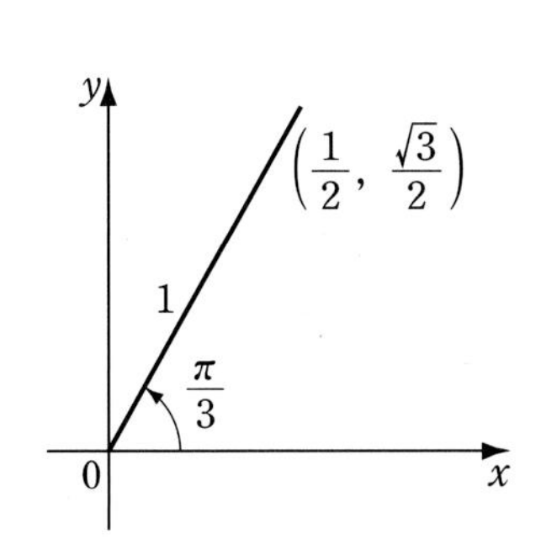

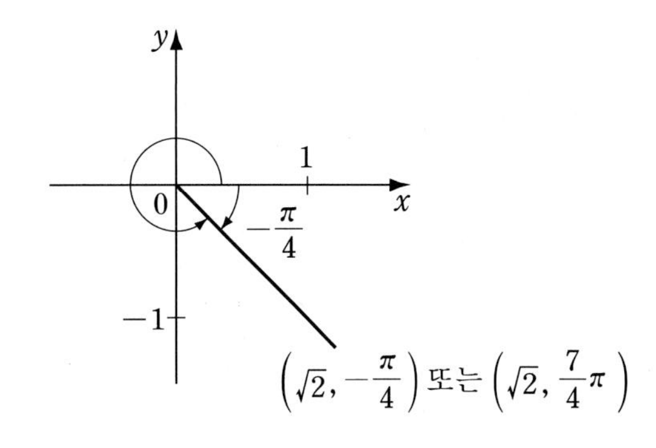

(2) 직교좌표 $(1, -1)$에서 $r = \sqrt{1^2 + (-1)^2} = \sqrt{2}$이고 $\tan\theta = \frac{-1}{1} = -1$이므로, $r = \sqrt{2}$, $\theta = -\frac{\pi}{4}$이다.

따라서 극좌표는 $\left(2, -\frac{\pi}{4} \pm 2n\pi\right)$, $\left(2, \frac{7\pi}{4} \pm 2n\pi\right)$이다.

■

일반적으로 극좌표의 r, θ 사이의 방정식 $f(r, \theta) = 0$을 **극방정식**(polar equation)이라 한다.

예를 들면 극방정식 $r = 2\sin\theta$는 직교좌표로는 $x^2 + (y-1)^2 = 1$이 된다. 왜냐하면 $r = 2\sin\theta$는 $r^2 = 2r\sin\theta$이므로 $x^2 + y^2 = 2y$이다. 따라서 $x^2 + (y-1)^2 = 1$이다.

또한 직교좌표에서의 방정식 $x + y = 1$은 $x = r\cos\theta$, $y = r\sin\theta$이므로 **극방정식**은 $r(\cos\theta + \sin\theta) = 1$이다.

EXAMPLE 3

극방정식 $r = 2(\cos\theta + \sin\theta)$를 직교방정식으로, 직교방정식 $x^2 + y^2 = 16$을 극방정식으로 각각 나타내어라.

$r^2 = 2(r\cos\theta + r\sin\theta)$이므로 $x^2 + y^2 = 2x + 2y$이다.

즉,

$$(x-1)^2 + (y-1)^2 = 2$$

이다. 따라서 중점이 $(1, 1)$이고 반지름이 $\sqrt{2}$인 원을 나타낸다.

$x = r\cos\theta$, $y = r\sin\theta$이고,

$x^2 + y^2 = r^2$이므로 $r^2 = 16$이다. 따라서 양수 r에 대해 $r = 4$이다.

■

9.2.2 극좌표를 이용한 이중적분

여기서 극좌표에 의한 이중적분의 계산방법을 살펴본다. 영역 D는 그림 9.9에서와 같이

$$D=\{(r,\theta)\mid a \leqq r \leqq b,\ \alpha \leqq \theta \leqq \beta\}$$

이고 연속함수 $f(x,y)$는 D 위에서 정의된 함수이다.

먼저 영역 D를 소영역으로 분할하기 위하여 $[a,b]$를 m등분으로 균등하게 분할하면, 작은 구간은 $[r_{i-1}, r_i]$이고 길이는 $\Delta r_i = r_i - r_{i-1} = \dfrac{b-a}{m}$이다. 또한 같은 방법으로 $[\alpha, \beta]$를 n등분으로 분할하여 작은 구간 $[\theta_{j-1}, \theta_j]$를 얻고, 길이는 $\Delta\theta_j = \theta_j - \theta_{j-1} = \dfrac{\beta-\alpha}{n}$이다. 그러면 mn개의 작은 부채꼴의 소영역은

$$D_{ij}=\{(r,\theta)\mid r_{i-1} \leqq r \leqq r_i,\ \theta_{j-1} \leqq \theta \leqq \theta_j\},$$
$$(i=1, 2, \cdots, m\ ,\ j=1, 2, \cdots, n\ )$$

이다.

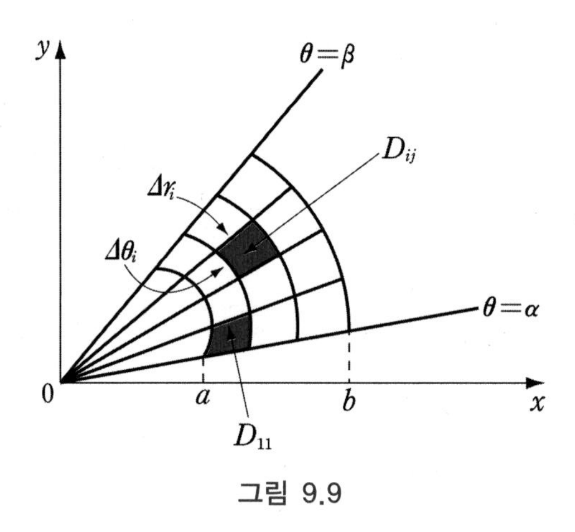

그림 9.9

부채꼴 D_{ij}의 넓이를 ΔA_{ij}라 하고 D_{ij}의 중점을 (r_i^*, θ_j^*)로 잡으면

$$r_i^* = \frac{1}{2}(r_{i-1}+r_i),\ \ \theta_j^* = \frac{1}{2}(\theta_{j-1}+\theta_j)$$

이므로, D_{ij}의 넓이 ΔA_{ij}는

$$\Delta A_{ij} = \frac{1}{2}r_i^2\Delta\theta_j - \frac{1}{2}r_{i-1}^2\Delta\theta_j = \frac{1}{2}(r_i^2 - r_{i-1}^2)\Delta\theta_j$$

$$= \frac{1}{2}(r_i + r_{i-1})(r_i - r_{i-1})\Delta\theta_j = r_i^* \Delta r_i \Delta\theta_j$$

이다. 그리고 D_{ij}의 중심을 직교좌표로 표시하면 $(r_i^* \cos\theta_j^*,\ r_i^* \sin\theta_j^*)$이므로 **리만합**은

$$\sum_{i=1}^{m}\sum_{j=1}^{n} f(r_i^* \cos\theta_j^*,\ r_i^* \sin\theta_j^*)\Delta A_{ij}$$
$$= \sum_{i=1}^{m}\sum_{j=1}^{n} f(r_i^* \cos\theta_j^*,\ r_i^* \sin\theta_j^*) r_i^* \Delta r_i \Delta\theta_j$$

이고, 이 합의 극한값이 존재하면

$$\iint_D f(x, y)dA = \lim_{m,n\to\infty} \sum_{i=1}^{m}\sum_{j=1}^{n} f(r_i^* \cos\theta_j^*,\ r_i^* \sin\theta_j^*)\Delta A_{ij}$$
$$= \int_\alpha^\beta \int_a^b f(r\cos\theta,\ r\sin\theta)\, r\, dr\, d\theta$$

와 같이 표시하고, 이것을 극좌표계에서의 **이중적분**이라 한다.

극좌표계에서 폐유계인 영역 D의 넓이 A는

$$A = \iint_D r\, dr\, d\theta$$

이다.

이중적분을 직교좌표계에서 직접 계산한다는 것이 매우 복잡하고 번거로울 때는 극좌표계로 변환하여 적분의 값을 쉽게 구하는 경우가 많다. 함수 $f(x, y)$가 영역 D 위에서 정의되고 이중적분 $\iint_D f(x, y)\,dx\,dy$를 구하기 위하여 $x = r\cos\theta$, $y = r\sin\theta$에 의하여 $f(x, y)$는 극좌표 r, θ에 의한 $f(r\cos\theta,\ r\sin\theta)$로 치환하고 직교좌표계에서의 영역 D를 경계값 r, θ와 극좌표계에서의 영역 G로 나타내어 다음과 같이 적분값을 구할 수 있다.

$$\iint_D f(x, y)\,dx\,dy = \iint_G f(r\cos\theta,\ r\sin\theta)\, r\, dr\, d\theta$$

EXAMPLE 4

영역 D는 x, 축과 $y=\sqrt{1-x^2}$ 으로 둘러싸인 부분이다. 이중적분 $\iint_D e^{x^2+y^2}\,dx\,dy$ 를 구하여라.

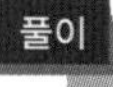

영역 D는 극좌표계에서 $0 \leqq r \leqq 1$, $0 \leqq \theta \leqq \pi$이고, $x=r\cos\theta$, $y=r\sin\theta$로 치환하면 $x^2+y^2=r^2$이므로,

$$\iint_D e^{x^2+y^2}\,dy\,dx = \int_0^\pi \int_0^1 e^{r^2} r\,dr\,d\theta$$
$$= \int_0^\pi \left[\frac{1}{2}e^{r^2}\right]_0^1 d\theta = \int_0^\pi \frac{1}{2}(e-1)\,d\theta = \frac{\pi}{2}(e-1)$$

이다. ■

쉬어가기

수를 나타내는 우리말과 속담 속의 수

- 온(100) : 온 누리, 온몸이 아프다.
- 즈믄(1000) : 즈믄 해
- 골(10^{16}, 경) : 골백 번 죽는다.
- 불가사의(10^{64}) : 도저히 생각할 수 없는 수
- 겁 : 사방 사십리나 되는 바위를 100년에 한 번 나타나는 선녀가 입은 옷이 스쳐서 닳게 되는 세월
- 리(392.727 m) : 천리 길도 한 걸음부터
- 척(30.3 cm) : 삼척동자도 다 아는 사실이다.
- 치(3.03 cm) : 한 치 앞도 못 보다.
- 근(600 g) : 입이 천근같이 무겁다.

_이정례, 《수학의 오솔길》 중에서

TEST

연습문제 9.2

1. 다음과 같은 극좌표를 평면 위에 나타내어라.

(1) $\left(2, \frac{\pi}{3}\right)$ (2) $(2, 0)$

(3) $\left(1, -\frac{\pi}{4}\right)$ (4) $\left(-1, -\frac{3\pi}{4}\right)$

2. 극좌표 $\left(2, -\frac{\pi}{4}\right)$를 직교좌표로 나타내어라.

3. 직교좌표 $(-1, -1)$을 극좌표로 나타내어라.

4. 다음 직교방정식을 극방정식으로 표현하여라.

(1) $xy = 1$ (2) $x^2 + y^2 = 2xy$

(3) $y = x$

5. 다음 극방정식을 직교방정식으로 표현하여라.

(1) $r = \sin 2\theta$ (2) $r \csc \theta = 1$

(3) $r = 2(\cos \theta + \sin \theta)$

6. 좌표평면에서 두 점의 극좌표 (r_1, θ_1), (r_2, θ_2) 사이의 거리를 구하여라.

9.3 직교좌표계에서의 삼중적분

이변수함수의 적분과 경우와 마찬가지로 삼변수함수의 적분을 정의할 수가 있다. 3차원 공간의 폐곡면에 의해 둘러싸인 영역을 B라 하고 함수 $f(x, y, z)$는 B의 각 점(x, y, z)에서 정의된 함수라 하자. 영역 B를 부피가 각각 $\Delta V_1, \Delta V_2, \cdots, \Delta V_n$인 n개의 소영역으로 분할하고 ΔV_k에 속하는 임의의 한 점을 (x_k, y_k, z_k)라 할 때, 삼중 리만합 $\sum_{k=1}^{n} f(x_k, y_k, z_k)\Delta V_k$를 생각하자. 여기서 $n \to \infty$이면, 즉 $\Delta V_k \to 0$일 때 영역의 분할방법과 점 (x_k, y_k, z_k)의 선택에 관계없이 일정한 값에 수렴하면 이 극한값을 기호

$$\iiint_B f(x,y,z)\,dV \quad \text{또는} \quad \iiint_B f(x,y,z)\,dx\,dy\,dz$$

로 나타내고 이 값을 영역 B 위에서의 $f(x, y, z)$의 **삼중적분**(triple integral)이라 부른다.

영역 B 위에서 삼중적분이 가능한 $f(x, y, z)$, $g(x, y, z)$에 대하여 삼중적분도 이중적분과 마찬가지로 다음의 기본성질들이 성립한다.

삼중적분의 기본성질

(a) $\iiint_B kf(x, y, z)\,dV = k\iiint_B f(x, y, z)\,dV$ (k: 임의의 상수)

(b) $\iiint_B (f(x, y, z) \pm g(x, y, z))\,dV = \iiint_B f(x, y, z)\,dV \pm \iiint_B g(x, y, z)\,dV$

(c) B 위에서 $f(x, y, z) \geqq 0$이면, $\iiint_B f(x, y, z)\,dV \geqq 0$

(d) B 위에서 $f(x, y, z) \geqq g(x, y, z)$이면,

$$\iiint_B f(x, y, z)\,dV \geqq \iiint_B g(x, y, z)\,dV$$

(e) $B = B_1 \cup B_2$이고, $B_1 \cap B_2 = \varnothing$이면,

$$\iiint_B f(x,y,z)\,dV = \iiint_{B_1} f(x,y,z)\,dV + \iiint_{B_2} f(x,y,z)\,dV$$

삼중적분을 이용하여 영역 B의 부피를 구할 수 있으며, 만약 B 위에서의 함수가 $f(x,y,z)=1$ 이면 공간 내의 영역의 부피는 $\iiint_B dV$로 나타낸다.

EXAMPLE 1

제1 팔분공간에 있는 한 변의 길이가 2인 정육면체 영역 D 위에서 $f(x,y,z)=xyz$ 의 삼중적분을 구하여라.

풀이

경계가 $0 \leqq x \leqq 2$, $0 \leqq y \leqq 2$, $0 \leqq z \leqq 2$에 의해 둘러싸인 유계된 영역이므로

$$\iiint_D xyz\,dV = \int_0^2 \int_0^2 \int_0^2 xyz\,dx\,dy\,dz = 8$$

이다.

■

EXAMPLE 2

세 경계가 $0 \leq y \leq 2$, $0 \leq x \leq \sqrt{4-y^2}$, $0 \leqq z \leqq y$에 의해 둘러싸인 유계된 영역 D 위에서의 삼중적분 $\iiint_D 2x\,dz\,dy\,dx$를 구하여라.

풀이

z는 $z=0$ 에서 만나 $z=y$ 를 지나고, x는 0에서 $\sqrt{4-y^2}$ 까지 변한다. y의 경계는 0에서 2까지 움직인다. 따라서 영역 D 위에서의 삼중적분은 다음과 같다.

$$\begin{aligned}\iiint_D 2x\,dV &= \int_0^2 \int_0^{\sqrt{4-y^2}} \int_0^y 2x\,dz\,dx\,dy = \int_0^2 \int_0^{\sqrt{4-y^2}} [2xz]_{z=0}^{z=y}\,dx\,dy \\ &= \int_0^2 \int_0^{\sqrt{4-y^2}} 2xy\,dx\,dy = \int_0^2 [x^2 y]_{x=0}^{x=\sqrt{4-y^2}}\,dy \\ &= \int_0^2 (4-y^2)\,y\,dy = \left[2y^2 - \frac{1}{4}y^4\right]_0^2 = 4\end{aligned}$$

■

참고 일반적으로 삼중적분 $\iiint_B f(x,y,z)\,dV$의 계산을 어떻게 할 것인지 생각해 보자. 삼중적분은 적분 순서를 바꾸어 6가지 적분에 의해 구해질 수 있다. 편의상 z, y, x에 관한 적분의 순서를 생각하자.

(1) xy평면에 B의 정사영(vertical projection)을 얻고, 그 정사영 R의 경계선을 얻는다.

(2) z에 관한 적분을 구한다. 즉 B와 시작점 $z=f_1(x,y)$ 및 끝점 $z=f_2(x,y)$, 를 구한다.

(3) y에 관한 적분을 구한다. 즉 점 (x,y)를 지나고 y축에 평행한 직선을 긋고 R과 만나는 시작 및 끝점 $y=g_1(x)$, $y=g_2(x)$를 구한다.

(4) x에 관한 적분을 구한다. 즉 y축에 평행이며 R과 만나는 시작 및 끝점 a, b를 구한다.

따라서 B 위에서 f의 삼중적분은 다음과 같다.

$$\int_{x=a}^{x=b}\int_{y=g_1(x)}^{y=g_2(x)}\int_{z=f_1(x,y)}^{z=f_2(x,y)} f(x,y,z)\,dz\,dy\,dx$$

TEST

연습문제 9.3

※ 1.~3. 영역 $B = [0,1] \times [0,2] \times [0,3]$ 에서 다음 적분을 구하여라.

1. $\iiint_B x\,dV$

2. $\iiint_B z e^{yz}\,dV$

3. $\iiint_B \sqrt{y+z}\,dV$

※ 4.~7. 다음 적분을 계산하여라.

4. $\int_0^1 \int_1^2 \int_2^3 xyz\,dz\,dy\,dx$

5. $\int_0^1 \int_0^{\sqrt{1-x^2}} \int_0^x dy\,dz\,dx$

6. $\int_0^1 \int_0^x \int_{x-y}^{x+y} (z-x-y)\,dz\,dy\,dx$

7. $\int_1^2 \int_y^{y^2} \int_0^{\ln x} e^z\,dz\,dx\,dy$

8. 영역 $B = \{(x,y,z) \mid 0 \leq z \leq 1,\ 0 \leq y \leq 2z,\ 0 \leq x \leq z+2\}$일 때 $\iiint_B yz\,dV$를 구하여라.

CHAPTER

10 무한급수

10.1 무한급수의 수렴과 발산

일반적으로 숫자들의 나열을 **수열**(sequence)이라 한다. 무한수열 a_1, a_2, $\cdots$ a_n, $\cdots$ 을 간단히 수열 $\{a_n\}$으로 나타내며, 차례로 제1항, 제2항, $\cdots$, 제n항이라 하고 각 항의 합

$$a_1 + a_2 + \cdots + a_n + \cdots = \sum_{k=1}^{\infty} a_k \tag{10.1}$$

를 **무한급수**(infinite series)라고 한다.

또한 제n항까지의 합

$$S_n = a_1 + a_2 + \cdots + a_n = \sum_{k=1}^{n} a_k$$

를 **n번째 부분합**(n–th partial sum)이라 부르고, 부분합의 수열 S_1, S_2, $\cdots$, S_n, $\cdots$ 은 무한급수의 수렴과 발산을 판정하는 데 이용된다.

예를 들면 무한급수

$$\frac{1}{1\cdot 2} + \frac{1}{2\cdot 3} + \frac{1}{3\cdot 4} + \frac{1}{4\cdot 5} + \cdots + \frac{1}{n\cdot(n+1)} + \cdots$$

에 대하여 부분합의 수열 $\{S_n\}$은

$$S_1 = \frac{1}{2}$$

$$S_2 = \frac{2}{3}$$
$$S_3 = \frac{3}{4}$$
$$\vdots$$
$$S_{99} = \frac{99}{100}$$
$$\vdots$$

으로 1에 점점 가까이 가는 것을 알 수 있다.

이와 같이 수열 $\{S_n\}$이 일정한 극한값 S로 수렴할 때, 즉 $\lim_{n\to\infty} S_n = S$이면 식 (10.1)은 **수렴**(convergence)한다고 하고 S를 급수의 합이라 한다. 그리고 수열 $\{S_n\}$이 수렴하지 않으면 무한급수는 **발산**(divergence)한다고 한다. 발산하는 경우는 다음 세 가지로

(1) $\lim_{n\to\infty} S_n = \infty$ 이면 양의 무한대로 발산하고,

(2) $\lim_{n\to\infty} S_n = -\infty$ 이면 음의 무한대로 발산하며,

(3) $\lim_{n\to\infty} S_n$이 확정된 값을 갖지 않으면 진동한다고 한다.

EXAMPLE 1

무한급수 $1 - 1 + 1 - 1 + \cdots$ 의 수렴, 발산을 조사하여라.

풀이

$S_{2n} = 0$, $S_{2n+1} = 1$이므로 $\{S_n\}$은 발산한다.
따라서 무한급수는 발산한다. ■

무한급수

$$a + ar + \cdots + ar^{n-1} + \cdots = \sum_{n=0}^{\infty} ar^{n-1} \qquad (10.2)$$

를 첫째 항이 a(단, $a \neq 0$)이고 공비가 r인 **무한등비급수**(infinite geometric series)라고 한다. 이 급수의 수렴과 발산을 조사하여 보자.

(1) $r=-1$인 경우

$$S_n = a - a + a - \cdots + (-1)^{n-1}a$$

이고, $S_{2n}=0$ 또는 $S_{2n+1}=a$이므로 $\{S_n\}$은 진동한다. 따라서 식 (10.2)는 발산한다.

(2) $r=1$인 경우

$$S_n = a + a(1) + a(1)^2 + \cdots + a(1)^{n-1} = na$$

이므로 $n \to \infty$이면 $S_n \to \infty\ (a>0)$ 또는 $S_n \to -\infty\ (a<0)$이다. 따라서 식 (10.2)는 발산한다.

(3) $r \neq 1$인 경우

$$S_n = a + ar + \cdots + ar^{n-1}$$
$$rS_n = ar + ar^2 + \cdots + ar^{n-1} + ar^n$$

이므로 $S_n - rS_n = a - ar^n$이다. 즉

$$S_n = \frac{a(1-r^n)}{1-r} = a\left(\frac{1}{1-r} - \frac{r^n}{1-r}\right)$$

① $|r|<1$일 때 $n \to \infty$이면 $r^n \to 0$이므로 $S_n \to \dfrac{a}{1-r}$이다.
따라서 식 (10.2)는 수렴한다.

② $|r|>1$일 때 $n \to \infty$이면 수열 $\{r^n\} \to \pm\infty$이므로 $\{S_n\}$은 발산한다.
따라서 식 (10.2)는 발산한다.

정리 10.1

$\sum_{n=1}^{\infty} a_n$이 수렴하면 $\lim_{n\to\infty} a_n = 0$이다. 즉 $\lim_{n\to\infty} a_n$이 존재하지 않거나, $\lim_{n\to\infty} a_n \neq 0$이면 급수 $\sum_{n=1}^{\infty} a_n$은 발산한다.

증명 $S_n = \sum_{k=1}^{n} a_k$라 하고 $\lim_{n\to\infty} S_n = s$이면, 따라서

$$\lim_{n\to\infty} a_n = \lim_{n\to\infty}(S_n - S_{n-1}) = \lim_{n\to\infty} S_n - \lim_{n\to\infty} S_{n-1} = s - s = 0$$

이다. ■

위 정리의 역은 일반적으로 성립하지 않는다.

EXAMPLE 2

$\lim_{n\to\infty} a_n = 0$이라도 급수 $\sum_{n=1}^{\infty} a_n$은 수렴한다고 말할 수 없다.

조화급수

$$\sum_{n=1}^{\infty} \frac{1}{n} = 1 + \frac{1}{2} + \frac{1}{3} + \cdots + \frac{1}{n} + \cdots$$

에서 $\lim_{n\to\infty} a_n = \lim_{n\to\infty} \frac{1}{n} = 0$이다. 그러나

$$1 + \frac{1}{2} > \frac{1}{2}$$

$$\frac{1}{3} + \frac{1}{4} > \frac{1}{4} + \frac{1}{4} = \frac{1}{2}$$

$$\frac{1}{5} + \frac{1}{6} + \frac{1}{7} + \frac{1}{8} > \frac{1}{8} + \frac{1}{8} + \frac{1}{8} + \frac{1}{8} = \frac{1}{2}$$

$$\frac{1}{9} + \frac{1}{10} + \cdots + \frac{1}{15} + \frac{1}{16} > \frac{1}{2}$$

$$\cdots\cdots\cdots\cdots\cdots\cdots$$

이므로 n개의 군으로 생각하면

$$1 + \frac{1}{2} + \frac{1}{3} + \cdots + \frac{1}{2^n} > \frac{n}{2}$$

이다. 따라서 조화급수 $\sum_{n=1}^{\infty} \frac{1}{n}$은 발산한다.

EXAMPLE 3

다음 급수들은 발산한다.

(1) $\sum_{n=1}^{\infty} \frac{n+1}{n}$

(2) $\sum_{n=1}^{\infty} (-1)^n$

풀이

(1) $\lim_{n\to\infty} a_n = \lim_{n\to\infty} \frac{n}{n+1} = 1$, 즉 $\lim_{n\to\infty} a_n \neq 0$이므로 [정리 10.1]에 의해 급수는 발산한다.

(2) $\lim_{n\to\infty} a_n = \lim_{n\to\infty} (-1)^n$ 이 존재하지 않으므로 [정리 10.1]에 의해 급수는 발산한다.

■

정리 10.2

두 급수 $\sum_{n=1}^{\infty} a_n$과 $\sum_{n=1}^{\infty} b_n$이 수렴하면 다음이 성립한다.

(a) 급수 $\sum_{n=1}^{\infty} (a_n \pm b_n)$ 과 $\sum_{n=1}^{\infty} ca_n$ (c는 상수)도 수렴한다.

(b) $\sum_{n=1}^{\infty} (a_n \pm b_n) = \sum_{n=1}^{\infty} a_n \pm \sum_{n=1}^{\infty} b_n$

(c) $\sum_{n=1}^{\infty} ca_n = c\sum_{n=1}^{\infty} a_n$ (c는 상수)

EXAMPLE 4

무한급수 $\sum_{n=1}^{\infty} \left(\frac{2^n + 3^{n-1}}{6^{n-1}} \right)$의 합을 구하여라.

풀이

$$\sum_{n=1}^{\infty} \left(\frac{2^n + 3^{n-1}}{6^{n-1}} \right) = \sum_{n=1}^{\infty} 2\left(\frac{1}{3}\right)^{n-1} + \sum_{n=1}^{\infty} \left(\frac{1}{2}\right)^{n-1}$$

첫 번째 급수는 첫째 항이 2이고 $r = \frac{1}{3}$인 무한등비급수이므로

$$\sum_{n=1}^{\infty} 2\left(\frac{1}{3}\right)^{n-1} = \frac{2}{1-\frac{1}{3}} = 3$$

이고, 두 번째 급수는 첫째 항이 1이고 $r=\frac{1}{2}$인 무한등비급수이므로

$$\sum_{n=1}^{\infty} \left(\frac{1}{2}\right)^{n-1} = \frac{1}{1-\frac{1}{2}} = 2$$

이다. 따라서 [정리 10.2]에 의하여 무한급수의 합은 5이다.

■

TEST 연습문제 10.1

※ 1.~4. 다음 무한급수의 수렴, 발산을 판정하고 수렴하는 경우 그 합을 구하여라.

1. $\sum_{n=1}^{\infty}\left(\frac{2}{3}\right)^{n-1}$

2. $\sum_{n=1}^{\infty}\frac{4n-3}{3n+2}$

3. $\sum_{n=1}^{\infty}\frac{1}{(n+2)(n+3)}$

4. $\sum_{n=1}^{\infty}\sin\left(\frac{n\pi}{2}\right)$

※ 5.~7. 다음 무한소수를 분수로 나타내어라.

5. 0.7777…

6. 0.1999…

7. 2.232323…

8. 다음 무한급수는 수렴하는가? 수렴하면 그 합을 구하여라.

(1) $-1+\sqrt{\frac{3}{4}}-\sqrt{\frac{8}{9}}+\cdots+(-1)^n\sqrt{1-\frac{1}{n^2}}+\cdots$

(2) $\frac{1}{3}+\frac{1}{15}+\frac{1}{35}+\cdots+\frac{1}{4n^2-1}+\cdots$

10.2 무한급수의 수렴판정법

무한급수의 수렴성을 판정할 수 있는 여러 가지 방법, 즉 적분판정법, 비교판정법, 극한비교판정법, 비판정법, 근판정법 등을 알아보기로 한다.

정의 10.3

급수의 각 항이 모두 양수인 급수를 양항급수(series of positive terms)라 한다.

양항급수의 경우 부분합의 수열 $\{S_n\}$은 모든 n에 대하여

$$0 \leqq S_1 \leqq S_2 \leqq \cdots \leqq S_n \leqq S_{n+1} \leqq \cdots$$

이므로 단조증가수열이다. n이 한없이 커질 때 S_n의 값이 무한히 커지는, 즉 S_n이 무한대로 발산하는 경우와 S_n이 일정한 값을 넘지 않는, 위로 유계된 경우가 있다. 위로 유계된 단조증가수열은 항상 수렴한다. 따라서 양항급수가 수렴할 필요충분조건은 부분합의 수열 $\{S_n\}$이 위로 유계인 것이다.

정리 10.4 적분판정법

함수 f는 $[1, \infty)$에서 연속이고 양의 감소함수이고, 양인 수열 $\{a_n\}$에 대하여 $a_n = f(n)$이라 하자. 그러면 급수 $\sum_{n=1}^{\infty} a_n$이 수렴할 필요충분조건은 $\int_1^{\infty} f(x)\,dx$가 수렴하는 것이다.

증명 함수 f는 연속이고 양의 감소함수이므로 그림 10.1에서 $x=1$부터 $x=n+1$까지 곡선 $y=f(x)$로 둘러싸인 면적과 수열 $\{a_n\}$의 관계를 비교하면

$$a_2 + a_3 + \cdots + a_{n+1} \leqq \int_1^{n+1} f(x)\,dx \leqq a_1 + a_2 + \cdots + a_n$$

을 얻는다. 첫 번째 부등식과 두 번째 부등식으로부터

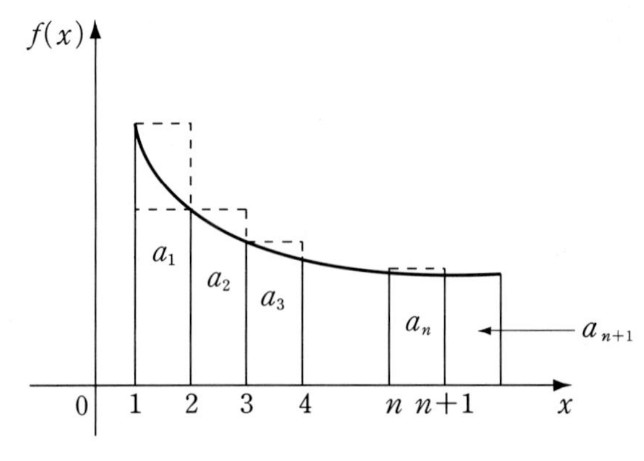

그림 10.1

$$a_1 + a_2 + \cdots + a_{n+1} \leqq a_1 + \int_1^{n+1} f(x)dx \leqq a_1 + \int_1^{\infty} f(x)dx \qquad (10.3)$$

$$\int_1^{n+1} f(x)dx \leqq a_1 + a_2 + \cdots + a_n \qquad (10.4)$$

임을 알 수 있다.

만약 $\int_1^{\infty} f(x)dx$가 수렴하면 식 (10.3)에서 $S_{n+1} = a_1 + a_2 + \cdots + a_{n+1}$은 증가하고 위로 유계된 수열이므로 수렴한다. 즉, 급수 $\sum_{n=1}^{\infty} a_n$이 수렴한다.

만약 $\int_1^{\infty} f(x)dx$가 발산하면 식 (10.4)에서 $\int_1^{n+1} f(x)dx \to \infty$이므로 $a_1 + a_2 + \cdots + a_n \to \infty$이다. 즉, 급수 $\sum_{n=1}^{\infty} a_n$이 발산한다.

■

EXAMPLE 1

급수 $\sum_{n=1}^{\infty} \frac{n}{n^2+1}$의 수렴, 발산을 판정하여라.

풀이

$f(x) = \frac{x}{x^2+1}$라고 두면 $f(x)$는 $x > 1$인 x에 대하여 양이고 미분하면 0보다 작으므로 감소함수이다.

$$\int_1^{\infty} \frac{x}{x^2+1}dx = \lim_{b\to\infty} \int_1^b \frac{x}{x^2+1}dx = \lim_{b\to\infty} \left[\frac{1}{2}ln(x^2+1)\right]_1^b$$

$$= \lim_{b\to\infty}\left(\frac{1}{2}\ln(b^2+1) - \frac{1}{2}\ln(1)\right)$$

$$= \lim_{b\to\infty}\left(\frac{1}{2}\ln(b^2+1)\right)$$

$$= \infty$$

따라서 적분판정법에 의해 급수는 발산한다.

■

EXAMPLE 2

급수

$$\sum_{n=1}^{\infty}\frac{1}{n^p} = \frac{1}{1^p} + \frac{1}{2^p} + \cdots + \frac{1}{n^p} + \cdots$$

는 $p > 1$이면 수렴하고, $0 < p \leqq 1$이면 발산한다.

풀이

$f(x) = \dfrac{1}{x^p}$ (단, $p > 0$)라고 두면 $x > 1$에서 $f(x)$는 연속이고 감소함수이다.

(1) $p > 1$일 때

$$\int_1^{\infty}\frac{1}{x^p}\,dx = \lim_{b\to\infty}\left[\frac{x^{-p+1}}{-p+1}\right]_1^b = \frac{1}{1-p}\lim_{b\to\infty}\left(\frac{1}{b^{p-1}} - 1\right)$$
$$= \frac{1}{p-1} < \infty$$

이므로, 적분판정법에 의해 급수는 수렴한다.

(2) $0 < p < 1$일 때

$$\int_1^{\infty}\frac{1}{x^p}\,dx = \frac{1}{1-p}\lim_{b\to\infty}(b^{1-p} - 1) = \infty$$

이므로, 적분판정법에 의해 급수는 발산한다.

(3) $p = 1$일 때

$$\int_1^{\infty}\frac{1}{x}\,dx = \lim_{b\to\infty}[\ln x]_1^b = \lim_{b\to\infty}(\ln b - \ln 1) = \infty$$

이므로, 적분판정법에 의해 급수는 발산한다.

■

양항급수의 수렴, 발산 여부를 조사하기 위하여 이미 알고 있는 급수를 이용하여 다른 급수와 비교함으로써 수렴, 발산을 판정하는 방법을 **비교판정법**(comparison test)이라 한다.

정리 10.5 비교판정법

급수 $\sum_{n=1}^{\infty} a_n$과 $\sum_{n=1}^{\infty} b_n$을 양항급수라 하자.

(a) 모든 n에 대하여 $a_n \leqq b_n$이고 급수 $\sum_{n=1}^{\infty} b_n$이 수렴하면 $\sum_{n=1}^{\infty} a_n$도 수렴한다.

(b) 모든 n에 대하여 $a_n \geqq b_n$이고 급수 $\sum_{n=1}^{\infty} b_n$이 발산하면 $\sum_{n=1}^{\infty} a_n$도 발산한다.

급수 $\sum_{n=1}^{\infty} b_n$이 수렴하고 모든 항이 양수이므로

$$b_1 + b_2 + \cdots + b_k \leqq \sum_{n=1}^{\infty} b_n = b \text{ (극한값)}$$

이다. 또한

$$a_1 + a_2 + \cdots + a_k \leqq b_1 + b_2 + \cdots + b_k$$

이므로

$$a_1 + a_2 + \cdots + a_k \leqq b$$

이다. 따라서 $\sum_{n=1}^{\infty} a_n$은 위로 유계된 급수이므로 수렴한다.

(b)의 증명은 (a)의 대우이므로 자명하다.

■

EXAMPLE 3

급수 $\sum_{n=1}^{\infty} \frac{2^n}{4^n + 1}$의 수렴, 발산을 판정하여라.

풀이

모든 n에 대하여 $\frac{2^n}{4^n+1} \leqq \frac{2^n}{4^n} = \left(\frac{1}{2}\right)^n$이고 $\sum_{n=1}^{\infty} \left(\frac{1}{2}\right)^n$은 수렴하므로 [정리 10.5(a)]에 의해 이 급수는 수렴한다.

■

EXAMPLE 4

급수 $\sum_{n=1}^{\infty} \frac{n}{2n^2-1}$의 수렴, 발산을 판정하여라.

풀이

모든 n에 대하여 $\frac{n}{2n^2-1} \geqq \frac{n}{2n^2} = \frac{1}{2n}$이고 $\sum_{n=1}^{\infty} \frac{1}{n}$은 발산하므로 [정리 10.5(b)]에 의해 이 급수는 발산한다.

■

정리 10.6 극한비교판정법

급수 $\sum_{n=1}^{\infty} a_n$과 $\sum_{n=1}^{\infty} b_n$을 양항급수라 하자.

(a) $\lim_{n\to\infty} \frac{a_n}{b_n} = c > 0$ 이면 두 급수는 동시에 수렴하거나 동시에 발산한다.

(b) $\lim_{n\to\infty} \frac{a_n}{b_n} = 0$이고 $\sum_{n=1}^{\infty} b_n$이 수렴하면 $\sum_{n=1}^{\infty} a_n$도 수렴한다.

(c) $\lim_{n\to\infty} \frac{a_n}{b_n} = \infty$이고 $\sum_{n=1}^{\infty} b_n$이 발산하면 $\sum_{n=1}^{\infty} a_n$도 발산한다.

증명

(a) $\lim_{n\to\infty} \frac{a_n}{b_n} = c$ 이고 $\varepsilon = \frac{c}{2}$라 하면 자연수 N이 존재하여 $n \geqq N$인 모든 n에 대하여 $\left| \frac{a_n}{b_n} - c \right| < \frac{c}{2}$를 만족한다. 따라서

$$-\frac{c}{2} < \frac{a_n}{b_n} - c < \frac{c}{2} \quad \Rightarrow \quad \frac{c}{2} < \frac{a_n}{b_n} < \frac{3c}{2} \quad \Rightarrow \quad \frac{c}{2} b_n < a_n < \frac{3c}{2} b_n$$

이다. $\sum_{n=1}^{\infty} b_n$이 수렴하면 $\sum_{n=1}^{\infty} \frac{3c}{2} b_n$이 수렴하고, [정리 10.5(a)]에 의해 $\sum_{n=1}^{\infty} a_n$도 역시 수렴한다. 그리고 $\sum_{n=1}^{\infty} b_n$이 발산하면 $\sum_{n=1}^{\infty} \frac{c}{2} b_n$이 발산하고, [정리 10.5(b)]에 의해 $\sum_{n=1}^{\infty} a_n$도 역시 발산한다. 나머지 증명은 (a)와 유사하다.

■

EXAMPLE 5

급수 $\sum_{n=1}^{\infty} \frac{1}{\sqrt{n^2-3n+4}}$ 의 수렴, 발산을 판정하여라.

풀이

$a_n = \frac{1}{\sqrt{n^2-3n+4}}$, $b_n = \frac{1}{n}$ 이라 하면

$$\lim_{n\to\infty} \frac{a_n}{b_n} = \lim_{n\to\infty} \frac{1}{\sqrt{n^2-3n+4}} \cdot \frac{n}{1} = \lim_{n\to\infty} \frac{1}{\sqrt{1-\frac{3}{n}+\frac{4}{n^2}}} = 1$$

이고, 조화급수 $\sum_{n=1}^{\infty} \frac{1}{n}$은 발산하므로 [정리 10.6(a)]에 의해 주어진 급수도 발산한다.

■

EXAMPLE 6

급수 $\sum_{n=1}^{\infty} \frac{\ln n}{n^3}$ 의 수렴, 발산을 판정하여라.

풀이

$a_n = \frac{\ln n}{n^3}$, $b_n = \frac{1}{n^2}$ 이라 하면

$$\lim_{n\to\infty} \frac{a_n}{b_n} = \lim_{n\to\infty} \frac{\ln n}{n^3} \cdot \frac{n^2}{1} = \lim_{n\to\infty} \frac{\ln n}{n} = 0$$

이고, 예제 2에 의해 $\sum_{n=1}^{\infty} \frac{1}{n^2}$은 수렴하므로 [정리 10.6(b)]에 의해 급수 $\sum_{n=1}^{\infty} \frac{\ln n}{n^3}$은 수렴한다.

■

정리 10.7 비판정법

양항급수 $\sum_{n=1}^{\infty} a_n$에 대해 $\lim_{n\to\infty} \frac{a_{n+1}}{a_n} = l$이라 하자.

(a) $l < 1$ 이면 급수는 수렴하고,

(b) $l > 1$ 이면 급수는 발산하며,

(c) $l = 1$ 이면 판정불가능하다.

증명 (a) $l < 1$에서 $l < r < 1$인 r을 택하자.

$\lim_{n\to\infty} \frac{a_{n+1}}{a_n} = l$ 이므로 모든 $n \geqq N$에 대하여 $\frac{a_{n+1}}{a_n} < r$ 인 자연수 N이 반드시 존재한다. 즉

$$
\begin{aligned}
&a_{N+1} < r a_N \\
&a_{N+2} < r a_{N+1} < r^2 a_N \\
&a_{N+3} < r a_{N+2} < r^3 a_N\ , \\
&\qquad \cdots \\
&a_{N+k} < r^k a_N \quad (k \geqq 1)
\end{aligned}
$$

이 성립한다. 따라서

$$
\begin{aligned}
\sum_{n=1}^{\infty} a_n &= a_1 + a_2 + \cdots + a_N + a_{N+1} + a_{N+2} + \cdots \\
&\leqq a_1 + a_2 + \cdots + a_N + (r + r^2 + r^3 + \cdots) a_N
\end{aligned}
$$

에서 $r < 1$이므로 무한등비급수 $(r + r^2 + r^3 + \cdots)a_N$이 수렴하고 비교판정법에 의하여 $\sum_{n=1}^{\infty} a_n$도 수렴한다.

(b) $\lim_{n\to\infty} \frac{a_{n+1}}{a_n} = l > 1$이므로 모든 $n \geqq M$에 대하여 $\frac{a_{n+1}}{a_n} > 1$인 자연수 M이 존재하므로

$$
a_M < a_{M+1} < a_{M+2} < \cdots
$$

이다. 따라서 $\lim_{n\to\infty} a_n \neq 0$이므로 이 급수는 발산한다.

(c) 두 급수 $\sum_{n=1}^{\infty}\frac{1}{n}$, $\sum_{n=1}^{\infty}\frac{1}{n^2}$에서 모두 $l=1$이다. 그러나 첫 번째 급수는 발산하고, 두 번째 급수는 수렴한다. 따라서 비판정법을 이용하여 수렴, 발산을 판정할 수 없음을 보여준다.

EXAMPLE 7

다음 급수의 수렴, 발산을 판정하여라.

(1) $\sum_{n=1}^{\infty}(-1)^n\frac{n^2}{2^n}$　　　　(2) $\sum_{n=1}^{\infty}\frac{(2n)!}{2^{2n-1}}$

풀이

(1) $$\frac{a_{n+1}}{a_n}=\frac{(-1)^{n+1}\frac{n+1^2}{2^{n+1}}}{(-1)^n\frac{n^2}{2^n}}=-\frac{1}{2}\frac{(n+1)^2}{n^2}\to-\frac{1}{2}$$

즉, $l=-\frac{1}{2}<1$이므로 [정리 10.7(a)]에 의해 급수는 수렴한다.

(2) $$\frac{a_{n+1}}{a_n}=\frac{(2(n+1)!)}{2^{2(n+1)-1}}\cdot\frac{2^{2n-1}}{(2n)!}=\frac{2n^2+3n+1}{2}\to\infty$$

즉, $l=\infty>1$이므로 [정리 10.7(b)]에 의해 급수는 발산한다.

정의 10.8

급수의 각 항의 부호가 음수, 양수가 교대로 나타나는 급수를 교대급수(alternating series)라고 한다.
일반적으로 자연수 n에 대하여 $a_n>0$ 이고, 급수

$$\sum_{n=1}^{\infty}(-1)^{n+1}a_n=a_1-a_2+a_3-a_4+\cdots+(-1)^{n+1}a_n+\cdots$$

이 교대급수이다.

예를 들면 다음 급수가 각 항의 부호가 교대로 양수와 음수 또는 음수와 양수가 되는 교대급수이다.

$$1-\frac{1}{2}+\frac{1}{3}-\frac{1}{4}+\frac{1}{5}-\cdots+\frac{(-1)^{n+1}}{n}+\cdots$$

$$-3+1-\frac{1}{3}+\frac{1}{9}-\frac{1}{27}+\cdots+\frac{(-1)^{n}}{3^{n}}+\cdots$$

$$1-2+3-4+5-\cdots+(-1)^{n+1}n+\cdots$$

정리 10.9 **교대급수판정법**

$\lim\limits_{n\to\infty} a_n = 0$이고 $a_n \geqq a_{n+1} > 0$ 이면 교대급수

$$\sum_{n=1}^{\infty}(-1)^{n+1}a_n = a_1 - a_2 + a_3 - \cdots + (-1)^{n+1}a_{n+}\cdots$$

는 수렴한다.

증명

$$S_{2m} = (a_1 - a_2) + (a_3 - a_4) + \cdots + (a_{2m-1} - a_{2m})$$

이라 하면 $a_n - a_{n+1} \geqq 0$이므로 $S_{2m} \geqq 0$이다. 또한

$$S_{2m} = a_1 - (a_2 - a_3) - (a_4 - a_5) - \cdots - (a_{2m-2} - a_{2m-1}) - a_{2m}$$

에서 $0 \leqq S_{2m} \leqq a_1$이므로 수열 $\{S_{2m}\}$은 위로 유계되어 수렴한다. 따라서 $\lim\limits_{n\to\infty} S_{2m} = s$이고, 홀수개 항의 부분합 $S_{2m+1} = S_{2m} + a_{2m+1}$에서

$$\lim_{m\to\infty} S_{2m+1} = \lim_{m\to\infty} S_{2m} + \lim_{m\to\infty} a_{2m+1} = s + 0 = s$$

이므로 주어진 교대급수는 수렴한다. ■

정의 10.10

급수 $\sum\limits_{n=1}^{\infty}|a_n|$이 수렴할 때 급수 $\sum\limits_{n=1}^{\infty}a_n$은 절대수렴(absolutely convergence)한다고 한다.

정리 10.11

급수 $\sum_{n=1}^{\infty} |a_n|$이 수렴하면 $\sum_{n=1}^{\infty} a_n$도 역시 수렴한다. 즉 절대수렴하는 급수는 수렴한다.

증명 모든 자연수 n에 대하여

$$-|a_n| \leqq a_n \leqq |a_n| \quad \Rightarrow \quad 0 \leqq |a_n| + a_n \leqq 2|a_n|$$

이므로 $\sum_{n=1}^{\infty} |a_n|$이 수렴하면 $\sum_{n=1}^{\infty} 2|a_n|$도 수렴하므로 비교판정법에 의하여 $\sum_{n=1}^{\infty} (a_n + |a_n|)$도 수렴한다. 따라서

$$\sum_{n=1}^{\infty} a_n = \sum_{n=1}^{\infty} (a_n + |a_n| - |a_n|) = \sum_{n=1}^{\infty} (a_n + |a_n|) - \sum_{n=1}^{\infty} |a_n|$$

이므로 $\sum_{n=1}^{\infty} a_n$은 수렴한다. ■

EXAMPLE 8

급수 $\sum_{n=1}^{\infty} \frac{\cos\left(\frac{n\pi}{5}\right)}{n^2}$이 절대수렴함을 보여라.

풀이 $\sum_{n=1}^{\infty} \frac{\left|\cos\left(\frac{n\pi}{5}\right)\right|}{n^2} \leqq \sum_{n=1}^{\infty} \frac{1}{n^2}$이고, $\sum_{n=1}^{\infty} \frac{1}{n^2}$은 수렴하므로 비교판정법에 의하여 $\sum_{n=1}^{\infty} \frac{\left|\cos\left(\frac{n\pi}{5}\right)\right|}{n^2}$도 역시 수렴한다. 따라서 주어진 급수는 절대수렴한다. ■

정의 10.12

급수 $\sum_{n=1}^{\infty} a_n$은 수렴하지만 절대수렴하지 않을 때 $\sum_{n=1}^{\infty} a_n$은 **조건부수렴**(conditional convergence)한다고 한다.

EXAMPLE 9

급수 $1-\frac{1}{2^2}+\frac{1}{3^2}-\frac{1}{4^2}+\cdots+\frac{(-1)^{n+1}}{n^2}\cdots$ 은 절대수렴하고,

급수 $1-\frac{1}{2}+\frac{1}{3}-\frac{1}{4}+\cdots+\frac{(-1)^{n+1}}{n}\cdots$ 은 조건부수렴한다.

풀이 급수 $1+\frac{1}{2^2}+\frac{1}{3^2}+\frac{1}{4^2}+\cdots+\frac{1}{n^2}+\cdots$은 수렴하므로, 첫 번째 급수는 절대수렴하고, 급수 $1+\frac{1}{2}+\frac{1}{3}+\frac{1}{4}+\cdots+\frac{1}{n}+\cdots$ 은 발산하므로, 두 번째 급수는 조건부수렴한다. ■

TEST

연습문제 10.2

1. 다음 급수들을 적분판정법에 의하여 수렴, 발산을 판정하여라.

(1) $\sum_{n=2}^{\infty} \frac{n+3}{(n-1)(n^2+1)}$

(2) $\sum_{n=1}^{\infty} \frac{1}{n^2+1}$

(3) $\sum_{n=1}^{\infty} \frac{\ln n}{n}$

(4) $\sum_{n=1}^{\infty} \frac{\tan^{-1} n}{n^2+1}$

(5) $\sum_{n=1}^{\infty} \frac{1}{\sqrt{n+100}}$

2. 다음 급수들을 비교판정법에 의하여 수렴, 발산을 판정하여라.

(1) $\sum_{n=2}^{\infty} \frac{100}{\ln n}$

(2) $\sum_{n=1}^{\infty} \frac{\ln n}{n^3+n}$

(3) $\sum_{n=1}^{\infty} \frac{2^n-1}{4^n+n}$

(4) $\sum_{n=1}^{\infty} \frac{3}{\sqrt{n}+3}$

3. 다음 급수들을 극한비교판정법에 의하여 수렴, 발산을 판정하여라.

(1) $\sum_{n=1}^{\infty} \frac{2}{e^{2n}+3}$

(2) $\sum_{n=1}^{\infty} \sin\left(\frac{1}{n}\right)$

(3) $\sum_{n=1}^{\infty} \sin\left(\frac{1}{n^2}\right)$

(4) $\sum_{n=2}^{\infty} \frac{3n+1}{2n^4-2n\sqrt{n}}$

4. 다음 급수들을 비판정법에 의하여 수렴, 발산을 판정하여라.

(1) $\sum_{n=1}^{\infty} \frac{2^n+2n}{n!}$

(2) $\sum_{n=1}^{\infty} \frac{3^n}{n^2(n+2)}$

(3) $\sum_{n=1}^{\infty} \frac{(n!)^2}{(2n)!}$

(4) $\sum_{n=1}^{\infty} \frac{n!}{n^n}$

(5) $\sum_{n=1}^{\infty} \frac{n \cdot 7^n}{5^n}$

5. 다음 급수들을 교대급수판정법에 의하여 수렴, 발산을 판정하여라.

(1) $\sum_{n=1}^{\infty} (-1)^{n-1} \frac{1}{\log(n+10)}$

(2) $\sum_{n=1}^{\infty} (-1)^{n+1} \frac{1}{n \log n}$

(3) $\sum_{n=1}^{\infty} (-1)^{n-1} \frac{1}{n^3}$

6. 다음 급수들을 절대수렴과 조건부수렴을 조사하여라.

(1) $\sum_{n=1}^{\infty} (-1)^{n-1} \frac{1}{n^2}$

(2) $\sum_{n=1}^{\infty} (-1)^{n-1} \frac{n}{n^2+1}$

10.3 멱급수

실수 $c, a_1, a_2, \cdots$ 과 변수 x에 대하여 다음과 같은 형태의 무한급수를 생각해 보자.

$$\sum_{n=0}^{\infty} a_n x^n = a_0 + a_1 x + a_2 x^2 + \cdots + a_n x^n + \cdots \tag{10.5}$$

$$\sum_{n=0}^{\infty} a_n (x-c)^n = a_0 + a_1 (x-c) + \cdots + a_n (x-c)^n + \cdots \tag{10.6}$$

여기서 식 (10.5)를 x에 대한 **멱급수**(power series) 또는 중심이 $x=0$인 멱급수라 하며, 일반적으로 식 (10.6)을 중심이 $x=c$인 멱급수라 한다.

주어진 멱급수가 수렴한다면 x의 어떤 값에 대하여 수렴하겠는가? 앞 절에서 다룬 급수는 각 항이 상수인 반면 멱급수는 각 항이 변수 x의 함수이므로 x의 값에 따라 식 (10.5)가 수렴하거나 발산하기도 한다. 멱급수 식 (10.5)가 $|x| < R$에서 수렴하고 $|x| > R$에서 발산하면 R을 멱급수의 **수렴반경**(radius of convergence)이라 하고, 수렴하는 x의 모든 값의 범위를 멱급수의 **수렴구간**(interval of convergence)이라 한다. 이 수렴구간은 비판정법을 이용하여 구한다.

정리 10.13

멱급수 $\sum_{n=0}^{\infty} a_n x^n = a_0 + a_1 x + a_2 x^2 + \cdots + a_n x^n + \cdots$에서 극한값

$$\lim_{n \to \infty} \left| \frac{a_{n+1}}{a_n} \right| = \rho$$

가 존재하면 수렴반경은 $R = \frac{1}{\rho}$이다.

$u_n = a_n x^n$이라 놓으면, 비판정법에 의하여

$$\lim_{n \to \infty} \left| \frac{u_{n+1}}{u_n} \right| = \lim_{n \to \infty} \left| \frac{a_{n+1} x^{n+1}}{a_n x^n} \right| = |x| \lim_{n \to \infty} \left| \frac{a_{n+1}}{a_n} \right| = \rho |x| < 1$$

일 때 급수는 수렴하므로, 즉 급수는 $|x| < \frac{1}{\rho}$에서 수렴하고 $|x| > \frac{1}{\rho}$에서 발산한다. 따라서 수렴반경은 $R = \frac{1}{\rho}$이다.

■

EXAMPLE 1

멱급수 $\sum_{n=1}^{\infty} (-1)^{n+1} \frac{x^{2n-1}}{2n-1}$ 의 수렴구간을 구하여라.

풀이

$u_n = (-1)^{n+1} \frac{x^{2n-1}}{2n-1}$이라 두면 비판정법에 의하여

$$\lim_{n \to \infty} \left| \frac{u_{n+1}}{u_n} \right| = \lim_{n \to \infty} \left| \frac{(-1)^{n+2} \frac{x^{2n+1}}{2n+1}}{(-1)^{n+1} \frac{x^{2n-1}}{2n-1}} \right| = |x|^2 \lim_{n \to \infty} \left| \frac{(2n-1)}{(2n+1)} \right| = |x|^2$$

이므로 $x^2 < 1$일 때, 즉 $-1 < x < 1$에서 수렴하고 그리고 $x = 1$과 $x = -1$에서도 수렴하므로 멱급수의 수렴구간은 $-1 \le x \le 1$이다.

■

EXAMPLE 2

멱급수 $\sum_{n=0}^{\infty} \frac{(-2)^n x^n}{\sqrt{n+3}}$ 의 수렴반경과 수렴구간을 구하여라.

풀이

$u_n = \frac{(-2)^n x^n}{\sqrt{n+3}}$이라 두면, 비판정법에 의하여

$$\lim_{n \to \infty} \left| \frac{u_{n+1}}{u_n} \right| = \lim_{n \to \infty} \left| \frac{\frac{(-2)^{n+1} x^{n+1}}{\sqrt{n+4}}}{\frac{(-2)^n x^n}{\sqrt{n+3}}} \right| = 2|x| \lim_{n \to \infty} \sqrt{\frac{1 + \frac{3}{n}}{1 + \frac{4}{n}}} = 2|x|$$

이므로 $|x| < \frac{1}{2}$일 때, 즉 $-\frac{1}{2} < x < \frac{1}{2}$에서 멱급수는 수렴하고 수렴반경은 $R = \frac{1}{2}$이다. 그리고 양 끝점 $x = -\frac{1}{2}$과 $x = \frac{1}{2}$에서의 수렴 여부도 알아보자.

$x = -\frac{1}{2}$이면, 급수

$$\sum_{n=0}^{\infty} \frac{(-2)^n\left(-\frac{1}{2}\right)^n}{\sqrt{n+3}} = \frac{1}{\sqrt{3}} + \frac{1}{\sqrt{4}} + \frac{1}{\sqrt{5}} + \cdots$$

는 적분판정법에 의하여 발산하고,

$x = \frac{1}{2}$ 이면, 급수

$$\sum_{n=0}^{\infty} \frac{(-2)^n\left(\frac{1}{2}\right)^n}{\sqrt{n+3}} = \frac{1}{\sqrt{3}} - \frac{1}{\sqrt{4}} + \frac{1}{\sqrt{5}} - \cdots$$

는 교대급수판정법에 의하여 수렴한다. 따라서 주어진 멱급수의 수렴구간은 $-\frac{1}{2} < x \leqq \frac{1}{2}$ 이다.

■

정리 10.14

멱급수 $\sum_{n=0}^{\infty} a_n x^n$ 이 $x = x_0$ 에서 수렴하면 $|x| < |x_0|$ 가 되는 모든 x 에서 절대수렴한다.

증명

주어진 멱급수가 $x = x_0$ 에서 수렴하므로 일반항 $\lim_{n\to\infty} a_n x_0^n = 0$ 이 된다. 이 사실로부터 모든 $n \geqq N_0$ 에 대하여 $|a_n x_0^n| < 1$ 인 N_0 가 존재하므로

$$|a_n x^n| = \left|a_n x_0^n \frac{x^n}{x_0^n}\right| < \left|\frac{x^n}{x_0^n}\right| = \left|\frac{x}{x_0}\right|^n$$

이고, 급수 $\sum_{n=N_0}^{\infty} \left|\frac{x}{x_0}\right|^n$ 은 공비가 $\left|\frac{x}{x_0}\right| < 1$ 인 무한등비급수이므로 수렴한다. 따라서 비교판정법에 의하여 $\sum_{n=N_0}^{\infty} |a_n x^n|$ 도 수렴한다. 따라서 멱급수 $\sum_{n=0}^{\infty} a_n x^n$ 은 절대수렴한다.

■

푸리에 급수

푸리에(Jean Batiste Joseph Fourier, 1768~1830)는 프랑스의 오세르에서 재단사의 아들로 태어났다. 그는 베네딕트 회사가 운영하는 군사학교에서 교육을 받았고 후에 여기에서 수학 강사를 하였다. 그는 프랑스 혁명을 촉진시키는 데 일조를 한 공로로 에콜 폴리테크니크 교수가 되었는데, 몽쥬와 함께 나폴레옹의 이집트 원정을 수행하기 위하여 교수직을 사임하였다.

1807년 푸리에는 열의 흐름에 관한 논문을 프랑스 과학원에 제출하였으나, 당시 과학원의 석학들인 라그랑주, 라플라스, 르장드르에 의하여 기각되었다. 그는 1811년에 수정된 논문을 제출하여 과학원 대상을 받았다. 그러나 논문의 엄밀성이 부족하다는 이유로 과학원의 논문집에 실리지 못하자 화가 난 푸리에는 열에 관한 연구를 계속하여 1822년엔 수학의 위대한 고전 중에 하나인 〈열의 해석적 이론〉을 발간하였다. 이 위대한 저서가 발간된 2년 후 푸리에는 프랑스 과학원의 서기가 되었고 그 덕으로 1811년에 작성되었던 논문을 원본대로 과학원 논문집에 실을 수 있게 되었다. 푸리에 급수는 음향학, 광학, 전기역학, 열역학 등에서 이용되며 조화 해석학, 들보와 다리문제, 미분방정식의 풀이 등에서 주요한 역할을 담당한다. 특히 경계조건을 갖는 편미분방정식의 적분을 포함하는 수리물리학의 현대적인 이론 전개 방법을 유도한 것이 바로 푸리에 급수이다. 푸리에는 구간 $(-\pi, \pi)$ 위에 정의된 임의의 함수가 아무리 변화가 크더라도 적당한 실수 a, b에 대하여 그 구간 위에서 급수 $\dfrac{a_0}{2} + \displaystyle\sum_{n=1}^{\infty} (a_n \cos nx + b_n \sin nx)$로 표현될 수 있다고 주장하였다. 이 급수를 적당한 조건에서 **푸리에 급수**라고 부른다.

푸리에에 관한 재미있는 일화로, 그가 이집트의 총독으로 있던 동안 열에 관한 연구로부터 열이 건강에 좋다는 확신을 가지게 되었던 것 같다. 그래서 많은 옷을 껴입고 견딜 수 없을 정도로 더운 방에서 살았다. 그는 63세에 심장마비로 죽었는데, 일부 사람들은 그가 열에 대한 망상 때문에 죽음을 재촉했다고 믿고 있다. 사실 죽은 후 발견된 그는 열에 의하여 완전히 익어 있었다.

_이광연, ≪또 웃기는 수학이지 뭐야!≫ 중에서

TEST

연습문제 10.3

※ 1.~8. 다음 급수의 수렴구간을 구하여라.

1. $1+\frac{2}{3}x+\frac{4}{9}x^2+\cdots+\left(\frac{2}{3}\right)^n x^n+\cdots$

2. $1+x+2!x^2+\cdots+(n)!x^n+\cdots$

3. $\frac{1}{5}x+\frac{4}{25}x^2+\frac{9}{125}x^3+\cdots+\frac{n^2x^n}{5^n}+\cdots$

4. $\frac{(x-2)^2}{2}-\frac{(x-2)^4}{4}+\frac{(x-2)^6}{6}-\cdots+(-1)^{n+1}\frac{(x-2)^{2n}}{2n}+\cdots$

5. $1+3x+\frac{9x^2}{2!}+\frac{27x^3}{3!}+\cdots+\frac{(3x)^n}{n!}+\cdots$

6. $1+(x+1)+2!(x+1)^2+\cdots+x!(x+1)^3+\cdots$

7. $1-\frac{x}{\sqrt{2}}+\frac{x^2}{\sqrt{3}}-\frac{x^3}{\sqrt{4}}+\cdots+(-1)^{n-1}\frac{x^{n-1}}{\sqrt{n}}+\cdots$

8. $\left(\frac{x}{x-1}\right)+\frac{1}{2}\left(\frac{x}{x-1}\right)^2+\frac{1}{3}\left(\frac{x}{x-1}\right)^3+\cdots+\frac{1}{n}\left(\frac{x}{x-1}\right)^n+\cdots$

ANSWER

연습문제 해답

연습문제 1.1

1. (1) $A+B=\begin{bmatrix} -1 & 0 & -6 \\ 3 & -2 & 1 \end{bmatrix}$, (2) $2A-B=\begin{bmatrix} 10 & -3 & 6 \\ 3 & 2 & 2 \end{bmatrix}$

   (4) $AC+2BC=\begin{bmatrix} -35 & -57 \\ 14 & -7 \end{bmatrix}$

2. $a=1,\ b=0,\ c=-1,\ d=-2$

3. $AB=\begin{bmatrix} 3 & 3 & -5 \\ 0 & 4 & -8 \\ 2 & -2 & 6 \end{bmatrix}$, $BA=\begin{bmatrix} 2 & -6 & 8 \\ -1 & 8 & -13 \\ -1 & 0 & 3 \end{bmatrix}$ $\therefore AB \neq BA$

4. $(AB)C=\begin{bmatrix} -10 & -14 \\ 16 & 28 \end{bmatrix}$, $A(BC)=\begin{bmatrix} -10 & -14 \\ 16 & 28 \end{bmatrix}$

   $\therefore (AB)C=A(BC)$

6. (1) 행렬 $A=[a_{ij}]_{m\times k}$, $B=[b_{ij}]_{k\times n}$에 대하여 두 행렬의 곱 AB를 $C=[c_{ij}]$라 하자. 그러면 행렬 C의 원소 c_{ij}는

$$c_{ij}=a_{i1}b_{1j}+a_{i2}b_{2j}+\cdots+a_{in}b_{nj}\quad (1\leqq i\leqq m, 1\leqq j\leqq n)$$

   이므로 행렬 A의 i행의 모든 원소가 0이면 행렬 C의 원소 c_{ij}는 모든 $j=1, 2, \cdots, n$에 대하여 $c_{ij}=0$이므로 행렬 C의 i행의 모든 원소도 0이다.

7. (1)과 (2) 모두 성립하지 않는다.

8. $(AB)^T=\begin{bmatrix} -11 & -4 & -5 \\ 13 & 3 & 3 \\ -2 & -3 & 0 \end{bmatrix}$, $B^TA^T=\begin{bmatrix} -11 & -4 & -5 \\ 13 & 3 & 3 \\ -2 & -3 & 0 \end{bmatrix}$

   $\therefore (AB)^T=B^TA^T$

10. $A=\begin{bmatrix} 2 & 7 \\ 3 & -1 \end{bmatrix}=\begin{bmatrix} 2 & 5 \\ 5 & -1 \end{bmatrix}+\begin{bmatrix} 0 & 2 \\ -2 & 0 \end{bmatrix}$

$\begin{bmatrix} 2 & 5 \\ 5 & -1 \end{bmatrix}$: 대칭행렬, $\begin{bmatrix} 0 & 2 \\ -2 & 0 \end{bmatrix}$: 교대행렬

$$B = \begin{bmatrix} 2 & -1 & 1 \\ 6 & -4 & 2 \\ -1 & 3 & 5 \end{bmatrix} = \begin{bmatrix} 2 & \frac{5}{2} & 0 \\ \frac{5}{2} & -4 & \frac{5}{2} \\ 0 & \frac{5}{2} & 5 \end{bmatrix} + \begin{bmatrix} 0 & -\frac{7}{2} & 1 \\ \frac{7}{2} & 0 & -\frac{1}{2} \\ -1 & \frac{1}{2} & 0 \end{bmatrix}$$

$\begin{bmatrix} 2 & \frac{5}{2} & 0 \\ \frac{5}{2} & -4 & \frac{5}{2} \\ 0 & \frac{5}{2} & 5 \end{bmatrix}$: 대칭행렬, $\begin{bmatrix} 0 & -\frac{7}{2} & 1 \\ \frac{7}{2} & 0 & -\frac{1}{2} \\ -1 & \frac{1}{2} & 0 \end{bmatrix}$: 교대행렬

11. $AA^T = \begin{bmatrix} 5 & -9 \\ -9 & 26 \end{bmatrix}$

$\begin{bmatrix} 5 & -9 \\ -9 & 26 \end{bmatrix} = \begin{bmatrix} 5 & -9 \\ -9 & 26 \end{bmatrix}^T$이므로 AA^T가 대칭행렬

$A^TA = \begin{bmatrix} 9 & -3 & 12 \\ -3 & 2 & -6 \\ 12 & -6 & 20 \end{bmatrix}$

$\begin{bmatrix} 9 & -3 & 12 \\ -3 & 2 & -6 \\ 12 & -6 & 20 \end{bmatrix} = \begin{bmatrix} 9 & -3 & 12 \\ -3 & 2 & -6 \\ 12 & -6 & 20 \end{bmatrix}^T$ 이므로 A^TA가 대칭행렬

12. (1) $(A + A^T)^T = A^T + (A^T)^T = A^T + A = A + A^T$

(2) $(A + B)^T = A^T + B^T = A + B$

$(kA)^T = kA^T = kA$

$(A^2)^T = (AA)^T = A^TA^T = AA = A^2$

13. (1) $A^6 = \begin{bmatrix} 1 & 0 \\ 0 & 1 \end{bmatrix}$이므로 $n = 6$ (2) $A^{2021} = \begin{bmatrix} 1 & -1 \\ 1 & 0 \end{bmatrix}$

▮▮▮ 연습문제 1.2

1. (1) $a = \frac{3 \pm \sqrt{33}}{2}$ (2) $a = -1,\ 1,\ 2$

2. 다음 행렬식을 구하여라.

$$\begin{vmatrix} 3 & 4 \\ -1 & 2 \end{vmatrix} = 10, \quad \begin{vmatrix} -1 & -2 & 2 \\ -3 & 2 & -5 \\ 0 & 1 & 1 \end{vmatrix} = -19, \quad \begin{vmatrix} 0 & 0 & -3 \\ 4 & 0 & 2 \\ -1 & 2 & 0 \end{vmatrix} = -24$$

3. $\det(A) = -6$, $\det(B) = -34$이므로

(1) $\det(3A) = -162$, (2) $\det(A^2) = \det(A)\det(A) = 36$,

(3) $\det(-2B) = 272$, (4) $\det(AB) = \det(A)\det(B) = 204$

4. (1) $\begin{vmatrix} a_1 - b_1 & a_1 + b_1 & c_1 \\ a_2 - b_2 & a_2 + b_2 & c_2 \\ a_3 - b_3 & a_3 + b_3 & c_3 \end{vmatrix} = -20$, (2) $\begin{vmatrix} a_3 & b_3 & c_3 \\ a_1 & b_1 & c_1 \\ a_2 & b_2 & c_2 \end{vmatrix} = -10$

(3) $\begin{vmatrix} a_1 & b_1 & c_1 \\ a_2 & b_2 & c_2 \\ a_3 - a_2 + 2a_1 & b_3 - b_2 + 2b_1 & c_3 - c_2 + 2c_1 \end{vmatrix} = -10$

5. $\begin{vmatrix} 1 & 1 & 1 \\ a & b & c \\ b+c & c+a & a+b \end{vmatrix} = 0$

7. (1) $\det(AB) = \det(A)\det(B) = \det(B)\det(A) = \det(BA)$

(2) $\det(AB) = \det(A)\det(B) = 0$이므로

$\det(A) = 0$ 또는 $\det(B) = 0$이다.

(3) $\det(A^2) = \det(A)\det(A) = \det(A)$이므로

$\det(A) = 0$ 또는 $\det(A) = 1$ 이다.

(4) $A = A^{-1}$이면 $\det(A) = \pm 1$: 참

$A^T = A^{-1}$이면 $\det(A) \neq \pm 1$: 거짓

(5) 참 (6) 참

▌▌▌ 연습문제 1.3

1. $A^{-1} = \begin{bmatrix} \cos\theta & \sin\theta \\ -\sin\theta & \cos\theta \end{bmatrix}$

2. (1) C_{ij}를 a_{ij}의 여인수라 하면,

$C_{11} = 5$, $C_{12} = -4$, $C_{13} = 1$,

$C_{21} = -3$, $C_{22} = 5$, $C_{23} = 2$,

$C_{31} = 2$, $C_{32} = -12$, $C_{33} = 3$

3. (1) $\begin{vmatrix} 2 & 6 \\ 1 & 3 \end{vmatrix} = 0$이므로 역행렬은 존재하지 않는다.

(2) $A^{-1} = \dfrac{1}{\det(A)} adj(A) = \dfrac{1}{10}\begin{bmatrix} 1 & 2 \\ -3 & 4 \end{bmatrix}$

(3) $A^{-1} = \dfrac{1}{\det(A)} adj(A) = \dfrac{1}{24}\begin{bmatrix} 3 & 0 & -12 \\ -2 & 8 & 8 \\ 3 & 0 & 12 \end{bmatrix}$

(4) $A^{-1} = \dfrac{1}{\det(A)} adj(A) = \dfrac{1}{12}\begin{bmatrix} -5 & 4 & 3 \\ 7 & -8 & 3 \\ 1 & 4 & -3 \end{bmatrix}$

4. (1) $adj(A) = \begin{bmatrix} -7 & 6 & -1 \\ 1 & 0 & -1 \\ 1 & -2 & 1 \end{bmatrix}$

(2) $A^{-1} = \dfrac{1}{\det(A)} adj(A) = -\dfrac{1}{2}\begin{bmatrix} -7 & 6 & -1 \\ 1 & 0 & -1 \\ 1 & -2 & 1 \end{bmatrix}$

5. (1) 행렬 B가 가역이므로 $BB^{-1} = B^{-1}B = I$ 인 B^{-1}가 존재하며

$B^{-1}(AB)B^{-1} = B^{-1}(BA)B^{-1}$로부터 $AB^{-1} = B^{-1}A$는 항상 성립한다.

(2) (반례) 행렬 $\begin{bmatrix} 1 & 2 \\ 3 & 4 \end{bmatrix}$, $\begin{bmatrix} -1 & -2 \\ -3 & -4 \end{bmatrix}$는 각각 가역이나 두 행렬의 합 $\begin{bmatrix} 0 & 0 \\ 0 & 0 \end{bmatrix}$은 가역이 아니다.

(3) 행렬 A가 가역이므로 $AA^{-1} = A^{-1}A = I$ 인 A^{-1}가 존재하여

$$(AA^{-1})^T = (A^{-1}A)^T = I^T = I, \text{ 즉}$$

$(A^{-1})^T A^T = A^T (A^{-1})^T = I$이므로 $(A^{-1})^T = (A^T)^{-1}$이다.

6. $x = \dfrac{61}{61} = 1,\ y = \dfrac{183}{61} = 3,\ z = \dfrac{-244}{61} = -4$

7. (1) $x = \dfrac{0}{-8} = 0,\ y = \dfrac{0}{-8} = 0,\ z = \dfrac{-4}{-8} = \dfrac{1}{2}$

8. $\begin{vmatrix} 1-a & -2 \\ 1 & -1-a \end{vmatrix} \neq 0$에서 $a^2 + 1 \neq 0$이므로 a는 모든 실수

연습문제 2.1

1. (1) $\dfrac{1}{2}\vec{a} + \dfrac{1}{2}\vec{b}$ (2) $\dfrac{1}{2}\vec{b} + \dfrac{1}{2}\vec{c} - \vec{a}$

2. (1) $(18,\ -21,\ -13)$ (2) $(-5,\ -39,\ 54)$

3. $c_1 = 4,\ c_2 = -7,\ c_3 = 5$

4. $(-1,\ 3)$

5. $(2,\ -12,\ -11)$

6. $Q = (5, 6, 1)$인 $\overrightarrow{PQ}$

7. $P(-1, 0, 9)$인 $\overrightarrow{PQ}$

10. (1) $\sqrt{53}$ (2) 13

11. (1) $\sqrt{10}$ (2) $\sqrt{5} + \sqrt{13}$ (3) $\frac{1}{\sqrt{5}}(1, 2)$ (4) 1

12. 13

13. $\sqrt{83}$

▌▌▌ 연습문제 2.2

1. (1) 9 (2) -8 (3) 내적이 정의되지 않음.

2. $2\sqrt{14}$

3. $\theta = \frac{3}{4}\pi$

4. 60°

5. $\frac{1}{2}\sqrt{\|\mathbf{u}\|^2\ \|\mathbf{v}\|^2 - (\mathbf{u} \cdot \mathbf{v})^2}$

6. (1) $\frac{7}{17}(2, 2, 3)$ (2) $\frac{7}{14}(2, 3, -1)$

7. (1) $\frac{1}{17}(20, 37, -38)$ (2) $\frac{1}{2}(2, 1, 7)$

8. $k = -2$

9. $\pm\left(\frac{2}{\sqrt{13}}, \frac{3}{\sqrt{13}}\right)$

▌▌▌ 연습문제 2.3

1. $(-8,\ 10,\ 14)$

2. $(11,\ -5,\ 7)$

3. $\mathbf{u} \times \mathbf{v} = (1, -7, 11),\ \mathbf{v} \times \mathbf{u} = (-1, 7, -11)$

4. $\pm\frac{1}{3\sqrt{10}}(-4, 5, 7)$

5. $\sqrt{195}$

6. $3\sqrt{10}$

7. $\frac{\sqrt{107}}{2}$

연습문제 3.1

1. (1) 극한값 없음 (2) 2 (3) -2 (4) 극한값 없음

2. $a=-1,\ b=-2$

3. $\lim_{x \to -1} f(x)=1$

4. (1) $n=m$ (2) $\alpha=\frac{a_n}{b_n}$ (3) $f(x)=2x^2-5x+2$

5. $x=0$

6. $a=9,\ b=14$

연습문제 3.2

1. (1) $-\frac{1}{x^2}$ (2) 5 (3) $\frac{1}{\sqrt{1+2x}}$

2. (1) $f'(x)=2x+3,\ f'(1)=5$ (2) $f'(x)=\frac{1}{2\sqrt{x+1}},\ f'(1)=\frac{\sqrt{2}}{4}$

3. (1) 0 (2) 2

4. (1) 9 (2) $\frac{3}{2}$ (3) 1

5. (1) -8 (2) $y=-8x+17$

6. $a=1,\ b=0$

연습문제 3.3

1. (1) 3 (2) $3x^2+2$ (3) $4\pi r^2$

   (4) 0 (5) $2x-\frac{1}{x^2}$ (6) $\frac{5}{\sqrt{5x}}$

2. (1) $(x^2+1)+2x(x+1)=3x^2+2x+1$ (2) $3x^2+2x+1$

3. (1) $\frac{21x^2+3x-1}{2x\sqrt{x}}$ (2) $5x^4-3x^2+4x$

   (3) $24x^3-3x^2-16x+1$ (4) $24(2x-1)^3$

   (5) $5x^4+20x^3-15x^2-90x$

4. (1) $\frac{dy}{dx}=\frac{2}{y}$ (2) $\frac{dy}{dx}=\frac{2x-3y}{3x-2y}\ (3x-2y\neq 0)$

   (3) $\frac{dy}{dx}=-\frac{x-2}{y+1}\ (y\neq -1)$

5. (1) $\frac{dx}{dy}=\frac{1}{3x^2}$ (2) $\frac{dx}{dy}=\frac{3y+2}{2\sqrt{y+1}}$

(3) $\dfrac{dx}{dy}=\dfrac{4y^3}{2x+1}$

6. (1) $\dfrac{dy}{dx}=2t$ (2) $\dfrac{dy}{dx}=\dfrac{1+t^2}{2t}$

7. (1) $y=\dfrac{1}{2}x+\dfrac{1}{2}$ (2) $y=\dfrac{3}{2}x+\dfrac{1}{2}$

8. $\left(-\dfrac{1}{3}, \dfrac{32}{27}\right)$, $(1,0)$

9. 11

10. $a=-1$, $b=1$

▮▮▮ 연습문제 3.4

1. $\dfrac{1}{1-\sin x}$

2. $\dfrac{\cos(\sqrt{x}+1)}{2\sqrt{x}}$

3. $2(\sin t+\sec t\tan t)$

4. $\csc\theta(\csc\theta-\theta\cot\theta+1)$

5. $-2\sin 2x+3\cos 3x$

6. $-\dfrac{1}{(\sin^{-1}x)^2\sqrt{1-x^2}}$

7. $\tan^{-1}\sqrt{x}+\dfrac{\sqrt{x}}{2(1+x)}$

8. -1

9. $\dfrac{e^x-e^{-x}}{e^x+e^{-x}}$

10. $4e^{4x-2}$

11. $\ln a\cdot a^{\sin x}\cdot\cos x$

12. $\sec x$

13. $y'=3x^2+10x$, $y''=6x+10$

14. $y'=3e^{3x}\cos x-e^{3x}\sin x$, $y''=e^{3x}(8\cos x-6\sin x)$

15. $y'=\dfrac{x}{\sqrt{x^2+1}}$, $y''=\dfrac{1}{(x^2+1)\sqrt{x^2+1}}$

16. $a=0$, $b=-1$

17. $-\dfrac{1}{9}$

▮▮▮ 연습문제 4.1

1. $c=0$

2. $c=e^2-e$

3. $c=\dfrac{2}{\sqrt{3}}$

4. $c=\ln(e-1)$

5. $9\ln 3$

8. $f(x)=\sin x-2$

9. 미분 불가능

▮▮▮ 연습문제 4.2

1. 증가
2. 감소
3. 감소
4. 감소
5. 증가구간 $(-\infty,-1)$, $(1,\infty)$, 감소구간 $(-1,0)$, $(0,1)$
6. 실수 전체
8. 극댓값 $f(0)=4$, 극솟값 $f(2)=0$
9. 극솟값 $f(-1)=-\dfrac{1}{e}$
10. 극솟값 $f(\dfrac{1}{4})=-\dfrac{1}{4}$
11. $a=-6, b=9, c=-1$, 극소값 -1
12. $x=-2$에서 극댓값 16, $x=1$에서 극솟값 -11
13. 극댓값 $f(e)=\dfrac{1}{e}$
14. 극댓값 $f(-1)=3$, 극솟값 $f(1)=-1$
15. $f(x)=x^3-3x+1$
16. $y=-x+2\pi$
17. 최댓값 $\dfrac{\pi}{2}$, 최솟값 $-\dfrac{3\pi}{2}$
18. 최댓값 e^2, 최솟값 $-2e$
19. (1) $S=\dfrac{1}{2}a(\ln a-1)^2$ (2) $a=\dfrac{1}{e}$, 넓이 $S=\dfrac{2}{e}$

▮▮▮ 연습문제 4.3

1. $\dfrac{1}{4}$
2. 1
3. ∞
4. $\dfrac{1}{2}$
5. 0
6. 0
7. 1
8. 1
9. e
10. $\dfrac{1}{e}$

▮▮▮ 연습문제 5.1

1. (1) x^2+3x+C (2) x^3-x^2+4x+C

(3) $\dfrac{1}{5}x^5+x+C$ (4) $\dfrac{1}{3}x^3-\dfrac{1}{2}x^2+x+C$

(5) $2\ln|x|+\dfrac{3}{x}+C$ (6) $2\sqrt{x}+3\sqrt[3]{x}-\ln|x|+C$

(7) $x+C$

(8) $\frac{1}{2}\tan x+C$

(9) $e^{x+2}+C$

(10) $\frac{1}{2}x^2+e^x+C$

2. $f(x)=\sqrt{x^2-1}+C$

3. $y=\frac{x^4}{4}+\frac{x^2}{2}-5x+\frac{29}{4}$

4. $f(x)=x-\cos x-2\sin x+3$

5. $f(x)=\frac{1}{20}x^5+\frac{1}{2}x^4-x^2+x-1$

6. (1) $\frac{1}{3}x^3+2x-\frac{1}{x}+C$

(2) $\frac{1}{3}x^3+\frac{1}{2}x^2+x+C$

연습문제 5.2

1. $\frac{1}{2}x^4+2x^3+3x^2+2x+C$

2. $-\frac{1}{2}(2x+1)^{-1}+C$

3. $-\frac{1}{2}(x^2+3)^{-1}+C$

4. $-\frac{1}{3}(2x-x^2)^{\frac{3}{2}}+C$

5. $-(2x-x^2)^{\frac{1}{2}}+C$

6. $-e^{\cos x}+C$

7. $\ln|\sin x+2|+C$

8. $\frac{1}{2}[\ln(\ln(t))]^2+C$

9. $\frac{1}{2}(\ln x)^2+C$

10. $-\frac{2}{3}(9-e^x)^{\frac{3}{2}}+C$

11. $\frac{1}{e\ln 3}\cdot 3^{ex}+C$

12. $-e^{\frac{1}{x}}+C$

13. $x\ln x-x+C$

14. $x(\ln x)^2-2x\ln x+2x+C$

15. $x^2\sin x+2x\cos x-2\sin x+C$

16. $-e^{-x}(x+1)+C$

17. (2) $I_2=x^2e^x-2xe^x+2e^x+C$

18. (1) $f'(x)=2e^x+xe^x$

(2) $f(x)=(x+1)e^x$

19. $\frac{1}{2}\ln|x|+\frac{1}{5}\ln|2x-1|-\frac{1}{10}\ln|x+2|+C$

20. $\ln|x|+\frac{1}{2}\ln(x^2+4)-\frac{1}{2}\tan^{-1}\left(\frac{x}{2}\right)+C$

21. $\frac{1}{2}\ln(x^2+2x+5)+\frac{3}{2}\tan^{-1}\left(\frac{x+1}{2}\right)+C$

22. $\frac{3}{2}x^2-6\ln(x^2+4)+C$

23. $2\sqrt{x+4}+2\ln\left|\dfrac{\sqrt{x+4}-2}{\sqrt{x+4}+2}\right|+C$

▮▮▮ 연습문제 5.3

1. $\dfrac{1}{3}\tan^3 x-\tan x+x+C$
2. $\dfrac{1}{3}\tan^3 x+\tan x+C$
3. $\dfrac{1}{2}(\sec\tan x+\ln|\sec x+\tan x|)+C$
4. $-\dfrac{1}{4}\tan(3-4x)+C$
5. $-\dfrac{4}{3}\ln\left|\cos\dfrac{3}{4}x\right|+C$
6. $x-\dfrac{1}{2}\cos 2x+C$
7. $\dfrac{1}{12}(3\sin 2x-\sin 6x)+C$
8. $-\dfrac{1}{14}\cos 7x+\dfrac{1}{2}\cos x+C$
9. $\dfrac{1}{16}\sin 8x+\dfrac{1}{4}\sin 2x+C$
10. $\dfrac{1}{8}\left(x-\dfrac{1}{4}\sin 4x\right)+C$
11. $\dfrac{1}{3}\cos^3 x-\cos x+C$
12. $\dfrac{1}{48}\cos^3 2x-\dfrac{1}{16}\cos 2x+C$
13. $\dfrac{1}{4}x+\dfrac{1}{24}\sin 6x+\dfrac{1}{16}\sin 4x+\dfrac{1}{8}\sin 2x+C$

▮▮▮ 연습문제 6.1

2. $\displaystyle\int_0^{\pi} x\sin x\,dx$
3. $\displaystyle\int_1^8 \sqrt{2x+x^2}\,dx$
4. 42
5. $\dfrac{4}{3}$
6. 20
8. 6
9. $\dfrac{5}{2}$
10. 122

▮▮▮ 연습문제 6.2

1. (1) $\dfrac{18}{3}$ (2) 2 (3) $2\ln 2-2+1$ (4) $\dfrac{\pi}{4}$ (5) $\dfrac{1}{4}$
2. $\dfrac{32}{3}$
3. $-\dfrac{16}{9}+\dfrac{26\sqrt{13}}{9}$
4. $\dfrac{16}{15}$
5. 0
6. 0
7. $2(1-e^{-1}+e^{1})$

8. $\frac{8}{3}\ln 2 - \frac{7}{9}$

9. $\pi - 2$

10. $\frac{1}{2}(1 - e^{-\frac{\pi}{2}})$

11. $1 - \frac{2}{e}$

12. $-\frac{1}{2}$

13. $4\ln 2 - \frac{3}{2}$

14. (1) $-3x^2$ (2) 2

15. $f(x) = \frac{\sin x + x\cos x}{x^2} + \sin x + x\cos x$

연습문제 6.3.1

1. $\frac{37}{12}$
2. $\frac{64}{3}$
3. $\frac{10}{3}$
4. $\frac{1}{6}$
5. (1) $\frac{9}{2}$ (2) 36
6. $c = 2^{\frac{1}{3}} - 1$
7. $\frac{e}{2} - 1$
8. 36
9. 4
10. $\frac{32}{3}$

연습문제 6.3.2

1. $\frac{1}{5}\pi$
2. $\frac{1}{2}\pi$
3. $\frac{32}{3}\pi$
4. $\frac{127}{7}\pi$
5. $\frac{32}{3}\pi$
6. $\frac{20}{3}\pi$
7. (1) $\frac{2}{3}\pi$ (2) $\frac{1}{2}\pi(e^2 - 4e + 5)$
8. (1) $\frac{16}{3}\pi$ (2) $\frac{6\sqrt{3} - 5}{3}\pi$

연습문제 6.3.3

1. $5 + \frac{1}{8}\ln\frac{3}{2}$
2. $2 - \sqrt{2} + \frac{1}{2}\ln\frac{(1+\sqrt{2})^2}{3}$
3. $\frac{56}{27}$
4. $e - \frac{1}{e}$
5. $8a$
6. 2π
7. $2\pi r$
8. $e^3 + 2$

▮▮▮ 연습문제 7.1

1. $[1, 6]$
2. $\left(\frac{\sqrt{2}}{2}, \frac{\sqrt{2}}{2}, \frac{\pi}{4}\right)$
3. $(1, 0, 0)$
4. $\left(2, \frac{1}{2}, \tan 1\right)$
6. $x = -3 + 4t,\ y = 2 - 3t,\ z = -3 + 7t$
7. $x = 2 + t,\ y = 3 + 4t,\ z = 4$

▮▮▮ 연습문제 7.2

1. $[-1, 2)$
2. $\mathbf{r}'(\pi) = (-1, -\pi, 1)$
3. $\mathbf{r}''(t) = (-2\cos t, -\sin t, 0)$
4. (1) $\mathbf{v}(t) = (-3\sin t, 3\cos t, 2t)$, $\mathbf{a}(t) = (-3\cos t, 3\sin t, 2)$

   (2) $|\mathbf{v}(t)| = \sqrt{9 + 4t^2}$

   (3) $t = 0$
5. $\sqrt{13}\,(b - a)$
6. 8
7. $\left(\frac{1}{2}, \frac{1}{3}, \frac{1}{4}\right)$
8. $\mathbf{r}(t) = \left(\frac{t^3}{3}, t^4 + 1, -\frac{t^3}{3}\right)$

▮▮▮ 연습문제 8.1

1. $D = \{(x, y) \mid x + y + 1 \geqq 0,\ x \neq 1\}$
2. $D = \{(x, y) \mid x < y^2\}$
3. (1) 1　(2) 평면 혹은 R^2
4. 45
5. 존재하지 않음
6. e^{-3}
7. 불연속

▮▮▮ 연습문제 8.2

1. $f_x = e^x \ln(x^2 + y^2 + 1) + \frac{2x e^x}{x^2 + y^2 + 1}$, $f_y = \frac{2y e^x}{x^2 + y^2 + 1}$
2. $f_x = e^x \cos y$, $f_y = -e^x \sin y$
3. $f_x = 2x - y$, $f_y = -x + 2y$
4. $f_x = -\frac{1}{(x + y)^2}$, $f_y = -\frac{1}{(x + y)^2}$

5. $f_x = y \sec xy$, $f_y = x \sec xy$

6. (1) 5 (2) 6

7. $f_{xx} = 18x$, $f_{xy} = -15y^2$, $f_{yx} = -15y^2$, $f_{yy} = -30xy$

8. $f_{xx} = -\dfrac{2y}{(x+y)^3}$, $f_{xy} = \dfrac{x-y}{(x+y)^3}$, $f_{yx} = \dfrac{x-y}{(x+y)^3}$, $f_{yy} = \dfrac{2x}{(x+y)^3}$

▌▌▌ 연습문제 8.3

1. $\dfrac{dz}{dt} = 2e^{2t}$

2. $\dfrac{dz}{dt} = (1+2t^2)e^{t^2} + t(t\cos t + 2\sin t)$

3. $\dfrac{dz}{dt} = e^{t^3}\sin t(2\cos t + 3t^2\sin t) + 3t^2\sin^2 t + t^3\cos^2 t \sin t$

4. $\dfrac{dz}{dt} = \cos t \cos t^2 - 2t\sin t \sin t^2$

5. 6

6. $\dfrac{\partial z}{\partial s} = t^2 e^{st^2}\sin(s^2 t) + 2st e^{st^2}\cos(s^2 t)$,

   $\dfrac{\partial z}{\partial t} = 2st e^{st^2}\sin(s^2 t) + s^2 e^{st^2}\cos(s^2 t)$

7. $\dfrac{\partial z}{\partial s} = 2s\ln(s^2 - t^2) + \dfrac{2s(s^2+t^2)}{s^2 - l^2}$, $\dfrac{\partial z}{\partial l} = 2t\ln(s^2 - t^2) - \dfrac{2t(s^2+t^2)}{s^2 - t^2}$

8. $\dfrac{\partial z}{\partial s} = t^2 + 2(2s+1)t + 2s + 2st^2$, $\dfrac{\partial z}{\partial t} = s^2(1+2t) + 2s(t+1) + 2t$

▌▌▌ 연습문제 9.1

1. $\dfrac{27}{2}$

2. $\dfrac{27}{2}$

3. $\displaystyle\int_0^1\int_0^{\pi} x\cos(xy)\,dx\,dy = \frac{2}{\pi}$

4. $\displaystyle\int_0^1\int_{\sqrt{y}}^1 f(x,y)\,dx\,dy = \int_0^1\int_0^{x^2} f(x,y)\,dy\,dx$

5. $\displaystyle\int_0^4\int_0^{2-\frac{1}{2}x} f(x,y)\,dy\,dx = \int_0^2\int_0^{4-2y} f(x,y)\,dx\,dy$

6. $\displaystyle\int_0^{\sqrt{\pi}}\int_0^{y} \cos(y^2)\,dx\,dy = 0$

7. $\int_0^1 \int_0^x \frac{\sin x}{x}\, dy\, dx = 1 - \cos(1)$

8. $\int_0^1 \int_0^x (3 - x - y)\, dy\, dx = 1$

9. 영역 $D = [0, 3] \times [0, 2]$이므로 $\int_0^2 \int_0^3 (9 - x^2 - y^2)\, dx\, dy = 28$

▮▮▮ 연습문제 9.2

1. (1)

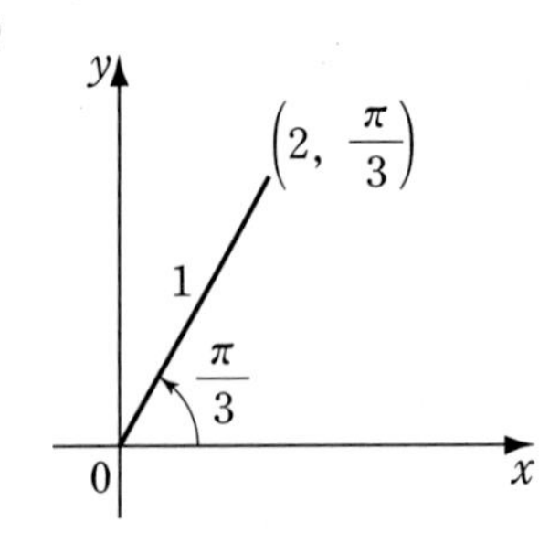

(2)

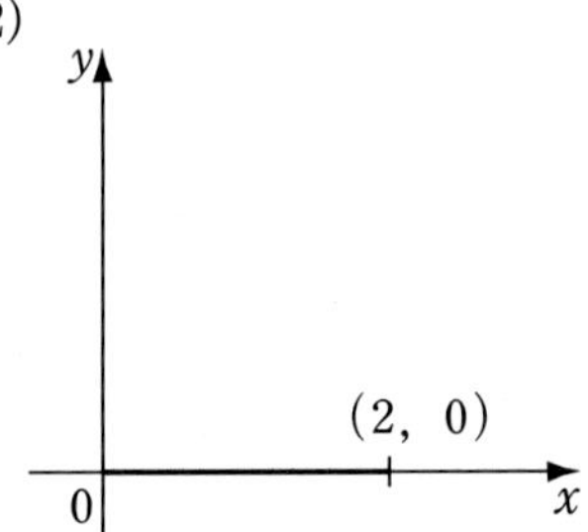

(3)

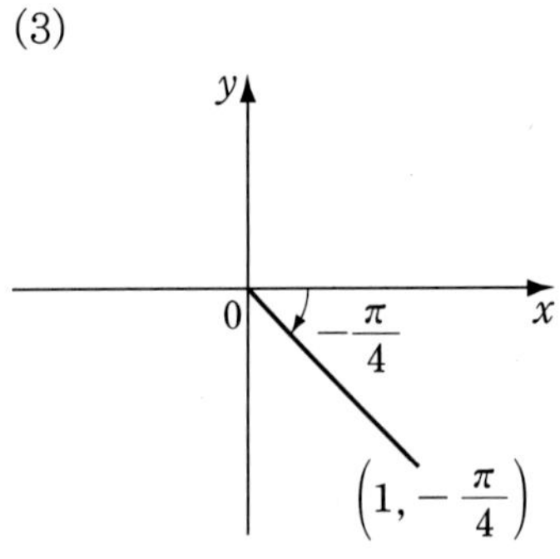

(4)

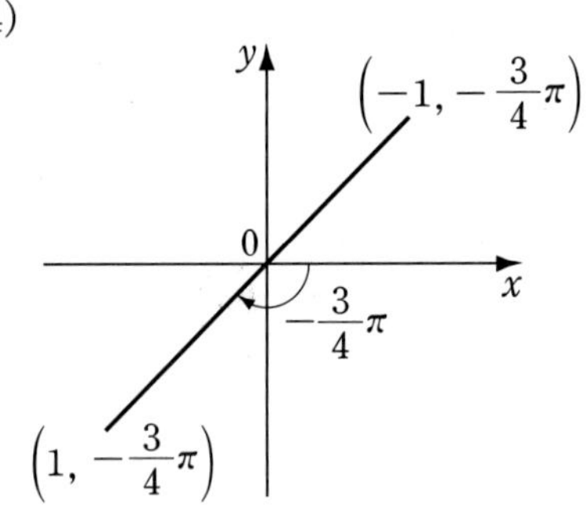

2. $x = 2\cos\left(-\frac{\pi}{4}\right) = \sqrt{2}$, $x = 2\sin\left(-\frac{\pi}{4}\right) = -\sqrt{2}$ 이므로 직교좌표는 $(\sqrt{2}, -\sqrt{2})$

3. $\left(\sqrt{2}, \frac{5\pi}{4}\right)$

4. (1) $r^2 \sin 2\theta = 2$ (2) $\sin 2\theta = 1 \Rightarrow \theta = \frac{\pi}{4} \pm k\pi$

   (3) $\tan\theta = 1 \Rightarrow \theta = \frac{\pi}{4} \pm k\pi$

5. (1) $(x^2 + y^2)^{\frac{3}{2}} = 2xy$ (2) $x^2 + y^2 = y$ (3) $x^2 + y^2 = 2(x + y)$

6. $\sqrt{r_1^2 + r_2^2 - 2r_1 r_2 \cos(\theta_1 - \theta_2)}$

■■■ 연습문제 9.3

1. 3
2. $\frac{1}{2}(e^6-7)$
3. $\frac{4}{15}(25\sqrt{5}-4\sqrt{2}-9\sqrt{3})$
4. $\frac{15}{8}$
5. $\frac{1}{3}$
6. $-\frac{1}{6}$
7. $\frac{11}{10}$
8. $-\frac{14}{5}$

■■■ 연습문제 10.1

1. 3　2. 발산　3. $\frac{1}{3}$　4. 발산　5. $\frac{7}{9}$

6. $\frac{1}{5}$　7. $\frac{221}{99}$　8. (1) 발산　(2) 수렴, $\frac{1}{2}$

■■■ 연습문제 10.2

1. (1) 수렴　(2) 수렴　(3) 발산　(4) 수렴　(5) 발산
2. (1) 발산　(2) 수렴　(3) 수렴　(4) 발산
3. (1) 수렴　(2) 발산　(3) 수렴　(4) 수렴
4. (1) 수렴　(2) 발산　(3) 수렴　(4) 수렴　(5) 발산
5. (1) 수렴　(2) 수렴　(3) 수렴
6. (1) 절대수렴　(2) 조건부수렴

■■■ 연습문제 10.3

1. 수렴구간: $-\frac{3}{2} \leq x < \frac{3}{2}$
2. $x=0$ 에서 수렴
3. 수렴구간: $-5 < x < 5$
4. 수렴구간: $[1, 3]$
5. 수렴구간: $(-\infty, \infty)$
6. $x=-1$ 에서 수렴
7. 수렴구간: $-1 < x \leq 1$
8. 수렴구간: $-\infty < x \leq \frac{1}{2}$

APPENDIX

부록

A.1 여러 가지 수

$$\pi = 3.14159\ 26535\ 89793\ 23846 \ldots$$

$$e = 2.71828\ 18284\ 59045\ 23536 \ldots = \lim_{n \to \infty}\left(1 + \frac{1}{n}\right)^n$$

$$1\,\text{radian} = \frac{180°}{\pi} = 57.29577\ 95130\ 8232 \ldots$$

$$1° = \frac{\pi}{180}\,\text{radians} = 0.01745\ 32925\ 19943\ 295 \ldots$$

A.2 다항식의 전개공식

$$(a+b)(c+d) = ac + ad + bc + bd$$

$$(x+a)(x+b) = x^2 + (a+b)x + ab$$

$$(ax+b)(cx+d) = acx^2 + (ad+bc)x + bd$$

$$(x+y)^2 = x^2 + 2xy + y^2$$

$$(x-y)^2 = x^2 - 2xy + y^2$$

$$(x+y)^3 = x^3 + 3x^2y + 3xy^2 + y^3$$

$$(x-y)^3 = x^3 - 3x^2y + 3xy^2 - y^3$$

$$(x+y)^4 = x^4 + 4x^3y + 6x^2y^2 + 4xy^3 + y^4$$

$$(x-y)^4 = x^4 - 4x^3y + 6x^2y^2 - 4xy^3 + y^4$$

$$(a+b)(a-b) = a^2 - b^2$$

$$(a+b)(a^2 - ab + b^2) = a^3 + b^3$$

$$(a-b)(a^2 + ab + b^2) = a^3 - b^3$$

$$(a+b+c)^2 = a^2 + b^2 + c^2 + 2ab + 2bc + 2ca$$

A.3 직각삼각형에 대한 삼각함수

$$\sin A = \frac{\text{높이}}{\text{빗변}} = \frac{a}{c}$$

$$\cos A = \frac{\text{밑변}}{\text{빗변}} = \frac{b}{c}$$

$$\tan A = \frac{\text{높이}}{\text{밑변}} = \frac{a}{b}$$

$$\cot A = \frac{\text{밑변}}{\text{높이}} = \frac{b}{a}$$

$$\sec A = \frac{\text{빗변}}{\text{밑변}} = \frac{c}{b}$$

$$\csc A = \frac{\text{빗변}}{\text{높이}} = \frac{c}{a}$$

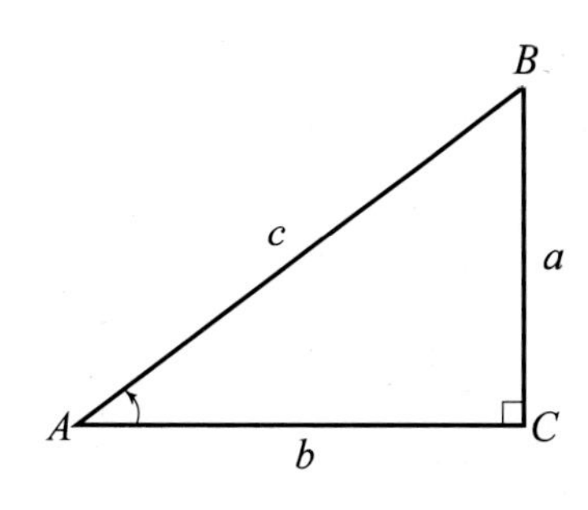

A.4 특수각의 삼각함수

$$\sin 30° = \sin\frac{\pi}{6} = \frac{1}{2} \qquad \cos 30° = \cos\frac{\pi}{6} = \frac{\sqrt{3}}{2}$$

$$\tan 30° = \tan\frac{\pi}{6} = \frac{1}{\sqrt{3}}$$

$$\sin 45° = \sin\frac{\pi}{4} = \frac{1}{\sqrt{2}} \qquad \cos 45° = \cos\frac{\pi}{4} = \frac{1}{\sqrt{2}}$$

$$\tan 45° = \tan\frac{\pi}{4} = 1$$

$$\sin 60° = \sin\frac{\pi}{3} = \frac{\sqrt{3}}{2} \qquad \cos 60° = \cos\frac{\pi}{3} = \frac{1}{2}$$

$$\tan 60° = \tan\frac{\pi}{3} = \sqrt{3}$$

$$\sin 90° = \sin\frac{\pi}{2} = 1 \qquad \cos 90° = \cos\frac{\pi}{2} = 0$$

$$\tan 90° = \tan\frac{\pi}{2} = \infty$$

A.5 삼각함수의 가법공식

$$\sin(A+B)=\sin A\cos B+\cos A\sin B$$

$$\sin(A-B)=\sin A\cos B-\cos A\sin B$$

$$\cos(A+B)=\cos A\cos B-\sin A\sin B$$

$$\cos(A-B)=\cos A\cos B+\sin A\sin B$$

$$\tan(A+B)=\frac{\tan A+\tan B}{1-\tan A\tan B}$$

$$\tan(A-B)=\frac{\tan A-\tan B}{1+\tan A\tan B}$$

$$\cot(A+B)=\frac{\cot A\cot B-1}{\cot A+\cot B}$$

$$\cot(A-B)=\frac{\cot A\cot B+1}{\cot A-\cot B}$$

A.6 삼각함수의 배각공식

$$\sin 2A=2\sin A\cos A$$

$$\cos 2A=\cos^2 A-\sin^2 A=1-2\sin^2 A=2\cos^2 A-1$$

$$\tan 2A=\frac{2\tan A}{1-\tan^2 A}=\frac{2}{\cot A-\tan A}$$

A.7 삼각함수의 반각공식

$$\sin^2 A=\frac{1-\cos 2A}{2}$$

$$\cos^2 A=\frac{1+\cos 2A}{2}$$

$$\tan^2 A=\frac{1-\cos 2A}{1+\cos 2A}$$

A.8 삼각함수의 3배각공식

$$\sin 3A = 3\sin A - 4\sin^3 A$$

$$\cos 3A = 4\cos^3 A - 3\cos A$$

$$\tan 3A = \frac{3\tan A - \tan^3 A}{1 - 3\tan^2 A}$$

A.9 삼각함수의 합, 차, 곱의 공식

$$\sin A + \sin B = 2\sin\frac{1}{2}(A+B)\cos\frac{1}{2}(A-B)$$

$$\sin A - \sin B = 2\cos\frac{1}{2}(A+B)\sin\frac{1}{2}(A-B)$$

$$\cos A + \cos B = 2\cos\frac{1}{2}(A+B)\cos\frac{1}{2}(A-B)$$

$$\cos A - \cos B = -2\sin\frac{1}{2}(A+B)\sin\frac{1}{2}(A-B)$$

$$\sin A \sin B = \frac{1}{2}[\cos(A-B) - \cos(A+B)]$$

$$\sin A \cos B = \frac{1}{2}[\sin(A+B) + \sin(A-B)]$$

$$\cos A \cos B = \frac{1}{2}[\cos(A+B) + \cos(A-B)]$$

A.10 삼각함수의 항등식

$$\cos^2\theta + \sin^2\theta = 1 \qquad 1 + \tan^2\theta = \sec^2\theta \qquad 1 + \cot^2\theta = \csc^2\theta$$

A.11 평면삼각형의 변과 각 사이의 관계식

sine의 법칙

$$\frac{a}{\sin A} = \frac{b}{\sin B} = \frac{c}{\sin C}$$

cosine 제1법칙

① $c^2 = a^2 + b^2 - 2ab\cos C$

② $b^2 = c^2 + a^2 - 2ca\cos B$

③ $a^2 = b^2 + c^2 - 2bc\cos A$

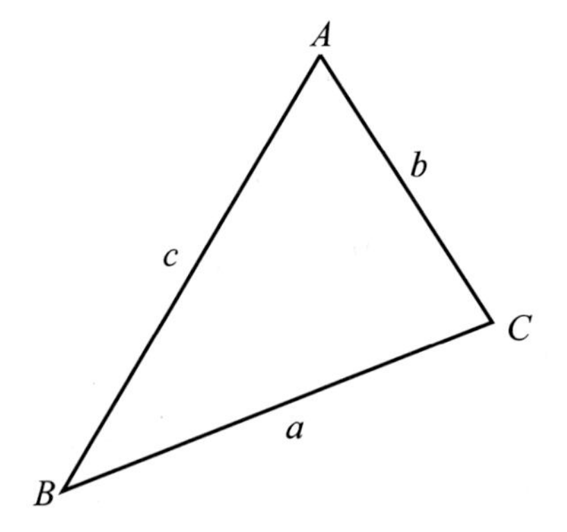

cosine 제2법칙

① $\cos A = \dfrac{b^2 + c^2 - a^2}{2bc}$

② $\cos B = \dfrac{c^2 + a^2 - b^2}{2ca}$

③ $\cos C = \dfrac{a^2 + b^2 - c^2}{2ab}$

A.12 삼각함수의 주기

주기 π

$\tan(\theta + \pi) = \tan\theta$ $\cot(\theta + \pi) = \cot\theta$

주기 2π

$\sin(\theta + 2\pi) = \sin\theta$ $\cos(\theta + 2\pi) = \cos\theta$

$\sec(\theta + 2\pi) = \sec\theta$ $\csc(\theta + 2\pi) = \csc\theta$

A.13 음각의 삼각함수

$\sin(-\theta) = -\sin\theta$ $\cos(-\theta) = \cos\theta$ $\tan(-\theta) = -\tan\theta$

$\cot(-\theta) = -\cot\theta$ $\sec(-\theta) = \sec\theta$ $\csc(-\theta) = -\csc\theta$

A.14 지수법칙

x, y는 실수이고 $a, b > 0$이면

① $a^{x+y} = a^x a^y$ ② $a^{x-y} = \dfrac{a^x}{a^y}$

③ $(a^x)^y = a^{xy}$ ④ $(ab)^x = a^x b^x$

A.15 대수법칙 ($\log_a x = y \iff a^y = x$)

$a > 0$ 이고 $a \neq 1$이면

① $\log_a AB = \log_a A + \log_a B$

② $\log_a \dfrac{A}{B} = \log_a A + \log_a B$

③ $\log_a A^p = p \log_a A$

④ $\log_a A = \dfrac{\log_b A}{\log_b a}$ $\qquad \log_a A = \dfrac{1}{\log_A a}$

⑤ $\log_a a = 1$ $\qquad \log_a 1 = 0$

A.16 기하학적 공식

직사각형

넓이 $= ab$

둘레 $= 2a + 2b$

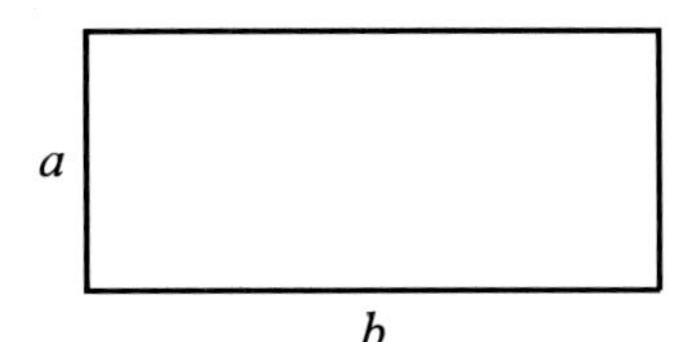

평행사변형

넓이 $= bh = ab\sin\theta$

둘레 $= 2a + 2b$

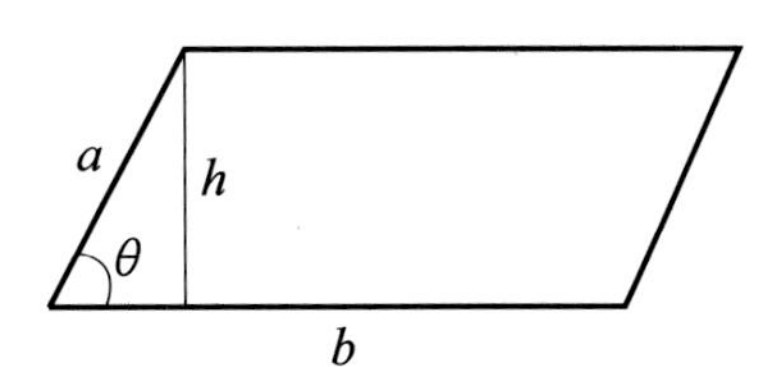

삼각형

넓이 $= \dfrac{1}{2} bh = \dfrac{1}{2} ab\sin\theta$

둘레 $= a + b + c$

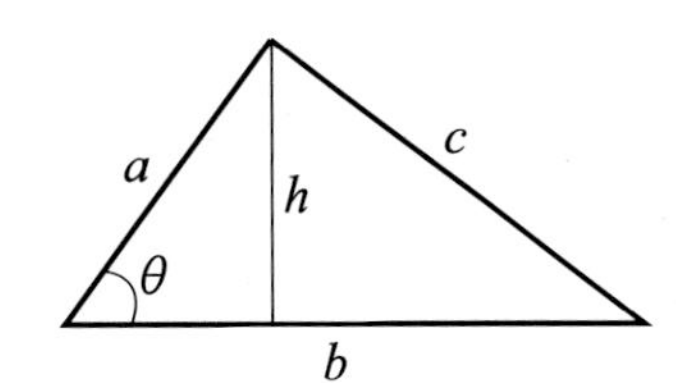

사다리꼴

넓이 $= \dfrac{1}{2} h(a+b)$

둘레 $= a + b + h\left(\dfrac{1}{\sin\theta} + \dfrac{1}{\sin\phi}\right)$

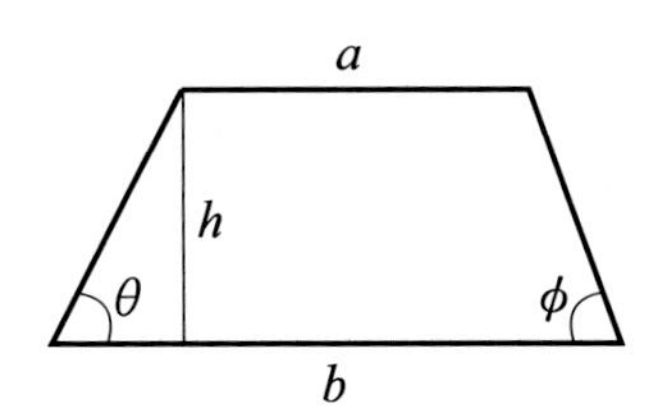

원

넓이 $= \pi r^2$

둘레 $= 2\pi r$

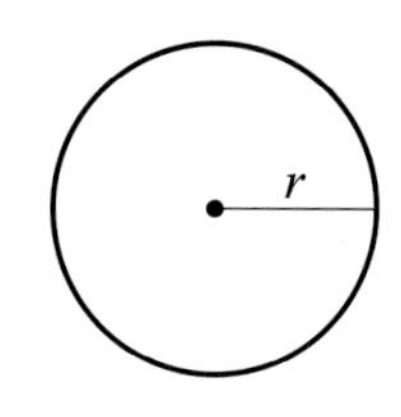

부채꼴

넓이 $= \dfrac{1}{2} r^2 \theta$

호의 길이 $= r\theta$ (단, θ는 radian)

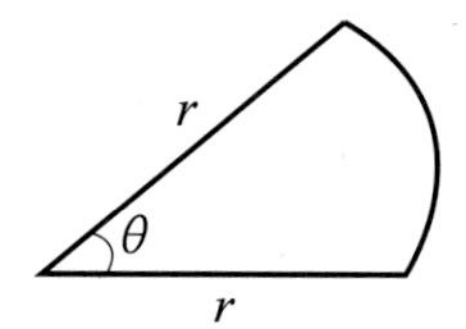

타원

넓이 $= \pi ab$

둘레 $\fallingdotseq 2\pi \sqrt{\dfrac{1}{2}(a^2 + b^2)}$

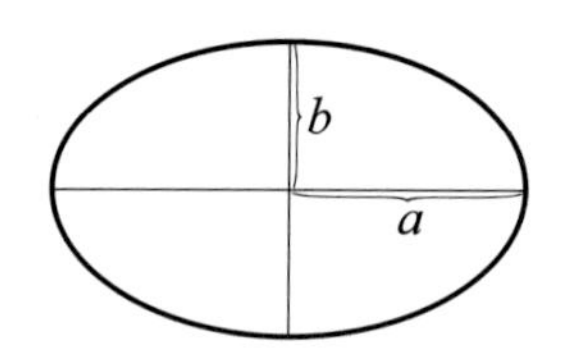

직육면체

부피 $= abc$

표면적 $= 2(ab + ac + bc)$

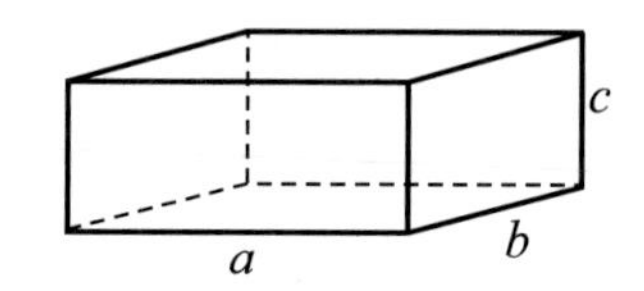

평행육면체

부피 $= Ah = abc\sin\theta$

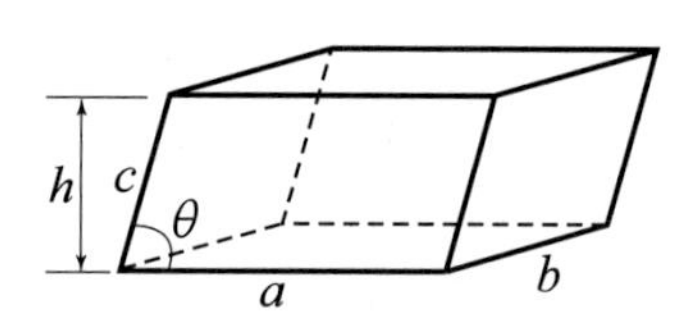

구

체적 $= \dfrac{4}{3}\pi r^3$

표면적 $= 4\pi r^2$

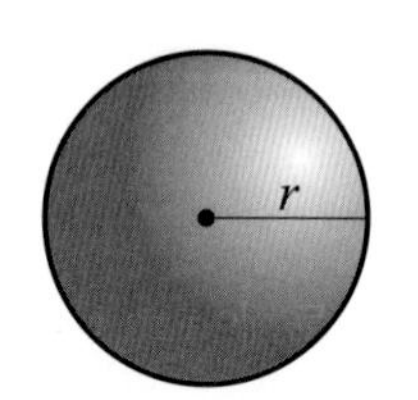

원기둥

부피 $= \pi r^2 h$

측표면넓이 $= 2\pi rh$

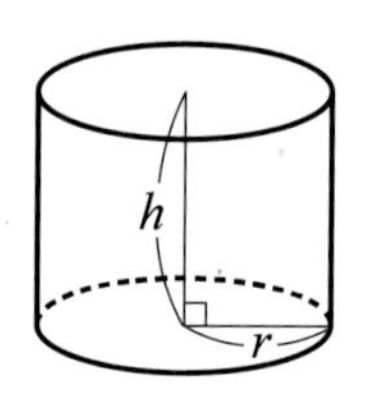

원뿔

부피 $= \dfrac{1}{3}\pi r^2 h$

측표면넓이 $= \pi r\sqrt{r^2 + h^2} = \pi rl$

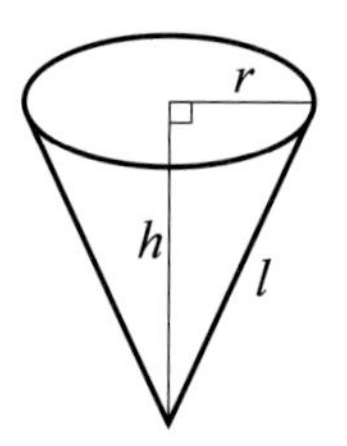

A.17 여러 가지 급수의 합

$$1+2+3+\cdots+n=\frac{n(n+1)}{2}$$

$$1^2+2^2+3^2+\cdots+n^2=\frac{n(n+1)(2n+1)}{6}$$

$$1^3+2^3+3^3+\cdots+n^3=\frac{n^2(n+1)^2}{4}=(1+2+3+\cdots+4)^2$$

$$1+3+5+\cdots+(2n-1)=n^2$$

$$1-\frac{1}{3}+\frac{1}{5}-\frac{1}{7}+\frac{1}{9}-\cdots=\frac{\pi}{4}$$

A.18 여러 가지 함수의 급수전개

$$\frac{1}{1+x}=1-x+x^2-x^3+x^4-\cdots,\quad -1<x<1$$

$$\frac{1}{(1+x)^2}=1-2x+3x^2-4x^3+5x^4-\cdots,\quad -1<x<1$$

$$e^x=1+x+\frac{x^2}{2!}+\frac{x^3}{3!}+\cdots,\quad -\infty<x<\infty$$

$$\ln(1+x)=x-\frac{x^2}{2}+\frac{x^3}{3}-\frac{x^4}{4}+\cdots,\quad -1<x\le 1$$

$$\sin x=x-\frac{x^3}{3!}+\frac{x^5}{5!}-\frac{x^7}{7!}+\cdots,\quad -\infty<x<\infty$$

$$\cos x=1-\frac{x^2}{2!}+\frac{x^4}{4!}-\frac{x^6}{6!}+\cdots,\quad -\infty<x<\infty$$

A.19 수학에 사용되는 그리스 문자

대, 소문자	발 음	대, 소문자	발 음
A, α	알파(Alpha)	N, ν	뉴(Nu)
B, β	베타(Beta)	Ξ, ξ	크시(Xi)
Γ, γ	감마(Gamma)	O, o	오미크론(Omicron)
Δ, δ	델타(Delta)	Π, π	파이(Pi)
E, ϵ	엡실론(Epsilon)	P, ρ	로(Rho)
Z, ζ	제타(Zeta)	Σ, σ	시그마(Sigma)
H, η	에타(Eta)	T, τ	타우(Tau)
Θ, θ	세타(Theta)	Y, υ	입실론(Upsilon)
I, ι	요타(Iota)	Φ, ϕ	피(Phi)
K, κ	카파(Kappa)	X, χ	키(Chi)
Λ, λ	람다(Lambda)	Ψ, ψ	프시(Psi)
M, μ	뮤(Mu)	Ω, ω	오메가(Omega)

A.20 수학자의 삶 엿보기

출처: 이정례, ≪수학의 오솔길≫ 중에서

고대 수학자

피타고라스 부처, 공자 등과 같은 시대 사람인 피타고라스는 비밀단체를 조직하여 연구하였으며, 대부분 전설과 숭배에 휩싸여 많은 것은 신빙성이 없다. 기적을 행하는 신비주의자로 알려진 그는 금욕적이고 은둔적인 삶을 산 채식주의자였으며, 정치에 관여하여 자객에게 살해되었다.

아르키메데스 로마가 침입한 것도 모른 체, 모래 위에 그림을 그려 놓고 연구에 몰두하고 있던 아르키메데스는 로마 병사가 그 원을 밟았을 때, "내 원을 밟지 마시오." 라고 말하였다. 그러자 로마 병사가 그를 죽였다고 한다.

아폴로니오스 원추곡선론에서 포물선, 타원, 쌍곡선을 소개하고, 이들의 성질과 응용을 발견한 아폴로니오스는 아르키메데스를 학문적 라이벌로 생각하여 비슷한 문제를 풀려고 노력한 결과, 원주율의 근삿각도 아르키메데스의 것보다 조금 더 정밀하게 구하였다.

에라토스테네스 소수를 찾는 방법인 '에라토스테네스 체'를 발견한 에라토스테네스는 모든 분야에서 뛰어났으나 두 번째 인물이라는 뜻의 베타(β)라는 별명을 가졌으며, 노년에는 시력을 잃고 삶의 의욕을 상실해 음식을 거부하다가 결국 아사했다.

중세 수학자

카르다노 어려서 아버지를 잃은 카르다노는 도박으로 생계를 유지했기 때문에 확률 계산에 밝았다. 이항정리와 큰 수의 법칙을 발견한 그는 문제를 빨리 푸는 수학 경기에서 언제나 상금을 독차지했다. 그는 최초의 라틴어 논문인 〈위대한 기술〉에서 방정식의 해법을 다루었는데, 그 해법은 카르다노가 발견한 것이 아니라 타르탈리아의 결과였다. 점성술을 퍼뜨린 죄로 지위를 박탈당하고 책의 출판도 금지당한 카르다노는 자신의 죽음을 예언하고, 그 날짜를 맞추기 위하여 자살까지 했다고 한다.

근대 수학자

네이피어 뛰어난 창의성 때문에 초능력을 가진 마법사로 일컬어진 네이피어는 설계도와 그림을 곁들여 전쟁 무기를 예언한 책들을 저술했는데, 이러한 무기는 제1차 세계대전 때 대포, 기관총, 잠수함, 탱크 등으로 실현되었다.

데카르트 몸이 매우 약했던 데카르트는 침대에 누워 명상하는 시간에 좌표를 생각해 냈다. 그는 자신에게는 매우 엄격했고, 아침 명상은 죽을 때까지 지켰던 습관이었다. 그러나 여왕의 스승이 되어 새벽에 일어나야 했기 때문에 건강이 악화되어 폐렴으로 사망하였다.

로피탈 후작 로피탈은 혁명적인 새로운 수학인 미적분학에 대한 탐구심이 강했다. 그는 베르누이 형제 중 막내인 요한을 고용하여 수학적 발견을 사기로 계약하였다. 유명한 로피탈의 법칙도 베르누이가 발견했다.

드 무아브르 프랑스 신교도였던 드 무아브르는 탄압에 못이겨 영국으로 이주하였다. 가정교사와 인세로 생활했지만, 프랑스어를 너무 사랑하여 고유의 억양을 고치지 않았기에 영국에 적응하지 못했다. 평생을 가난하게 살았던 그는 말년에 확률문제를 풀어주고 생활했다. 그는 수면 시간이 매일 15분씩 길어진다는 것을 깨닫고 등차수열로 24시간 동안 자게 될 날을 죽게 될 날이라고 예언하였다. 실제로 정확하게 그 날짜에 죽었다고 한다.

오일러 20세에 러시아 여왕의 초청을 받은 오일러는 러시아에 가던 날 여왕이 죽어 어려움을 겪었다. 28세 때 어려운 수학 문제를 3일 만에 풀었지만 과로로 인하여 오른쪽 눈을 실명했으며, 1766년에는 남은 눈마저 실명했다. 그럼에도 불구하고 뛰어난 기억력과 암산으로 17년 동안 수학 연구를 계속했다. 집에 불이 나서 원고들은 불에 타고, 하인이 가까스로 오일러를 구하기도 했으며, 생의 마지막 순간에는 파이프를 떨어뜨리면서 "나는 죽는다"는 말을 남겼다. 레온하르트 오일러(Leonhard Euler)는 18세기의 가장 뛰어난 수학자라 할 수 있다. 업적의 양이나 질에서 어느 수학자도 오일러를 능가하기는 어렵다. 일생 동안 500여 편의 저서와 논문을 발표하였고, 현재까지 나온 전집만 하여도 75권에 이른다. 오일러가 살아 있는 동안 과학잡지나 학술지들은 실을 글이 떨어질까봐 걱정할 필요가 없었는데, 이는 오일러가 잡지에 기고한 논문이 워낙 많았기 때문이다. 또한, 그가 죽은 후 43년이 지나서야 그의 저서들을 모두 출판할 수 있었다고 한다.

가우스 하노버의 왕은 가우스가 죽은 후에 그에게 경의를 표하기 위해 메달을 만들고 '하노버 왕 조지 5세가 수학의 왕에게'라고 새겼다. 그 이후 가우스를 수학의 왕이라 부르게 되었다. 말보다 계산을 먼저 배웠다는 가우스는 자신의 박사학위 50주년 기념식에서 관중들에게 흥미를 주기 위해, 논문 〈수론연구〉 원본을 불붙여 담배를 피우려 했다. 이때, 디리클레가 그 논문을 빼앗아 평생 소중하게 간직했다고 한다.

아벨 아벨군으로 유명한 아벨은 가난한 목사의 아들로 태어나 독학으로 수학을 공부하고, 26세에 결핵으로 생을 마감했는데, 죽은 이틀 후 베를린 대학에서 교수로 채용한다는 편지가 도착했다. 그 후, 우표에 아벨 사진이 들어갔으며 아벨 기념비도 세웠다. 또한 노벨과 여러 가지로 비슷한 아벨의 탄생 200주년을 기념하여 2002년에 아벨상이 만들어졌고 매년 수상되고 있다.

현대 수학자

드 모르간 태어날 때부터 한 쪽 눈의 시력을 잃어서 놀림을 당했던 드 모르간은 인도에서 태어났으나 영국으로 이주했다. 종교와 표현의 자유를 옹호하였기에 신학시험을 거부했던 그는 신학이 필수인 수학 박사과정을 밟지 못했지만 수학 논문 없이도 런던 대학 수학교수가 되었다. 강의에 헌신적이었던 그는 수학에 관한 흥미를 유발시키는 강의로 유명했으며, 동료 교수가 부당하게 해고된 것에 항의해 사임하기도 했다. 쾌락주의자들에 대해 비판적이었으며, 선거에 참여한 적이 없을 정도로 연구에 열중했다. 그러나 가난에도 불구하고 3천 권 이상의 책을 소유하여 사후 런던 대학에 기증했다. 친절한 성품으로 퀴즈나 수수께끼를 무척 좋아했던 드 모르간은 누가 그의 나이를 물으면 다음과 같이 대답했다. 'x^2년에는 x살이다' (참고: 1849년에 43세).

칸토어 신혼여행에서도 데데킨트와 수학 토론에 열중했던 칸토어는 당시 금기사항이던 무한에 도전하여 세상의 비난을 받았다. 그는 많은 수학자들에게서 배척당했는데, 특히 크로네커는 그가 베를린 대학의 교수가 되는 길도 막았다. 그는 신경쇠약으로 정신병원에 입원하고 요양소 생활도 했으나, 결국 그의 천재성과 업적이 인정되었고, 런던왕립협회로부터 메달도 받았다. 하지만 이미 정신병이 깊어진 그는 정신병원에서 쓸쓸히 생을 마감하였다.

갈루아 20세에 요절한 천재수학자 갈루아는 군이론을 창시했다. 그는 입학시험에 두 번이나 낙방했는데, 수학 문제가 쉬워서 과정을 생략하고 답만 썼기 때문이었다. 갈루아는 논문을 아카데미에 제출했지만 코시가 그 논문을 사장시켰으며, 결국 요양원 생활을 했다. 정치적 계략에 휘말려 여인 때문에 벌어진 결투에서 목숨을 잃은 갈루아는 죽기 직전 "남자가 스무 살에 죽는 데는 큰 용기가 필요하다."라는 말을 남겼다. 결투 전날 밤, 결투에서 죽을 것을 예상한 그는 친구에게 편지를 썼는데, 그 편지에 그의 연구 결과의 대부분이 담겨 있다.

힐베르트 건망증이 심했던 힐베르트는 손님을 초대해 놓고, 옷을 갈아입으러 방에 갔다가 잠잘 시간으로 착각하고 잠들었다고 한다. 그의 무덤에 새겨져 있는 다음 짧은 연설은 그의 수학에 대한 열정을 보여준다.

Wir mussen wissen, wir werden wissen(We must know, we shall know).

러셀 거리낌 없는 발언으로 논쟁에 자주 휘말렸던 러셀은 제1차 세계대전 때 징병제도를 반대하여 대학에서 쫓겨나고 옥살이를 했으며, 핵무기에 반대하는 평화주의 운동도 하였다.

괴델 '불완전성 정리'로 유명한 괴델은 나치 정권의 박해로 미국으로 이주하여 프린스턴 고등연구소에서 연구원이 되었으나, 말년에는 미쳐 버렸다고 한다.

A.21 수학상인 필즈상과 아벨상

노벨상에는 수학상이 없다. 노벨과 당대의 최고 수학자였던 스웨덴의 미탁레플러와 사이가 좋지 않았기 때문이라는 이야기도 있지만, 그 진위는 알 수 없다. 그러나 수학의 노벨상이라 불리는 상을 1924년 토론토에서 열린 국제수학자회의(ICM)에서 만들었다. 매우 탁월한 수학적 업적을 이룬 2명에게 매 회의 때마다 상을 수여하기로 결정하였고, 후에 1924년 ICM의 조직위원장이었던 캐나다 수학자 필즈(J.C. Fields)가 이 상을 위한 기금을 헌납한 것을 기념하기 위해 상 이름을 필즈상으로 명했다. 1966년 이후부터는 필즈상을 최대 4명까지 주기로 결정하였으며, 필즈상 수상자는 ICM이 개최되는 해의 1월 1일에 만 40세가 안 되는 젊은 수학자에게 주어진다. 메달 전면에는 아르키메데스 얼굴이 새겨져 있다. 또한 ICM이 4년에 한 번씩 개최되므로 희소가치는 노벨상보다 크다. 350년간 수학계의 최고 난제였던 "페르마의 마지막 정리"를 증명한 미국 프린스턴 대학의 앤드루 와일즈 교수도 문제를 해결했을 당시 연령이 이미 41세여서 필즈상을 받지 못했다. 필즈상은 이처럼 권위 있는 상이지만, 상금에 있어서 노벨상과 비교되지 않는다. 노벨상이 각 분야별로 100만 달러인 반면, 필즈상은 1만 달러에 불과하다. 그래서 상금 규모에서도 노벨상과 견줄 만한 상이 새로 생겼다. 이것이 바로 2003년 오슬로에서 첫 시상식을 가진 '아벨상'이다. 노르웨이 정부가 천재적 수학자 닐스 헨릭 아벨의 탄생 200주년을 기념하여 제정했다. 아벨상은 매년 수상자를 내고 연령 제한이 없으며, 상금은 미화로 백만 달러이다. 필즈상을 수상한 동양인은 일본인 3명과 중국인 1명뿐이다. 우리나라 수학자도 이러한 상을 수상할 날이 곧 올 것으로 기대한다.

INDEX

찾아보기

저자 소개

이문식

공군사관학교 기계공학과(공학사)
서울대학교 수학과(이학 학사/석사/박사)
현 공군사관학교 수학과 교수

김홍태

공군사관학교 항공공학과(공학사)
서울대학교 수학과(이학 학사/석사/박사)
현 공군사관학교 수학과 교수

이용균

한양대학교 수학과(이학 학사/석사/박사)
현 공군사관학교 수학과 교수

배지홍

성균관대학교 수학과(이학 학사/석박통합 과정 수료)
현 공군사관학교 수학과 교수

권현우

서강대학교 수학과(이학 학사/석사)
현 공군사관학교 수학과 교수

강순부

공군사관학교 기계공학과(공학사)
서울대학교 수학과(이학사)
포항공과대학교 수학과(이학 석/박사)
현 공군사관학교 수학과 교수

2판
교양 대학수학

2008년 2월 18일 초판 발행
2021년 2월 1일 2판 발행
등록번호 1960. 10. 28. 제406-2006-000035호
ISBN 978-89-363-2121-5 (93410)
값 31,000원

지은이
이문식 · 김홍태 · 이용균 · 배지홍 · 권현우 · 강순부
펴낸이
류원식
편집팀장
모은영
책임진행
김선형
디자인
신나리

펴낸곳
교문사
10881, 경기도 파주시 문발로 116
문의
TEL 031-955-6111
FAX 031-955-0955
www.gyomoon.com
e-mail. genie@gyomoon.com